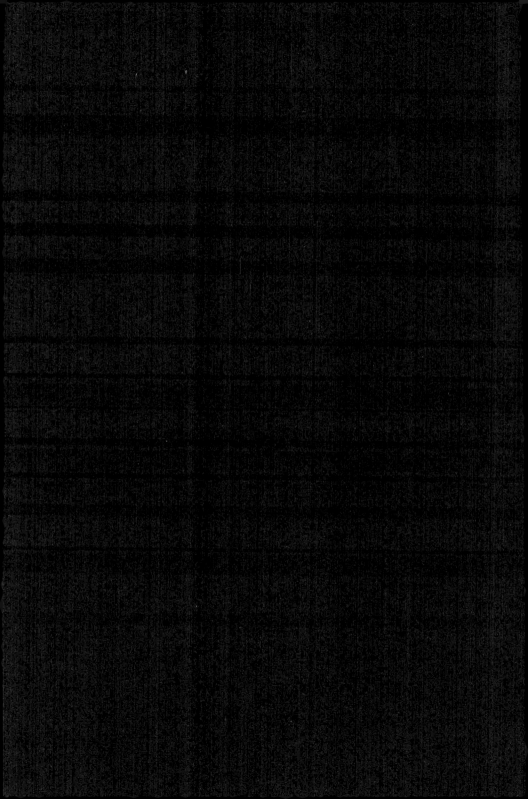

감각의 여행

감각의 여행

당신의 뇌가 세상을 해석하는 방법

존 H. 헨쇼 지음

글항아리

모든 것을 이해할 수 있게 해주신 아빠께

차례

감사의 글

이 책이 나오기까지 모든 단계에서 도움을 준 존스홉킨스 대학 출판부 직원들에게 감사 인사를 전한다. 내 직장 생활의 가장 중요한 요소인 털사 대학의 제자들에게도 특별히 인사를 전하고 싶다. 그들은 이 책에 영감을 불어넣어 주었고, 수록된 여러 일화들의 소재를 제공해주었다.

서론

만약 당신이 운이 좋다면

만약 당신이 운이 좋다면, 눈 둘, 귀 둘, 코 하나, 혀 하나, 내이內耳 속의 평형기관 하나, 온갖 종류의 감각기가 가득한 피부를 갖고 태어났을 것이다. 만약 당신이 운이 좋다면, 이 모든 게 잘 작동하고 뇌와 정확하게 연결되어 있을 것이다. 그리고 뇌는 이 장치들이 제공하는 정보의 흐름을 해석하고 처리하는 능력을 끊임없이 개선하고 있을 것이다.

눈은 턱 끝에서 정수리 사이의 중간 정도에 위치하고 있다. 눈꺼풀과 속눈썹으로 보호되고 있는 멋진 시각 기관인 눈은 수백만 가지의 색을 구별하고, 얼굴을 곧바로 인식하고, 거의 암흑에서 극도로 밝은 상태에 이르는 다양한 조건에서 작동을 하고, 별다른 도움 없이도 모래알보다 훨씬 작은 입자들 사이의 미세한 차이를 가려낸다.

머리의 양 옆으로 눈과 거의 같은 높이에는 귀가 있다. 연골로 이루어진 귀의 외부는 조금 우스꽝스럽게 생겼으며, 내부에 있는 놀라운 청각 기관을 보호하고 돕는 구실을 한다. 귀는 음파를 구별하고 해석하는 뇌의 일을 돕는 구실을 하는데, 귀가 받아들이는 음파의 음압과 진동수는 엄청나게 광범위하다.

눈 아래쪽 한가운데에는 코가 있고, 그 바로 아래에 있는 입 속에는 혀가 숨어 있다. 함께 작용하는 일이 많은 코와 혀는 냄새와 맛을 토대로 분자들을 구분한다. 약 1만 가지의 향을 구별하는 코는 위험으로부터 우리를 보호하며 헤아릴 수 없이 다양한 방식으로 삶의 질을 향상시킨다. 혀는 영양분을 가장한 독으로부터 우리 몸을 그 즉시 보호하는 최말단의 감각기관이며, 무한한 감각적 쾌락을 주는 기관이기도 하다.

내이 속에는 청각 기관 옆에 체액이 차 있는 전정계vestibular system라는 장치가 있는데, 전정계는 머리의 움직임을 놀라울 정도로 정확하게 감지한다. 외부에서는 전혀 보이지 않는 전정계는 그 진가를 제대로 인정받지 못하고 있지만, 우리 몸에서 지극히 중요한 역할을 하고 있다. 마지막으로 가장 광범위하게, 우리 몸 거의 전체를 뒤덮고 있는 감각인 촉각이 있다. 촉각은 피부가 있는 곳이라면 어디서나 느낄 수 있다. 촉각이 가장 예민한 곳은 손끝이다. 맹인은 손가락 끝을 이용해 글자를 읽을 수 있으며, 누구나 손끝으로 수천 가지 질감을 구별할 수 있다. 그러나 피부에는 촉각만 있는 게 아니다. 피부와 다른 여러 곳에 있는 감각 수용기는 온도와 통증과 다양한 신체 부위의 위치도 감지할 수 있다.

이 모든 멋진 장치들도 그것 하나만으로는 무용지물이다. 모은 자료들을 걸러서 재구성하고 해석해야 하는데, 이는 뇌가 하는 일이다. 뇌에 관해 불가사의한 점이 많지만, 우리는 부단히 이해의 폭을 넓혀가고 있다.

우리는 이런 감각들을 갖고 있다. 우리의 감각은 다섯 가지가 넘지만, 가지 수가 중요한 것은 아니다. 각각의 감각기관은 대단히 우아하고 효율적이며 다재다능하다. 감각기관은 외부 자극을 전기 신호로 변환하며, 그 전기 신호는 우리 몸에서 가장 특별한 기관인 뇌와 중추 신경계를 거쳐 의식적이거나 무의식적인 행동으로 나타난다. 이 과정은 아직 완전하게 밝혀지지 않았다.

우리는 태어나는 순간부터, 어쩌면 그보다 훨씬 오래 전부터 감각기 관을 통해 뇌로 전달되는 정보를 이용해 지적, 사회적, 감정적 발달을 한다. 하나의 종으로서 우리가 살아온 대부분의 기간 동안, 타고난 우리의 감각은 지식과 정보 전달의 측면에서 어떤 인공적인 발명품보다 탁월했다. 그러나 감지 장비들이 점차 발달하면서 상황이 바뀌기 시작했다. 이를테면 인공 달팽이관cochlear implant은 결함이 생겼거나 상실된 체내의 감각 능력을 되찾는 데 도움이 된다. 그 외 테러리스트나 다른 범죄자를 식별하기 위한 자동 얼굴 인식 기술을 비롯해 대단히 다양한 기술이 있다.

이와 같은 진보는 끊임없이 우리 삶을 변화시킬 것이다. 특히 장애인과 의료 전문가와 치안 종사자들에게는 확실한 혜택이 돌아갈 것이다. 그러나 이런 감각 장비의 혁신은 인간의 성장이나 교육에 중대한 영향을 미치기도 한다. 이를테면 고해상도의 디지털 카메라를 값싸고 쉽게 이용할 수 있는데 어린이들이 그림 그리는 법을 배울 필요가 있을까? 동일한 정보뿐 아니라 훨씬 더 많은 정보를 제공하는 강력한 장비들이 수없이 많은데, 의대생이 환자의 몸을 촉진하는(손으로 더듬어 감지하는) 법을 배울 필요가 있을까? 열성적인 음향 기술자가 할 일은 적절한 장비를 이용해 대신 '청취'를 하게 하는 것뿐이라면, 그가 콘서트홀에서 공연 소리에 귀를 기울일 필요가 있을까? 이런 질문들에 대해, 우리의 감각을 보호하고 교육하는 일은 지금도 과거 못지않게 중요하며 감각을 경시하는 것은 위험한 일이라고 답하고 싶다. 성인의 감각이 유아의 감각에 비해 훨씬 정교한 것은 정규와 비정규 교육의 결과다. 그러나 날마다 우리의 감각을 맹렬히 공격하는 원치 않는 소음과 어디서나 볼 수 있는 비디오 화면과 유해한 냄새에는 파괴적인 힘이 도사리고 있다.

나와 함께 우리에게 주어진 감각이라는 선물을 자세히 살펴보자. 감각을 보조하거나 개선하기 위한 기술을 통해 우리가 배운 것은 무엇인지(그리고 이런 기술이 어떻게 변화될 가능성이 있는지) 알아보고, 이 기술이 우리를 어디로 이끌지에 관해 우리를 둘러싼 세상과의 상호작용이라는 측면에서 생각해보자. 나만의 감각 여행을 끝냈을 때, 나는 우리에게 주어진 엄청난 선물에 무한한 경외심을 느꼈다. 과학은 놀라운 속도로 감각의 불가사의들을 속속 밝혀내고 있지만, 감각에 관해 우리가 모르는 것에 비하면 우리가 알고 있는 것은 아직 미미하다. 게다가 기술의 발전은 인상적이지만 어찌 보면 감각의 도움 없이는 달성이 불가능한 업적이며, 우리의 타고난 감각을 따라가려면 아직 갈 길이 멀다.

자극, 감각, 지각

잘 알려진 다섯 가지 감각, 즉 시각, 청각, 미각, 후각, 촉각을 위주로 책을 구성하고 싶었다. 그러나 이 접근법으로는 감각 과정의 중요한 일부를 놓치게 된다. 나는 감각 여행이 시각에서 청각, 후각, 미각, 촉각으로 이어지는 것이 아니라 자극에서 감각, 지각으로 이어진다는 결론을 내렸고, 책을 구성하는 중요한 세 부분의 제목으로 삼았다.

자극 우리는 감각 자극이 빽빽이 들어찬 세상에 살고 있다. 따라서 이 모든 자극으로부터 우리 삶의 질서를 이끌어낼 수 있다는 것은 정말 기적과 같은 일이다. 이따금씩 우리가 감각의 과잉을 호소하는 것은 지극히 당연한 일이다. 전자기파는 모든 방향에서 비처럼 쏟아진다. 우리가 호흡하는 공기는 주변에서 끊임없이 진동하며, 그 속에는 복잡한 유기물과 무기물이 가득하다. 또 우리 인간은 감지할 수 없어도 다른 동물들은 감지할 수 있는 적외선이나 자기장과 같은 자극도 헤아릴 수 없이 많다.

감각 아주 오래 전, 생물의 몸에서 다양한 감각 능력, 즉 피와 살로 이루어진 다양한 장치들이 진화하기 시작했다. 자극마다 다른 장비가 필요하다. 오랜 진화의 시간을 거치면서 이 장비들, 즉 기관은 인간과 다른 동물의 체내에서 고도로 분화되었다. 그러나 그 방식이 항상 같지는 않았다. 이것이 바로 감각 작용이며, 우리가 아는 모든것의 시작이다.

지각 이런 감각 작용의 결과로 수집된 자료가 시작인 것은 맞지만, 이 자료들은 수많은 처리 과정을 거치지 않으면 별로 쓸모가 없다. 인간의 뇌는 감각 작용의 과정을 거쳐 수집된 자료의 획득, 여과, 변형, 재구성, 통합, 조직화와 연관된 수많은 업무에 광대한 영역을 할애하고 있다. 가령 복잡한 기차역에서 아이를 잃어버렸다고 해보자. 불협화음 같은 기차역의 소음 속에서 희미하게 들리는 아이의 울음소리를 어떻게 확인하고 위치를 알아낼 수 있을까? 이것이 바로 지각이다.

때로 문제가 발생하기도 한다. 자극-감각-지각으로 이어지는 과정 중 하나가 붕괴된 사람들도 있다. 우리의 감각기관은 대개 시간이 흐르면서 고장이 나기 시작해, 아직 살날이 남아 있는 주인을 배신하는 일이 많다. 지각의 문제도 많은 사람들을 괴롭힌다. 감각과 지각에 일어난 문제 중에는 회복이 가능하거나 적어도 상황을 개선할 수 있는 것들도 있다. 최근 일부 분야에서는 실로 괄목할 만한 발전이 이뤄지기도 했다. 그러나 아직까지 노력의 결실을 보지 못하고 있는 문제도 있다.

우리가 감각이라는 선물을 가장 잘 활용하는 방법은 무엇일까? 정규 교육에서는 예전에 비해 감각에 관심을 덜 기울이고 있다. 형식화된 감각 훈련은 대단히 전문화되어 화가, 음악가, 운동선수, 요리사의 전유물이 되는 경우가 다반사다. 한때 의사 같은 전문직의 수련에서 자료 수집의 중요한 도구인 감각을 개발하는 것이 중요한 비중을 차지하던 때가 있었다. 시간이 흘러 오늘날의 전문가들은 그들의 감각을 대신하는 장비의 활용법을 익히는 데 많은 시간을 들이고 있다.

나는 자극에서 감각, 지각으로 진행하는 과정을 물리학과 화학의 영역에서 출발해 생물학과 생리학을 지나 마지막으로 심리학과 철학의 영역에까지 이르는 과정으로 보고 싶었다. 대개는 그렇지만 실제로는 훨씬 복잡하기 때문에, 우리는 이 여행 중에 수많은 샛길을 둘러보게 될 것이다. 내가 좋아하는 한 노교수의 말에 따르면, 과학 분야에서는 매우 흥미로운 사실이 전통적인 학문 분야 사이의 틈새에서 발견되는 경우가 종종 있다. 자극과 감각(물리학과 생리학) 사이의 경계, 감각과 지각(생리학과 심리학) 사이의 경계는 이런 사실을 보여주는 좋은 예다. 그 노교수의 말은 옳았다.

오감?

다음은 한 작가가 지인과 나누는 대화다.

"책을 쓰고 계신다고 들었습니다."

"아, 예. 그렇습니다."

"무엇에 관한 책인가요?"

"감각에 관한 책입니다."

"**오**감 말입니까?"

"뭐, 말하자면⋯."

만약 이 책에서 별다른 설명을 하지 않는다면, 아마 당신은 감각은 다섯 가지가 넘는다고 확신할 것이다. 왜냐하면 사실이 그렇기 때문이다. 이상 끝. 그러나 누군가에게 그런 식으로 말하면 이상한 사람 취급을 받기 십상이다. 우리에게 다섯 가지 감각이 있다는 개념은 최소한 아리스토텔레스(기원전 384~기원전 322)까지 거슬러 올라간다. 아리스토텔레스는 『영혼론』에서 감각에 관해 많은 글을 썼다. 심지어 시각, 청각, 후각, 미각, 촉각 외에 제6의 감각은 있을 수 없다는 증명 비슷한 것을 내놓기도 했다. 그의 주장에 따르면, 감각은 저마다 감각기관이 있고 우리에게는 이런 감각기관이 다섯 개밖에 없기 때문에 감각은 다섯 가지뿐이다. 그의 논리는 그럴싸하게 들리지만, 생리학적인 허점이 발견되었다. 우리는 실제로 다섯 가지가 넘는 감각기관을 갖고 있었다. 아리스토텔레스를 너그러이 이해할 수 있는 것이, 일부 감각기관은 그보다 한참 후에 발견되었기 때문이다. 그러나 아리스토텔레스 때문에, 그리고 어쩌면 가장 뚜렷하고 명백한 이 다섯 가지 감각기관 때문에 오감이라는 말은 끈질기게 남아 있다.

『메리엄-웹스터 사전』에 따르면, 감각기관은 "자극(열이나 음파 따위)을 받아들여 관련된 감각신경을 흥분시키는 파동을 유발하는 신체 기관이며, 이 파동은 감각신경에 의해 중추 신경계로 전달되어 그에 상응하는 감각 작용으로 해석된다." 이 '상응하는 감각 작용'이 우리 감각의 최종산물이다. 뭔가를 감각한다는 것은 음파를 전기 신호로 바꾸는 것처럼, 항상 자극의 변환과 관련이 있다. 우리의 타고난 감각뿐 아니라 인공 감지 장치도 마찬가지다. 인체에서는 감각기에서 만들어진 전기 신호를 뇌에서 해석하지만, 인공 감지 장치에서는 주로 컴퓨터가 이 역할을 한다.

이런 정의와 인체에 관한 우리의 지식을 토대로 볼 때, 분명 감각은 다섯 가지가 넘는다. 피부 자체에만 네 종류의 감각이 있다. 피부에는 촉각, 온도 감각, 통각, 신체에 대한 인식인 고유 감각proprioception을 담당하는 각각 다른 종류의 감각 수용기가 있다. 고유 감각은 우리 신체의 다양한 부분이 어디에 있는지를 언제든 추적할 수 있게 해주는 감지기와 연결되어 있다. 손을 등 뒤로 가져가 주먹을 쥐어보자. 정말 주먹을 쥐고 있는지 어떻게 확신할 수 있을까? 손에 고유 감각 감지기가 있기 때문에 이런 확신이 가능한 것이다. 잘 알려지지 않은 다른 감각기관으로는 전정계가 있다. 두개골 속에 들어 있는 이 놀라운 장치는 몸의 움직임, 특히 머리의 움직임을 감지한다. 전정계는 우리가 스스로 몸의 균형을 유지할 수 있게 해준다. 따라서 우리가 갖고 있는 감각의 종류는 다섯 가지가 아니라 아홉 가지라고 판단하는 편이 훨씬 옳을 것이다. 이 아홉 가지 감각은 시각, 청각, 미각, 후각, 촉각, 온도 감각, 통각, 균형 감각, 고유 감각이다.

기술과 감각

『메리엄-웹스터 사전』은 **감각기관**의 의미를 곧 재정의해야 할 것이다. 인공 달팽이관의 출현으로 뭔가를 감각한다는 것의 의미가 완전히 바뀌었기 때문이다. 이제 더 이상은 감각을 하는 데 반드시 '신체기관'을 필요로 하지는 않는다. 인류는 수세기 동안 다양한 방식으로 감각을 보조하는 장치를 고안해왔다(안경은 1300년경에 만들어졌다). 그러나 인공 달팽이관은 인체의 감각 수용기를 완전히 대체한 최초의 장치다. 감각 수용기는 외부 자극을 전기적 신호로 변환한다. 1973년에 아서 C. 클라크는 "충분히 발달된 기술은 마술과 구별이 되지 않는다"고 썼으며, 오늘날 내게 인공 달팽이관은 그런 마술과도 같은 기술이다. 인공 달팽이관은 단순한 보청기가 아니다. 그렇다고 엄청난 고성능 보청기도 아니다. 보청기나 안경 같은 장치는 감각기관의 기능을 향상시키거나 보강할 수 있을 뿐이다. 그러나 인공 달팽이관은, 사실상 '듣는 작용'이 일어나고 음파 속의 기계적 에너지가 비로소 전기 신호로 바뀌는 멋진 기관인 내이 속의 실제 달팽이관을 대체한다.

인공 달팽이관의 뒤를 이을 인공 감각기관은 무엇일까? 아마 인공 망막이 아닐까 싶은데, 시간이 흐르면 자연히 알게 될 것이다. 한편, 감각과 연관된 다른 영역에서도 기술은 점점 진보하고 있다. 최근에 나는 굉장히 멋진 장난감, 더 정확히 말하자면 '연구 장비'를 하나 얻었다. 바로 적외선 카메라다. 덕분에 나는 지구상에서 극히 소수의 생물만이 육안으로 볼 수 있는 적외선과 열선을 볼 수 있게 되었다. 적외선 카메라의 LCD 스크린을 통해 보이는 세상은 맨눈으로 보는 세상과는 완전히 다르다. 아무 것도 없는 평평한 벽을 보면서 온수 파이프가 어디로 지나는지를 알 수 있고, 주차장에서는 어떤 차가 가장 나중에 도착했는지, 어떤 차가 하루 종일 주차되어 있었는지를 알 수 있다. 또 앞마당에서는 집의 창문 중 어떤 것이 단일창이고 어떤 것이 단열이 잘 되는 이중창인지를 단번에 알 수 있다.

감각을 통째로 다른 것으로 대체한다는 발상은 그리 새로운 것이 아니다. 프레더릭 헌트Frederick Hunt가 『음향학의 기원Origins in Acoustics』에서 쓴 것처럼, 고대 그리스인들은 그들이 타고난 감각을 유난히 신뢰하지 않았다. 직각삼각형으로 유명한 피타고라스와 그의 일부 동료들은 옳고 그름, 참과 거짓의 결정에서 점점 더 자신의 감각을 신뢰하지 않게 되었고, 모든 것을 수학적으로 해석할 방법을 탐색하기 시작했다. 헤라클레이토스(기원전 536?~기원전 470?)는 "눈으로 본 것은 귀로 들은 것보다 더 정확하고, 만일 보고 듣는 자의 영혼이 이해가 부족하면 눈과 귀는 형편없는 것을 보고 듣는다"고 주장했다. 아낙사고라스(기원전 499?~기원전 428?)는 더 강한 어조로, "나약한 감각-지각을 통해서는 진실을 판단하지 못한다"고 말했다. 필롤라오스는 사물을 다른 방식으로 요약했고, 그 이후로 온갖 괴짜들이 등장하고 있다. 필롤라오스는 다음과 같이 말했다. "알 수 있는 모든 것은 '수數'를 갖고 있다. 이 수 없이는 그 어떤 것도 마음속으로 정확히 인식하거나 이해하는 게 불가능하기 때문이다."

오늘날 우리는 기계 장치를 통해 감각의 여러 약점들을 극복할 수 있다는 것을 발견했다. 인공 달팽이관과 적외선 카메라에서 알 수 있듯이, 보고 듣거나 다른 방식으로 감각을 감지하는 장비들은 나날이 정교해지고 있다. 일반적으로 이런 장비들은 엄청난 양의 수를 출력하며, 거의 항상 연결되어 있어서 이 수들이 우리가 쉽게 해석할 수 있는 형태로 조작된다. 이를테면 인공 달팽이관의 전기 신호, 적외선 카메라의 스크린에 나타나는 컬러 영상, MRI의 3차원 영상과 같은 형태로 만드는 것이다.

나는 보아뱀이나 다른 종류의 뱀을 길러본 적은 없지만, 적외선 카메라를 갖게 된 뒤로는 보아뱀과 비슷한 기분을 느꼈다. 보아뱀은 타고난 적외선 감지 능력 덕분에 밤에도 사냥을 할 수 있다. 동물계에 존재하는 감각 능력의 다양성은 대단히 풍부하다.

박쥐, 일각돌고래, 꿀벌

동물의 감각은 그 규모나 종류가 우리와 다를 수 있다. 이를테면 개의 후각이 인간에 비해 훨씬 강력하다는 사실은 누구나 잘 알고 있다. 개는 훈련을 통해 마약이나 폭탄을 감지할 수 있는데, 인간에게는 어림도 없는 재주다. 그러나 이는 단순히 감지의 규모만 다른 것이다. 개와 인간은 모두 후각을 갖고 있지만, 개의 감각이 훨씬 더 예민한 것뿐이다. 그 외 다른 감각의 규모도 큰 차이가 나며, 다른 감각의 경우에도 인간이 다른 동물에 비해 훨씬 뒤처지는 것으로 나타난다.

다음으로는 종류의 차이가 있다. 어떤 감각은 특정 동물에서만 발견되는데, 그런 감각으로는 자외선이나 적외선, 자기장의 변화, 전기장을 감지하는 능력이 있다. 반사된 음파인 반향을 이용해 사물의 위치를 정하는 박쥐의 반향 위치 결정 능력echolocation은 대부분의 인간에게는 없는 능력이다. 고도로 특화된 청각의 한 형태인 반향 위치 결정 능력은 감각의 규모뿐 아니라 종류도 다른 것이다. 벤 언더우드Ben Underwood의 놀라운 사례를 살펴보자.

벤은 세 살 때 망막암으로 두 눈을 모두 잃었다. 그 후 얼마 지나지 않아, 밴은 다른 사람들이 보는 것을 귀로 감지하기 시작했다. 벤은 교통 소음이 만들어내는 반향의 변화를 통해 자신이 타고 있는 차가 큰 건물 옆을 지나고 있다는 것을 알 수 있었다. 그는 귀에 들리는 소리의 차이를 감지할 수 있었고, 시간이 흐르면서 그 의미를 알게 되었다. 일곱 살이 되었을 때, 벤의 청각은 완전히 다른 수준에 도달했다. 그는 입으로 독특한 딱딱 소리를 내어 그 반향을 보이지 않는 세상의 길잡이로 활용하는 방법을 개발했다. 벤은 특별한 형태의 반향 위치 결정 능력을 이용해 지팡이나 안내견의 도움 없이 걸어 다닐 수 있었을 뿐 아니라, 자전거나 스케이트보드까지 탈 수 있었다. 캘리포니아 대학 산타바버라 캠퍼스의 연구진은 반향 위치 결정방식을 토대로 작은 사물을 감지하고 구별하는 벤의 능력을 확인했다. 벤은 10대가 되었을 때 암이 재발해서 2009년 1월에 16세의 나이로 세상을 떠났다.

벤 언더우드가 놀라운 능력을 발휘하기는 했지만, 믿기지 않을 정도로 탁월한 반향 위치 결정 기술을 갖고 있는 박쥐나 고래나 돌고래의 능력에는 비할 바가 아니었다. 벤의 반향 위치 결정 능력은 지극히 평범한 인간의 청각 장비인 귀로 인해 한계에 부딪혔다.

전기장을 감지하는 능력을 전기 수용력electroception이라고 한다. 전기 수용력은 전기뱀장어, 백상아리, 귀상어, 몇 종의 가오리, 오리너구리 같은 해양생물에서 발견된다. 이 동물들은 고주파 교류를 감지해 다른 동물들의 근육 움직임을 파악하거나 길을 찾는 데 도움을 받는 것으로 알려져 있다.

자기장을 감지하는 능력, 즉 자기 수용력magnetoception은 비둘기, 붉은바다거북, 바닷가재, 꿀벌, 무지개송어, 두더지쥐 등과 관련이 있다. 지구에서 자기장을 감지할 수 있다는 것은 몸속에 길잡이 역할을 하는 일종의 나침반이 있다는 뜻이다.

보아뱀 같은 특정 종류의 뱀은 적외선, 즉 열선을 감지할 수 있다. 이는 감각의 규모가 아니라 종류가 다른 것인데, 이런 뱀들은 적외선 감지에 눈을 활용하지 않기 때문이다. 이들은 구멍기관pit organ이라고 하는 독립된 기관을 이용해 어둠 속에서도 몸이 따뜻한 먹이를 사냥할 수 있다. 이런 것들이 모두 어떻게 작용하는지는 제2부에서 설명할 것이다.

꿀벌에게도 시력이란 것이 있다면, 근시인 꿀벌이 써야 하는 안경은 내 것과는 많이 다를 것이다. 이 작은 동물이 쓰기에는 안경이 다소 크다는 것은 신경 쓰지 말자. 꿀벌에게는 더 큰 문제가 있으니까. 안경은 자외선을 차단하도록 설계되어 있다. 인간은 자외선을 볼 수 없기 때문에, 눈에 해로운 자외선을 안경으로 차단한 것은 좋은 아이디어이지만, 꿀벌은 자외선을 볼 수 **있다.**

자외선은 가시광선보다 파장이 짧다. 가시광선의 스펙트럼에서 파장이 긴 쪽에는 적외선이 있다. 일광 화상을 일으키는 자외선은 인간의 눈에는 보이지 않지만 꿀벌에게는 아주 잘 보인다. 뱀은 구멍기관으로 적외선을 감지하는 반면, 꿀벌은 눈으로 자외선을 감지한다. 꿀벌의 눈에 있는 감각 수용기는 인간의 눈에 보이는 파장보다 훨씬 짧은 파장을 보는 데 최적화되어 있다. 인간이 볼 수 있는 '가시可視 광선 스펙트럼은 파장이 긴 것부터 순서대로 빨강, 주황, 노랑, 초록, 파랑을 거쳐 파장이 가장 짧은 보라색으로 끝난다. 꿀벌은 빨간색을 볼 수 없다. 따라서 빨간 꽃은 꿀벌의 눈길을 끌지 못한다. 대신 꿀벌의 눈은 주황, 노랑, 초록, 파랑, 보라와 자외선을 본다. 자외선을 감지할 수 있는 꿀벌의 능력은 그들이 언제 어떤 꽃에 이끌리는지와 큰 관련이 있다.

반향을 통해 위치를 결정하는 박쥐, 자외선을 감지하는 꿀벌, 어둠
속에서 열선을 감지하는 뱀은 인간의 시선에서 볼 때 모두 기이하기
이를 데 없다. 그러나 일각돌고래의 독특한 감각기관에 비하면 아무
것도 아니다. 주로 북극해에서 발견되는 일각돌고래는 기형적으로
기다란 엄니(크고 날카롭게 발달한 포유류의 이_옮긴이)를 갖고 있
다. 가늘고 기다란 나선 모양으로 곧게 뻗어 있는 일각돌고래의 엄니
는 그 길이가 2.7미터에 이르기도 한다. 일각돌고래의 몸이 최대 4.5
미터까지 자란다는 것을 감안하면, 이 엄니의 길이는 실로 어마어마
하다. 코르크 마개뽑이와 기다란 창을 섞어 놓은 모양으로 생긴 일각
돌고래의 엄니가 무슨 역할을 하는지에 관한 의문은 자연사의 가장
오래된 불가사의 중 하나다. 게다가 제시된 해답들은 수세기에 걸쳐
등장했던 터무니없는 신화들보다 더 기이했다. 그동안 일각돌고래의
엄니가 하는 일에 대한 추측을 보면, 얼음에 구멍을 뚫는 데 쓰인다
거나(일각돌고래는 수면 위에서 숨을 쉬어야만 한다), 사냥을 하거
나 새끼를 보호하거나 무리에서 우위를 차지하는 데 쓰이는 무기(앞
서 말한 긴 창)일 것이라는 설을 비롯해, 배의 바닥에 구멍을 뚫어
타격을 주기 위한 것이라는 얼토당토않은 이야기도 있으며, 어떤 설
은 위의 추측들을 결합하기도 했다. 그 외 다른 가설로는 소리를 전
달하는 장치라거나 몸을 식히기 위한 방열 장치라는 추측이 있었다.
인류는 적어도 기원후 1000년부터 일각돌고래의 엄니가 하는 일을
궁금하게 여겼다. 수세기 동안 일각돌고래의 엄니는 역사상 가장 오
랫동안 이어져온 짭짤한 사기극 중 하나인 '유니콘의 뿔'로 여겨져
수집의 대상이 되기도 했다.

유니콘은 없으며, 위의 추측 중 어떤 것도 사실이 아니었다. 그러다 모험심 강한 한 치과의사가 일각돌고래의 엄니에 얽힌 진짜 이야기를 탐구하기 시작했고, 이것이 이빨에서 진화된 감각기관이라는 것을 알아냈다. 마틴 누이아Martin Nweeia 박사와 그의 연구진은 일각돌고래의 엄니 표면을 덮고 있는 수백만 개의 신경말단을 발견했다. 일각돌고래의 엄니는 이 동물의 왼쪽 앞니였다. 길이가 약 30센티미터인 오른쪽 앞니는 몸속에 있었다. 길게 자란 왼쪽 앞니, 즉 엄니는 주로 수컷에 있으며, 일부 암컷에서도 볼 수 있다. 수컷 중에서 기다란 엄니를 두 개 갖고 있는 개체가 드물게 관찰되기도 한다.

누이아 박사는 엄니 표면에 있는 신경 말단이 해수의 염도 변화를 감지할 수 있다는 것을 증명했다. 일각돌고래는 이 정보를 통해 바닷물이 얼기 시작한다는 것을 알 수 있었다. 바닷물이 얼기 시작하면 녹아 있던 염분은 거의 다 액체 상태로 존재하는 바닷물에 남게 되고, 그로 인해 새로 형성된 얼음에 인접한 바닷물은 염도가 더 높아진다. 일각돌고래의 엄니에 있는 신경 말단은 온도 변화, 압력 변화, 어쩌면 다른 변화도 감지할 수 있을 것으로 추측되고 있다. 일각돌고래의 엄니가 다용도 기상 관측소처럼 해수 속 염분의 변화뿐 아니라 기온과 기압까지도 측정할 수 있다는 것인데, 일각돌고래는 머리를 들고 해수면에 떠 있는 습성이 있어서 엄니가 안테나처럼 곧추서기 때문이다.

백문이 불여일견

모든 눈이 똑같이 만들어진 것은 아니다. 독수리의 눈은 인간의 눈보다 먼 곳을 더 잘 볼 수 있고, 고양이는 밤눈이 밝고, 파리의 겹눈은 동시에 여러 방향을 볼 수 있다. 심지어 사람들 사이에도 뚜렷한 개인차가 나타나는데, 이런 개인차에 속하는 것으로는 근시와 난시처럼 교정이 가능한 다양한 증상과 색맹 등이 있다. 그러나 이 모든 것보다 더 흥미로운 차이가 있다.

천재라는 단어가 남발되는 경향이 있지만, 레오나르도 다빈치나 렘브란트 같은 화가는 충분히 그런 칭호를 받을 만하다. 더 최근으로 오면, 강타자로 유명한 테드 윌리엄스가 야구팬들의 경탄을 자아냈다. 미식축구 팬들은 2009년 슈퍼볼에서 애리조나 카디날스의 래리 피츠제럴드의 신기에 가까운 재주에 비슷한 놀라움을 느꼈다. 그는 마치 뒤통수에 눈이 달려 있는 것 같았다. 천재 화가나 천재 운동선수를 만드는 것은 그들의 눈일까, 뇌일까, 훈련일까? 아니면 이 세 가지가 결합된 것일까?

정직한 교사라면, 제자들에게서 배우는 것이 적어도 그들이 가르치는 것만큼은 된다는 사실을 인정할 것이다. 이 책을 쓰게 된 계기는 10여 년 전에 일어난 한 작은 사건에 뿌리를 두고 있다. 내가 이미 알고 있다고 생각한 것을 한 제자가 다시금 명확하게 일깨워주었는데, 바로 교육에서 감각이 얼마나 중요한 역할을 하는지에 관한 것이었다. 대학원생이었던 나는 공학 디자인 과정의 창조적 측면, 즉 엔지니어들이 깨끗한 백지나 아무 것도 없는 컴퓨터 화면에서 출발해 자동차, 복사기, MP3 플레이어 같은 창작품을 어떻게 현실화하는지에 대해 관심이 있었다. 연구 과정에서 나는 베티 에드워즈Betty Edwards의 『우뇌로 그림 그리기Drawing on the Right Side of the Brain』라는 책을 우연히 접하게 되었다.

이 책은 그림 그리는 법에 관한 안내서다. 에드워즈의 주장에 따르면, 우리 그림 솜씨가 서툰 까닭은 예술적 능력이 부족해서가 아니라 정식 훈련, 특히 시각적 훈련을 아주 조금 밖에 받지 못했기 때문이다. 대부분의 미국인은 3학년 이후에는 그림 그리는 법에 관한 어떠한 정규 교육도 받지 않는다. 3학년 때까지만 미술 교육을 받은 성인에게 누군가의 초상화를 그려달라고 하면, 3학년 학생이 그린 듯한 그림을 그릴 것이다. 우리의 그림 솜씨는 3학년에서 멈춰 있는 것이다.

그러나 사람들은 자신이 그림을 못 그리는 것은 "미술적 소질"이 없기 때문이라고 생각한다. 에드워즈의 주장처럼 훈련 부족의 결과라고 생각하는 사람은 거의 없다. 누군가에게 연필 소묘를 부탁하면, 그 사람은 대개 거절을 하며 다음과 같이 대답할 것이다. "죄송합니다. 제가 미술에는 소질이 없어요." 반면 간단한 업무용 서신을 써달라고 할 경우, 고졸 학력의 미국인이라면 거의 모두 그럴듯한 결과물을 내놓는다. 그 편지는 3학년 학생이 쓴 것처럼 서툴지도 않을 것이고, 편지를 쓴 사람은 "글쓰기에는 재능이 없다"는 식의 변명을 늘어놓지도 않을 것이다.

에드워즈의 주장에 따르면, 우리는 간단한 그림 그리기와 간단한 편지 쓰기라는 두 가지 기술을 전혀 다른 것으로 여기는데 그 까닭은 우리가 받은 교육 때문이다. 우리는 피카소처럼 그림을 그리지 못하기 때문에 "미술에는 재능이 없다"고 믿는다. 그러나 글쓰기는 다르다. 블라디미르 나보코프처럼 글을 쓸 수 없기 때문에 "글쓰기에는 소질이 없다"고 말하는 사람은 없다. 일상생활과 우리의 정규 교육에서 글쓰기가 중요하다는 점은 고등학교 내내 강조된다. 에드워즈는 예술가만 그림을 그릴 수 있다는 생각에서 벗어날 수만 있다면 누구나 그림을 잘 그릴 수 있다고 말한다. 그녀는 3학년 때 내팽개쳐져 있던 우리의 미술 교육을 다시 진행하려고 한다.

그리고 여기서 감각과 교육에 관한 조각들과 내가 다시 깨닫게 된 것이 모여 다시 하나의 이야기가 된다. 에드워즈의 책에서 가장 중요한 교훈 중 하나는 뭔가를 그리기 위해서는 그것을 진짜로 볼 수 있어야만 한다는 것이다. 에드워즈는 다양한 방법을 활용해 익숙한 사물을 새롭고 색다른 관점에서 보도록 한다. 가령 인물화를 그리고 싶다면 다음과 같이 해보자. 먼저 잡지에서 그리고 싶은 얼굴의 사진을 찾는다. 그 다음 사진을 거꾸로 놓고 그리기 시작한다. 평소에는 얼굴을 뒤집어놓고 보는 일이 없기 때문에, 우리 뇌에는 뒤집힌 얼굴이 어떻게 생겨야 하는지에 대한 개념이 없어서 우리 눈은 그 모습을 새로운 방식으로 볼 수밖에 없다.

뒤집힌 사진을 보고 그림을 그리면, 우리는 뇌가 봐야 한다고 **생각하는** 것이 아니라 눈으로 **진짜** 보는 것을 그릴 가능성이 훨씬 높아진다. 만약 당신의 냉장고가 아이들의 미술 작품으로 장식되어 있다면, 이에 관한 좋은 사례가 있을지도 모른다. 3학년 학생이 그린 누군가의 얼굴을 살펴보자. 눈은 어디에 있는가? 아마 머리에서 아주 높이 위치하고 있을 것이다. 일반적으로 눈은 정수리에서 턱 끝의 중간에 위치한다. 내 말이 믿기지 않는다면 사진을 펼쳐서 뒤집어놓고 직접 확인해보자. 그러나 3학년 학생이 그린 얼굴은 그렇지 않다. 머리의 위쪽, 다시 말해서 이마가 있어야 할 자리의 한 가운데에 눈이 위치한다. 그 까닭은 얼굴에서 다른 흥미로운 것들이 눈 아래로 위치하기 때문이다. 다름 아닌 코와 입 때문이다. 우리 뇌는 바로 이런 데에 관심을 둔다. 따라서 우리는 얼굴을 그릴 때 실제 얼굴을 보지 않는다. 그저 우리의 뇌가 추측한 얼굴을 종이 위에 옮길 뿐이다. 그림에서 정보의 흐름은 눈에서 뇌를 거쳐 손으로 이어져야 한다. 그러나 이런 훈련이 되어 있지 않은 사람들은 이 과정에서 어느 정도 눈을 차단하게 되고, 뇌가 역할을 도맡는다.

나는 공학 교수가 되었을 때부터 이 모든 것을 이해하고 있었다고 생각했다. 가끔씩 나는 학생들에게 실험실에서 우리가 작업한 것들을 연필로 그리게 했다. 학생들이 봤으면 하는 것을 **실제로** 보게 하기 위해서였다. 지금도 그렇게 하고 있는데, 해가 갈수록 학생들의 반응이 점점 더 시들해지고 있다. 특히 이제는 거의 모든 학생이 디지털 카메라가 내장된 휴대전화를 갖고 있는 상황이다. 요즘에는 "왜 그냥 사진을 찍으면 안 되는 거죠?"라는 질문을 받기도 한다. 그때마다 나는 베티 에드워즈의 이야기를 구구절절 늘어놓는다. 학생들은 조금 구시렁거리기는 하지만 시키는 대로 한다. 공학자는 그렇게 위대하다. 그리고 그만한 노력을 들일 가치가 있다는 생각은 여전히 변함이 없다. 그렇지 않았다면 오래 전에 그만두었을 것이다.

오래 전에 한 특별한(조금 나이가 많은) 학생이 내게 중요한 것을 가르쳐 주었다. 그의 사례는 내가 베티 에드워즈의 교훈을 얼마나 제대로 파악하지 못하고 있었는지를 깨닫게 해주었다. 고등학교를 졸업하고 12년 동안 회사 로고를 디자인하거나 간판을 그리는 상업 미술가로 일을 했던 이 학생은 당시 일을 중단하고 공학을 전공하기 위해 대학을 다니기 시작했다. 대개의 만학도들이 그렇듯이, 그도 훌륭한 학생이었다. 그가 3학년이었을 때, 나는 그를 한 실험실에 보냈다. 그 실험실에서는 모든 학생들이 실험 도중에 부서진 강철 조각들을 내 지시에 따라 그리고 있었다. 이 실험은 내게 무척 익숙한 실험이었다(혹시 있을지 모를 엔지니어 독자를 위해 밝히자면, 샤르피 충격 실험Charpy impact test이다). 학생 때 처음 이 실험을 한 후, 산업계에서 엔지니어로 일하는 동안에도 여러 차례 했으며 공학 교수가 된 뒤부터는 해마다 한 번씩은 이 실험을 하고 있었다. 당시 베티 에드워즈의 추종자가 되었던 나는 부서진 강철 조각들을 수없이 많이 보았다. 거꾸로도 보고, 똑바로도 보고, 뒤집어서도 보았다. 그래서 이에 관해서는 그 누구도 내게 새로운 것을 가르쳐줄 수 없을 것이라고 확신했다.

그러나 이 화가 겸 학생이 나타나면서 내 확신은 무너졌다. 그의 실험 보고서를 보고 나는 깜짝 놀랐다. 우선 그는 하나당 수 센티미터에 불과한 작은 강철조각을 한 면에 가득 차게 그렸다. 베티 에드워즈의 또 다른 교훈은 그림을 크게 그리라는 것이다. 그러면 대상을 더 자세히 보게 된다. 두 번째, 그의 스케치는 아름다웠다. 전형적인 공대생은 '미술에 소질이 없고'(더 정확히 말하면 초등학교 3학년까지만 미술 교육을 받았고), 나는 이에 익숙해 있었다. 이 연필 스케치들을 평가할 때 내가 찾는 것은 그들이 부서진 강철 조각의 형태를 자세히 관찰하고 기록하기 위해 정말 노력했다는 증거다.

마지막으로, 이 화가 겸 학생의 스케치에는 몇 가지 놀라운 것이 담겨 있었다. 아니, 뜻밖의 발견이라고 해야 할까? 그의 연필 스케치에는 내가 전혀 인식하지 못했던 것들이 상세하게 그려져 있었다. 특정 종류의 강철이 예전에는 전혀 알아채지 못했던 어떤 미묘한 방식으로 변형되고 부서져 있었다. 내가 이런 것들을 수십 번도 더 봤다는 것은 말할 것도 없다. 어쩌면 처음 몇 번 외에는 진짜로 보지는 않았을지도 모른다. 나의 뇌가 아마 나의 눈에게 쉬라고 말하기 시작했을 것이다. "이런 것들은 전에도 봤어. 여기에는 아무 것도 새로운 것이 없군" 하고. 이마의 한복판에 눈을 그려 넣는 초등학교 3학년생처럼, 나는 강철 조각에 대한 관찰을 중단한 것이다. 그리고 이제, 예전에는 이런 표본을 **한 번도** 본 적이 없는 이 학생이 내가 그 강철 조각에 관해 알지 못했던 것을 가르쳐주었다. 이 사실을 깨달았을 때, 나는 의자에서 나자빠질 뻔 했다. 나는 실제 표본과 비교를 하기 위해 그의 그림을 들고 실험실로 달려갔다. 확실히 그가 옳았다. 그 학생은 볼 수 있었다. 진짜로 볼 수 있었다는 뜻이다. 그의 뇌는 그의 눈에 집중하도록 훈련이 되어 있었다.

이는 몇 년 전의 일이었다. 그 뒤로 그 실험에서 이처럼 세부적인 부분까지 알아차리고 그 결과를 스케치에 반영한 학생은 극소수에 지나지 않았다. 그런 일은 자주 일어나지 않는다. 그러나 해마다 모든 학생의 보고서를 채점한 후에는, 지금처럼 화가 겸 학생의 이야

기를 학생들에게 들려주면서 세부적인 부분의 중요성을 분명하게
강조한다.

그 화가 겸 학생의 스케치를 처음 보았을 때부터, 나는 감각과 교육
또는 감각 그 자체에 관해 생각하고 또 생각했다. 우리를 둘러싼 세
상을 우리가 인식하게 되는 과정 전체가 궁금해지기 시작했다. 자극
에서 감각을 거쳐 지각으로 진행하는 과정이 알고 싶어진 것이다. 복
잡하고 매혹적이며 흥미진진한 이 이야기는 많은 것이 밝혀져 있지
만, 미스터리도 가득하다. 이 미스터리들을 해결하는 동안, 우리는
인간이 된다는 것이 무엇인지에 관해 점점 더 많은 것을 알아간다.
이것이 내가 이 책에서 말하고자 하는 바다.

제1부

자극

우리는 방이 더 어두워지거나 더 추워지거나 더 시끄러워지거나 또는 어딘가에서 가스가 새고 있다는 것을 알고 있다. 그런데 지금 이 순간, 우리의 몸에는 얼마나 많은 무선전화 신호들이 통과하고 있을까?

우리가 알아차릴 수 있든 없든, 바로 이런 것들을 우리는 자극이라고 부른다. 자극에 속하는 것으로는 가시광선과 우리가 볼 수 없는 다른 종류의 파동(x-선, 자외선, 적외선), 공기의 진동(특정 진동수 이하, 특정 진폭 이상), 공기 중에 떠다니는 다양한 종류의 분자들, 온도 변화, 우리 몸의 움직임 따위가 있다. 우리 몸에서는 이런 자극과 그 외 다른 것들을 감지하는 능력이 진화되었고, 이와 관련된 일련을 과정을 통틀어 감각 작용이라고 한다. 뇌는 이 감각 작용의 결과를 처리하는데, 이것을 지각이라고 한다. 제1부에서는 우리 몸이 감지할 수 있는 자극에 초점을 맞추면서, 감지하지 못하는 일부 자극도 알아볼 것이다. 우리가 알고 있는 세상은 우리가 감각할 수 있는 자극을 통해서만 자세히 정의되어 있기 때문에, 이것이 우리의 현실이 된다. 우리의 현실은 우리와 함께 지구에서 살아가고 있는 다른 동물들의 현실과 동일하지 않다. 진화는 여러 방향으로 일어났고, 따라서 동물들 중에는 인간은 감지할 수 없는 적외선이나 자기장 같은 자극을 인식하는 종류도 있다. 인간은 특수한 자극을 관측할 수 있는 장비를 만드는 법을 알아내고 난 뒤에야 이런 자극을 감지할 수 있게 되었다. 사물의 온도를 나타내는 사진을 찍을 수 있는 내 적외선 카메라가 그런 예라고 할 수 있다. 적외선 카메라의 사진은 적외선 감지 기관이 있는 보아뱀도 시샘을 할 정도로 대단히 자세하게 나타난다. 인간, 그 외 다른 동물들, 인간이 만든 기계 장치가 감지할 수 있는 자극은 크게 세 종류로 나눌 수 있다. 바로 전자기 자극과 화학적 자극과 기계적 자극이다.

제1장

전자기 자극

전자기 스펙트럼

병원의 x-선 촬영기, 휴대전화, TV 리모컨, 전자레인지, 자동차의 전조등 따위에서 나오는 다양한 전자기파는 우리가 생각하는 것만큼 다르지 않다. 다른 것은 맞지만, 공통된 특징도 있다. 이들 전자기파는 모두 전자기 스펙트럼의 일부분이다. 전자기 스펙트럼은 [그림 1]에 나타난 것처럼, 감마선과 x-선 같은 강력한 전자기파에서 라디오와 TV의 전파처럼 가장 약한 전자기파까지 이어진다. 특별한 명칭(자외선, 적외선, 전파 등)이 주어진 전자기 스펙트럼의 다양한 영역들은 들쭉날쭉한 국경선처럼 상당히 임의적이다. 그러나 그 성질은 스펙트럼의 한 끝에서 다른 끝으로 가는 동안 대단히 극적으로 변화하며, 다양한 영역은 저마다 특유의 유용성을 지닌다. 전자기파는 파장이 짧고 진동수가 클수록 더 강하다. 파장은 진동수가 커질수록 짧

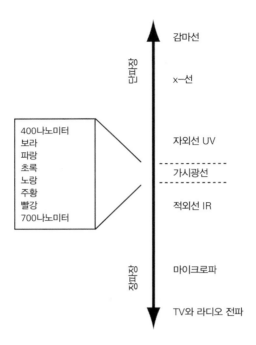

[그림 1] 전자기 스펙트럼

아진다. 수학적으로 말해서, 진동수는 빛의 속도를 파장으로 나눈 것
과 같다.

진동수와 파장 사이의 단순한 관계는 전자기파뿐 아니라 모든 종류
의 파동에 관해서도 성립한다. 전자기파가 아닌 기계적 파동인 음파
는 좋은 본보기다. 음파에서 진동수는 **소리**의 속도를 파장으로 나눈
것과 같다. 이 책에서 우리는 빛을 포함한 여러 형태의 전자기파에
관해 이야기할 때는 주로 파장을 중심으로 논의를 하게 될 것이다.
그리고 소리에서는 진동수를 중심으로 이야기를 할 것이다. 이것이
전형적인 논의 방식이지만, 다른 방식으로 바꿔도 무방하다.

x-선의 파장은 약 1나노미터nm인 반면 FM 라디오 전파의 파장은 약 10미터로, x-선에 비해 100억 배나 더 길다. 따라서 전자기 스펙트럼의 범위는 대단히 넓다. 이 스펙트럼 중 아주 작은 단편을 우리 눈에 보이는 빛이라는 뜻으로 '가시可視' 광선이라고 부른다. 가시광선은 약 400~700나노미터 범위에 해당하는 파장으로, 전자기 스펙트럼에서 대단히 좁은 범위를 차지한다. 바로 이 400~700나노미터 범위에 해당하는 빛으로 미국 광학회Optical Society of America 등에서 색 목록표를 만들었다. 가시광선 스펙트럼의 범위는 자료에 따라 다르다. 짧게는 380나노미터, 길게는 750나노미터까지가 가시광선의 범위로 보고되기도 한다.

인간의 시야가 가시광선이라고 불리는 영역의 전자기 스펙트럼에 맞춰 진화된 이유에 관해서는 다양한 추측들이 있다. 그 중 물질의 종류에 따라 통과하는 전자기파의 종류가 다르다는 특성과 연관이 있는 설명이 있다. 시각이 해양생물에서 최초로 진화되었다는 것은 거의 분명한 사실이다. 훗날 이 해양생물이 육지로 올라오면서 시각도 함께 가져온 것이다. 이 초기 해양생물이 감지한 전자기파는 그 형태(파장)가 무엇이든, 물을 통과해서 전달되었을 것이다.

가시광선 외에 다른 유형의 복사선을 감지할 수 있는 해양생물도 존재한다. 전기뱀장어와 상어의 일부 종은 다른 동물이 근육을 움직일 때 나오는 전류를 감지하는 능력이 있다. 붉은거북과 무지개송어는 자기장을 감지할 수 있는 능력이 있는데, 당연히 이 능력은 이동을 할 때 아주 유용하다. 그러나 이런 능력들은 시각이 아니며, 다른 감각기관과 관련이 있다. 눈은 한정된 좁은 영역의 진동수가 특징인 '가시'광선을 감지하도록 진화했고, 그럴 수밖에 없었던 이유에 대한 단서는 물의 특성에서 찾을 수 있다.

물은 가시광선의 상하로 넓은 영역에 걸쳐 있는 전자기 에너지를 꽤 효과적으로 흡수한다. 자외선(가시광선보다 파장이 약간 짧다)과 적외선(약간 길다)은 물에 거의 완벽히 흡수된다. 그러나 적외선과 자외선 사이, 400~700나노미터 파장의 좁은 영역에 걸쳐 있는 약간의 복사선은 물에 거의 흡수되지 않는다. 이것이 단순히 우연의 일치일 가능성은 희박하다.

[그림 2]에 나타난 태양광선의 스펙트럼을 보면, 태양이 전달하는 빛은 가시광선만이 아니다. 상당량의 자외선과 적외선도 지표면에 도달한다. 태양광선은 전체 에너지의 약 8퍼센트가 자외선이고, 가시광선과 적외선이 각각 46퍼센트씩 포함되어 있다. 따라서 태양광선에 있는 엄청난 양의 자외선과 적외선이 가시광선과 함께 바다 속으로 들어오지만, 적외선과 자외선은 곧바로 물에 흡수되어 열로 전환

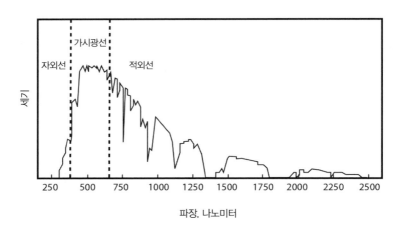

[그림 2] 지표면에 도달하는 태양광선의 스펙트럼

된다. 반면, 가시광선은 비교적 자유롭게 물을 통과하지만 무한정 통과할 수 있는 것은 아니다. 가시광선의 양은 바다 속으로 깊이 들어갈수록 줄어든다. 수심이 약 2000미터인 심해는 완전히 암흑이기 때문에, 그런 곳에서 살아가는 마그나피나오징어magnapinna squid 같은 심해생물은 앞을 보지 못한다.

우리가 시각이 처음 진화했을 당시의 해양생물로 되돌아갔다고 상상해보자. 우리 주위에 있는 전자기파는 오늘날 우리가 가시광선이라고 부르는 종류밖에 없었을 것이다. 당시의 삶은 잔혹하고 팍팍하기는 했겠지만 지금보다 더 단순했을 것이다. 먹잇감을 찾아다니고, 잡아먹히지 않게 몸을 사리고, 번식을 해야 했을 것이다. 오늘날에도 시각은 이런 목적에 대단히 유용하게 사용되고 있기 때문에, 그 진화 과정을 상상하는 것은 어렵지 않다.

그러나 어쨌든, 물에 잘 흡수되는 자외선과 적외선 영역에서는 진화가 일어나지 않았을 것이다. 우리에게 도달하지 않는다면, 우리는 전자기파나 다른 종류의 자극을 감지할 수 없다. 따라서 '가시'광선이 우리 주위에 있었기 때문에 우리가 볼 수 있었을 것이다.

내 예전 제자 중에 자신의 아버지가 적외선 영역을 볼 수 있다고 주장하는 학생이 있다. 그 학생의 말에 따르면, 그의 아버지는 TV 리모컨을 누를 때 나오는 적외선을 볼 수 있다. 학생은 아버지가 그런 능력을 여러 번 보여주었다고 말했지만, 내 눈으로 직접 확인하지는 못했다. 이는 대단히 놀랍고 믿기 어려운 이야기다. TV 리모컨에서 나오는 적외선 신호는 파장이 약 980나노미터로, 가시 범위의 한계인 700나노미터보다 훨씬 길기 때문이다.

인간의 눈에는 네 종류의 서로 다른 빛 수용기가 있다. 바로 색을 감지하는 세 종류의 원추세포와 빛의 양이 적을 때 활용되는 간상세포다. 세 종류의 원추세포는 가시광선 스펙트럼에서 각각 짧은 파장, 중간 파장, 긴 파장의 빛을 감지하는 데 최적화되어 있다. 만약 인간이 볼 수 있는 빛의 범위가 더 넓었다면 더 많은 종류의 수용기가 필요했을 것이다. 따라서 가시광선 스펙트럼의 폭은 원추세포와 간상세포의 성능에 의해 규정되며, 이 내용은 제2부에서 다시 다룰 것이다.

『빛의 제국Empire of Light』에서 시드니 퍼코위츠Sidney Perkowitz는 가시광선이 전자기 스펙트럼에서 얼마나 작은 범위를 차지하고 있는지를 음악에 비유해 설명한다. 위대한 헤르만 폰 헬름홀츠Hermann von Helmholtz도 1867년에 비슷한 설명을 내놓았다. 음악에서는 두 음의 간격이 한 옥타브면, 한 음의 진동수는 다른 음의 두 배가 된다. 피아노에 있는 88개의 건반은 진동수가 27헤르츠에서 4200헤르츠에 이르고,[1] 음역으로는 7옥타브가 넘는다. 인간이 들을 수 있는 소리의 범위는 일반적으로 20~2만 헤르츠로, 거의 10옥타브에 해당한다. 20에서 시작할 때, 그 두 배는 40이고, 그 다음 두 배는 80, 그 다음은 160이 된다. 그렇게 10회 반복하면 2만480이 되는 것이다.

흔한 비유는 아니지만, 전자기 스펙트럼도 음악처럼 옥타브로 표현될 수 있다. 전자기 스펙트럼에서 진동수가 가장 낮은 전형적인 FM 라디오파부터 진동수가 가장 높은 전형적인 x-선까지는 약 37옥타브가 된다. 그 중에서 인간의 눈이 볼 수 있는 것은 전형적인 x-선에서 약 10옥타브 아래에 위치한 겨우 1옥타브 범위의 좁은 영역이다. 퍼코위츠는 인간의 **청각**이 10옥타브가 아니라 1옥타브 범위에 불과하다면 그 효용성에 심각한 한계가 있을 것이라고 지적했다.

---

[1] 헤르츠는 1초당 진동수다.

전자기파의 감지

우리는 가시광선보다 짧거나 긴 파장을 보거나 감지할 수 없지만, 인류는 이런 자극을 감지하고 측정해 유용한 정보로 전환하는 장비를 끊임없이 개발해왔다. 전자기 스펙트럼은 자연과 인공의 감각기관을 위한 드넓은 놀이터다. 인공의 감각에 관해 생각해보면, 서로 다른 유형의 전자기파를 측정하고 해석하기 위해 인류가 개발한 온갖 다양한 장비는 실로 어마어마하다.

일례로 x-선을 측정하는 장비인 방사선 촬영기가 있다. x-선 장비는 우리 대부분에게 의료용으로 친숙하지만, 방사선 촬영 기술은 핵반응기나 송유관 설비 같은 것의 조사에도 유용하게 쓰인다. 방사선 촬영을 하면 밀도의 차이를 측정할 수 있다. x-선은 파장이 대단히 짧고 강해서 대부분의 고체를 통과할 수 있지만, 치밀한 물질일수록 x-선을 더 많이 흡수한다. 골절이 된 팔 아래에 감광 필름을 놓고 x-선을 비추면,(예전에 쓰이던 필름 카메라가 이제는 거의 디지털 카메라로 대체된 것처럼, 오늘날에는 필름 대신 디지털화된 방사선 영상 기술이 폭넓게 사용되고 있다) 뼈의 밀도 차가 방사선 사진에 시각적 영상의 형태로 기록된다. 머리카락 같은 실금은 주위의 단단한 뼈에 비해 덜 치밀하므로 x-선이 더 많이 통과해서 방사선 사진에서는 진한 색의 가느다란 선으로 나타난다.

그러나 어떤 면에서 보면, 방사선 촬영 기술은 x-선을 활용한 합성 감각 기술 중에서 비교적 하등한 축에 속한다. 감각기관의 역할로 x-선을 활용하는 다른 기술로는 x-선 회절이 있다. 어떤 종류의 파동이 물질과 만나면, 다양한 현상이 나타난다. 유리창에 손전등을 비추면,

대부분의 불빛은 유리를 그대로 통과한다. 이를 빛의 투과라고 한다. 그러나 소량의 빛은 유리에 흡수되고[2] 또 약간의 빛은 반사된다. 전자레인지 속의 브로콜리 조각에서도 같은 현상이 일어나지만, 그 비율은 다르다. 다량의 전자파 에너지가 브로콜리 속의 물 분자에 흡수되는 반면, 그 나머지는 브로콜리를 통과하거나 반사된다. 이제 접시 모양의 위성 안테나를 생각해보자. 위성으로부터 도달하는 장파장의 TV 신호는 안테나에서 반사되어 그 위의 검출기를 통해 텔레비전으로 전달되지만, 일부 전파는 투과되거나 흡수되기도 한다.

전자기파도 어떤 물질에 흡수되거나 투과되거나 반사될 수 있다. 그러나 다른 현상도 일어날 수 있는데, 그것이 바로 회절이다. **회절**은 다양한 유형의 장애물을 만났을 때 파동에서 일어나는 굴절이나 방향 전환을 나타내는 일반적인 용어다. 어떤 종류의 파동도 회절이 일어날 수 있다. 파도는 해안에 가까워지면 바위와 방파제에 부딪혀 회절된다. 음파의 회절은 실내의 모서리 부분에서도 일어나서 다른 방에서 말하는 누군가의 목소리가 들리기도 한다. 가시광선도 회절될 수 있다. 태양이나 달의 둘레에 가끔씩 둥글게 나타나는 햇무리나 달무리는 대기 중의 옅은 구름에 태양빛이나 달빛이 회절된 것이다(우리에게 친숙한 무지개는 빛의 파동이 공기 중에서 물로, 그리고 다시 공기 중으로 투과되는 동안 구부러지는 현상인 **굴절**에 의해 주로 발

---

[2] 빛이나 다른 복사선이 유리 같은 물질을 투과하는 양은 그 물질의 두께에 비례한다. 약 0.6센티미터 두께의 유리는 가시광선에 포함된 에너지의 수 퍼센트만을 흡수한다. 유리창에서 이 정도 비율은 무시할 수 있을 정도의 소량이지만, 유리섬유를 통해 수 킬로미터 떨어진 곳까지 빛을 전달하는 것이 목표인 섬유광학에 적용할 때는 문제가 다르다. 1960년대의 연구자들은 길이가 겨우 수 미터에 불과한 유리섬유에 빛을 전달하기 위해 씨름했다. 당시 연구자들은 유리 속에 포함된 작은 불순물들이 빛을 흡수해서 빛이 먼 거리로 전달되는 것을 방해한다는 사실을 발견했다. 이를 개선하기 위해 고순도 유리가 개발되었고, 마침내 약 100킬로미터 길이까지 신호를 전달할 수 있는 유리섬유가 만들어졌다.

생한다).

x-선도 회절될 수 있다. 대개 회절은 파장의 길이가 통과하려는 장애물 사이의 간격과 비슷할 때 일어난다. 철 조각 속에 들어 있는 두 개의 철 원자 사이의 간격은 약 0.3나노미터로, x-선 파장 범위의 정확히 중간에 위치한다. x-선보다 파장이 약 1000배 긴 가시광선이 철 조각에 닿으면 곧바로 반사된다. 반면 파장이 대단히 짧은 x-선은 단 1퍼센트만이 그 파장과 크기가 비슷한 원자 사이의 공간을 그대로 통과한다. 철의 내부에서 x-선들은 철 원자에 충돌하고 그 중 일부는 다시 반사된다. 이것이 회절이다. x-선은 "장애물의 구조와 상호작용"을 하는데, 철에서 그 장애물은 철 원자가 된다. 철을 통과한 후에 다시 나타나는 복사선의 양은 원자 사이의 규칙적인 구조와 간격, 그리고 x-선의 정확한 파장에 의해 결정된다. 회절의 수학은 조금 복잡하다. 그러나 골머리를 썩일 가치는 충분한데, x-선 회절은 원자의 규칙적인 구조와 간격을 기초로 물질을 확인하는 강력한 기술이기 때문이다. 소금을 이용해 오래 된 못에서 녹을 조금 벗겨낸 다음에 약간의 분필가루와 모래알 몇 개를 넣고 막자와 막자사발로 갈아보자. 이 혼합물을 x-선 회절 장치에 돌리면, 아무리 미량이라도 그 속에 있는 모든 화합물이 정확하게 확인될 것이다. x-선 회절은 대단히 정확하다. 소금 같은 결정성 화합물에서는 원자의 규칙적인 구조와 간격이 마치 인간의 지문이나 DNA처럼 독특하기 때문이다.

빛과 색

파장이 긴 쪽에서 짧은 쪽으로 가면서, 가시광선의 스펙트럼은 빨강,

주황, 노랑, 초록, 파랑, 마지막으로 보라를 지난다. 가시광선 색의 명명 체계는 이해하기 쉽다. 파장이 가장 긴 가시광선인 빨간색은 파장이 조금 더 긴(그러나 가시광선은 아닌) **적**외선과 인접해 있다. 가시광선 스펙트럼에서 빨간색의 반대편 끝에 있는 보라색의 바로 옆에는 파장이 조금 더 짧은 **자**외선 영역이 있다.

아이작 뉴턴은 가시광선 스펙트럼을 처음 묘사하면서 파란색과 보라색 사이에 남색을 포함시켰지만(따라서 빨주노초파남보, 영어로는 ROYGBIV라는 친숙한 암기법이 나왔다), 오늘날 대부분의 관계자들은 남색을 뺀다. 가시광선 스펙트럼의 색이 여섯인지 일곱인지는 그다지 중요한 문제가 아니다. 일반적인 합의에 의하면, 빨강과 보라 사이에서 인간의 눈이 구별할 수 있는 색은 약 1000만 가지에 이르기 때문이다. 그 이유에 관해서는 제2부와 제3부에서 주로 다룰 것이다. 그러나 색에 관한 이야기는 여기, 자극의 세계에서 나의 초록색 셔츠와 함께 시작된다.

나는 아주 예쁜(적어도 내 눈에는 그렇다) 연한 초록색 드레스 셔츠를 자주 입는다. 청바지와 함께 입거나, 좀 더 차려 입고 싶을 때는 진한 청색 바지와 함께 입는다. 처음 일을 시작했을 무렵에 색깔 때문에 몇 번 재앙을 겪고 난 후로, 나는 아침마다 출근 전에 욕실 거울 앞에서 내 옷차림을 유심히 살피는 버릇이 생겼다. 연한 초록색 셔츠와 진한 청색 바지로 이루어진 특별한 의상은 이 시험을 통과했다. 아침 시간이면, 햇빛이 거의 항상 내 욕실 거울에는 쏟아져 들어온다.

그러나 이렇게 차림새에 신경을 쓴 출근 첫 날에 일을 마치고 돌아왔을 때, 나는 적잖이 충격을 받았다. 집에서는 마른 월계수 잎처럼 아주 자연스러운 연한 녹색으로 보였던 셔츠가 내가 근무하는 건물의 형광등 불빛 아래에서는 완전히 다르게 보였기 때문이었다. 역겨운 표현을 써서 미안한데, 내 셔츠는 정말 콧물색처럼 보였다. 나는 그날 내 수업을 들은 학생들이 친구들에게 보낸 "교수님 셔츠 완전 콧물같아ㅋㅋㅋ" 같은 문자를 보고서야 그 사실을 짐작할 수 있었다. 나는 그 사건을 금세 까먹고 같은 셔츠를 몇 번 더 입은 뒤에야 옷장에서 꺼내 자선 단체에 기부했던 것 같다.

우리가 감지하는 색은 많은 것의 영향을 받는데, 그 중에서 가장 큰 영향을 끼치는 것은 우리가 보는 사물에 비치는 빛의 파장 사이의 조합이다. 태양광선은 백열등 빛과 다르다. 또 형광등이나 할로겐등의 빛이나 촛불의 빛과도 다르다. 정오와 해질 무렵의 빛이 다르며, 맑은 날과 구름 낀 날의 빛도 다르다. 각각의 광원은 저마다 독특한 스펙트럼을 만들기 때문에 우리가 보는 사물의 색은 광원에 따라 다르게 보인다. 이를테면 셔츠가 초록색으로 보이기도 하고 콧물색으로 보이기도 하는 것이다.

만약 사업을 계속하고 싶다면, 셔츠와 다른 의류를 파는 사람들은 빛이 그들의 사업에서 얼마나 중요한지를 깨달아야 할 것이다. 파코 언더힐Paco Underhill은 인바이로셀Envirosell이라는 기업의 창립자이자 CEO다. 홈페이지를 인용하면, 인바이로셀은 "소비와 서비스와 가정과 온라인 환경에서 인간 행동에 관한 연구를" 전문으로 하는 기업이다. 언더힐은 소비 연구에 인류학적 탐구 기술을 적용한 개척자로, 이 주제에 관한 책을 몇 권 쓰기도 했다. 그의 말에 따르면, 우리가 상점의 조명에 거의 신경을 쓰지 않는 것은 그 상점의 조명 설계자가 일을 잘했다는 뜻이다. 우리가 어떤 상점에서 조명에 신경을 쓰는 경우는 대개 조명이 너무 밝거나 어두침침하거나 거슬리기 때문이다. 상점의 조명 설계에는 수없이 많은 변수가 있다. 형광등, 백열등, 할로겐등 같은 다양한 종류의 조명 중에서 선택을 해야 한다. 빛의 세기 역시 중요하다. 나이는 시력 변화와 연관이 있기 때문에 고객의 나이가 많을수록 빛이 더 밝아야 하며, 일반적으로 젊은 고객일수록 부드러운 빛을 선호한다. 따라서 판매상은 고객들의 연령층을 파악하는 것이 좋다. 상점에서는 색상도 중요하다. 어두운 색은 빛을 더 많이 흡수하는 반면, 밝은 색은 눈에 거슬릴 수 있다. 어떤 색은 다루기가 까다롭다. 언더힐의 말에 따르면, 그의 일부 연구에서는 광고에 활용된 노란색이 그다지 좋은 평가를 얻지 못했으며, 특히 나이가 많은 고객들 사이에서 평가가 좋지 않았다. 가장 효과가 좋은 색은 검은색, 흰색, 빨간색이었다. 상점의 조명에서 또 다른 변수는 하루 중 이용할 수 있는 자연광의 양이 변하는 시점이다. 이 변수는 노점상에서는 특히 중요하지만, 쇼핑몰에서는 그렇지 않다.

언더힐의 말에 따르면, 진열대에 놓여 있는 상품은 저절로 팔리지 않는다. 수많은 요소들이 필요하며, 효과적인 조명은 그런 요소들 중 하나일 뿐이다. 만약 그 초록색 셔츠를 처음 봤을 때 상점 진열대 위에 형광등 불빛이 비추고 있었다면, 나는 그 셔츠를 결코 사지 않았을 것이다.

빛이 뭔가에 부딪히면 빛의 파장의 일부는 그 물질에 흡수된다. 검은색 셔츠는 거의 모든 파장, 즉 태양광선에 들어 있는 거의 모든 에너지를 흡수해 열로 전환한다. 따라서 찌는 듯이 더운 날에 야외에서 검은색 셔츠를 입는 것은 최악의 선택이다. 반면 흰색 셔츠는 가시광선을 거의 모두 반사한다. 햇살이 환한 내 집 욕실에서 나의 초록색 셔츠는 아름다운 월계수 잎 색과 연관이 있는 파장을 제외한 모든 태양광선을 흡수했다. 그렇다면 같은 셔츠가 형광등 불빛 아래에서는 왜 그렇게 끔찍하게 보였던 것일까?

형광등의 전구는 종류가 대단히 다양하며, 저마다 고유의 스펙트럼이 있다. 오늘날의 형광등은 예전의 것에 비해 더 편안한 색의 스펙트럼을 만드는 편이다. 예전의 형광등 빛은 태양광선, 백열등, 할로겐등의 빛에 비해서 더 '날카로운' 스펙트럼을 만드는 경향이 있었다. 태양광선, 백열등, 할로겐등의 빛은 〔그림 2〕의 태양광선 스펙트럼처럼 더 연속적이고 부드러운 스펙트럼을 만든다. 형광등 빛 속에 있는 에너지는 대부분 대단히 좁은 파장의 영역에 집중되어 있다. 일반적으로 형광등의 스펙트럼에는 약 700나노미터 대역에 위치한 적색광이 대단히 적다.

따라서 초록색 셔츠는 거름망처럼 작용한다. 형광등이나 태양광선에서 나오는 빛의 파장이 셔츠에 부딪히면, 셔츠는 그 복사선 중 일부를 흡수한다. 다시 말해서 걸러내는 것이다. 나머지 빛은 셔츠에서 반사되어 눈으로 들어온다. 셔츠에서 무슨 빛이 반사될지는 셔츠에 부딪치는 빛의 특성과 셔츠를 이루는 섬유의 흡광도라는 두 가지 요소에 의해 결정된다. 셔츠에서 반사되는 태양광선의 파장 중 일부가 형광등 빛에는 없었을지도 모른다. 그러나 형광등 빛이 내 셔츠를 그렇게 끔찍하게 보이게 만든 데는 다른 이유가 있었을 수도 있다. 태양광선에는 존재하지 않거나 있더라도 매우 약한 **또 다른** 파장이 형광등 빛 속에 포함되었을 가능성도 있다.

내 연한 초록색 셔츠의 경우, 형광등 빛 아래에서 내 눈에 추하게 인식된 까닭은 태양광선과 비교했을 때 형광등 빛에 **빠져 있거나 더 들**

어 있는 파장 때문이었을 것이다.

색에 관한 이야기는, 어떨 때는 **더하기**로 생각하는 것이 이해가 더욱 잘 되고, 어떨 때는 **빼기**가 더욱 논리적인 것처럼 보인다.

감색 이론

색의 혼합 이론은 어린 학생들에게는 제대로 설명되지 않는 경우가 많으며, 경우에 따라서는 어렴풋이 떠오르는 어릴 적 수업 내용처럼 단순하지 않다. 커트 나소Kurt Nassau는 『색의 물리학과 화학The Physics and Chemistry of Color』에서 다음과 같이 주장한다. "색의 혼합이 헷갈리지 않는다는 사람은 그것을 제대로 이해하지 못한 것이다!"

초등학교 미술 시간에 나는 두 색을 혼합하면 다른 색이 된다고 배웠다. 파란색에 노란색을 넣고 섞으면 초록색이 된다. 빨간색에 노란색을 더하면 주황색이 된다. 이것이 **감색** 혼합이다(그러나 두 가지 물감을 더해야 한다). 우리가 섞는 물감들이 저마다 가시광선에서 서로 다른 부분을 제거(흡수)함으로써 혼합된 색과는 전혀 다른 색을 만들어낸다.

감색 혼합 이론에서 중요한 세 가지 색은 사이언cyan(청록색)과 마젠타magenta(자홍색)와 노랑이다.[3] 사이언C과 마젠타M와 노랑Y을 섞으면 이론적으로 각각의 색이 모든 가시광선을 1/3씩 감색한다. 1/3 곱하기 3은 1이므로, CMY를 섞으면 검은색이 되어야 한다. 그러나 이는 단지 이론일 뿐이고, 이 색들을 혼합하면 대개 탁한 암갈색이 된다. 실제로 감색 이론은 CMYK라는 약어로 나타내는 경우가 많다.

---

[3] 이 3원색은 파랑, 빨강, 노랑으로 소개되기도 하지만, 이는 정확한 것이 아니다.

여기서 K는 검은색을 나타낸다. 검은색을 B로 나타내지 않은 까닭은 파랑과의 혼동을 피하기 위해서다. K, 즉 검은색은 다양한 이유로 인쇄 공정에서 CMY와 함께 사용된다. 먼저 검은색은 본문 인쇄에 특히 많이 활용된다. 매번 CMY를 섞는 것보다는 검은색 잉크를 사용하는 편이 훨씬 저렴하다. 게다가 이론적으로는 C와 M과 Y를 더하면 검은색이 되지만, 실제 결과는 암갈색으로 나타난다.

원색 인쇄 분야에서 CMYK는 중요하다. 이 네 가지 색만 있으면 무엇이든 인쇄할 수 있다. 인간은 1000만 가지의 색을 구별할 수 있다지만, 컴퓨터의 도움을 받아 CMYK의 색을 혼합하면 어떤 색이든 똑같이 만들 수 있다.

현대의 혼색 기술은 감색 이론을 실용적으로 적용한 것이다. 얼마 전에 나는 페인트가 조금 떨어져 나간 주방 벽과 맞는 색의 페인트를 찾기 위해 페인트 가게를 찾았다. 페인트 가게에는 작은 카드에 인쇄된 색상 샘플이 엄청나게 많이 있었다. 나는 내가 구할 수 있는 유일한 장비, 즉 내 두 눈을 활용해서 이 샘플들을 주방 벽에서 떨어진 페인트 조각과 철저하게 비교했다. 적어도 내 경우에는 색이 잘 맞지 않는 경우가 흔했다.

요즘에도 페인트 가게에는 색상 샘플 카드가 있지만, 색을 비교할 때는 분광광도계spectrophotometer가 눈의 역할을 대신하는 경우가 많다. 분광광도계는 가시광선 스펙트럼 전체에 걸친 빛의 세기를 측정하는 기구로, 색상 샘플에 백색광을 쏘아 반사시킨다.[4] 그 백색광 중에서 특정 파장이 색상 샘플에 흡수되고(빠지고), 그 나머지 빛이 반사되어 분광광도계의 감지 장치로 되돌아온다. 이렇게 되돌아온 빛은 여

---

[4] 만약 분광광도계의 백색광이 집의 조명과 많이 다르면(내 초록색 셔츠를 다시 떠올리자), 결과가 썩 좋지 않을 수도 있다.

러 개의 필터를 차례로 지난다. 첫 번째 필터는 400~410나노미터 대역의 빛을 걸러내고, 두 번째 필터는 410~420나노미터 대역의 빛을 걸러내는 방식으로 700나노미터까지 계속해서 빛을 걸러낸다. 각각의 필터의 뒤에는 걸러진 빛의 세기를 측정하는 광전지photocell가 있다. 필터가 많을수록 색상 샘플에서 반사되는 빛을 더 정확하게 측정할 수 있다.

분광광도계에서 각각의 필터를 통과한 빛의 측정이 끝나면, 소프트웨어를 활용해 그 결과를 필요로 하는 페인트의 조합법으로 변환한다. 아마 혼합된 페인트 깡통에 붙어 있는 접착 라벨에서 그 결과를 본 적이 있을 것이다. 대개는 기본이 되는 흰색 페인트에 이 색 저 색을 조금씩 섞어서 원하는 색상 샘플과 일치하는 색을 꽤 잘 만들어내는 편이다.

'대개는'이라는 것은 전체의 약 90퍼센트를 의미하는 것 같다. CMYK의 사정을 볼 때, 감색 이론이 언제나 눈을 만족시키는 결과를 내놓는 것은 아니다. 인간의 색각은 대단히 세밀하다. 앞서 설명한 것처럼 분광광도계는 가시광선을 10나노미터 단위로 세분하지만, 인간의 눈은 그보다 훨씬 미묘한 색 변화도 식별할 수 있다. 따라서 분광광도계가 내놓은 색 조합 결과의 약 10퍼센트가 만족스럽지 않다는 것은 그리 놀랄 일이 아니다. 그러면 어떻게 해야 할까? 대부분의 페인트 상점에서는 이렇게 채택된 새로운 조합의 페인트를 혼합해 종이에 바르고 드라이기로 말린다. 만약 색이 일치하지 않는다면, 다시 말해서 고객의 눈에 만족스럽지 않다면, 페인트 상점의 기술자는 자유형으로 나간다. 분광광도계에서 산출한 것보다 더 나은 조합을 얻기 위해 숙련된 눈으로 이 색 저 색을 몇 방울 더 섞어보는 것이다. 그래도 분광광도계는 성능이 제법 좋은 편이고, 가격이 저렴해서 많은 DIY족이 좋은 품질의 제품을 구할 수 있다.

감색 이론을 간단하게 정리해보았다. 그렇다면 더하기는 어떨까?

뉴턴과 가색 이론

광학의 역사에서 가장 중요한 단일 사건은 1666년 초에 일어났다. 아이작 뉴턴은 작은 구멍을 통해 캄캄한 침실 내부로 한 줄기의 태양 광선을 통과하게 하는 실험을 했다. 그는 태양광선이 통과하는 자리에 삼각형의 유리 프리즘을 놓았고, 이 프리즘을 통과하면서 굴절된 (꺾인) 태양광선은 반대편 벽에 무지개와 같은 상을 만들었다. 뉴턴은 이 상을 색의 '스펙트럼'이라고 불렀고, 그의 프리즘을 통과해 만들어진 색이 빨강, 주황, 노랑, 초록, 파랑, 남색, 보라의 순서로 변하는 것으로 관찰했다. 뉴턴은 다분히 임의로 선택한 이 일곱 색을 음계의 일곱 음에 비유했다.[5] 그러나 일반인의 시각으로는 빛 속에 들어 있는 색을 감지할 수 없다는 것을 뉴턴도 알고 있었다. 빛은 '색을 띠지' 않는다. 마찬가지로 냄새는 향기롭거나 시큼하지 않고, 공기의 진동은 화음이나 불협화음을 만들지 않는다. 이것은 모두 우리가 지각知覺하는 것이다.

어쨌든 뉴턴의 실험은 하나의 프리즘에서 멈추지 않았다. 그는 빛의 특성에 관해 더 깊은 통찰을 얻기 위해 두 개의 프리즘을 이용한 실험에 착수했다. 이 실험에서 뉴턴은 〔그림 3〕에 나타난 것처럼, 두 번째 프리즘을 뒤집어 놓았다. 첫 번째 프리즘을 통과해 만들어진 색

[5] 음악과 색깔 사이의 관계에 관해서는 제3부에서 더 다룰 것이다.

스펙트럼은 두 번째 프리즘을 통과하면서 다시 굴절되었다. 그 결과 두 번째 프리즘의 건너편에는 한 줄기의 백색광이 나타났는데, 이 백색광은 첫 번째 프리즘으로 들어온 태양광선과 차이가 없었다. 가색 이론은 바로 여기서 탄생했다.

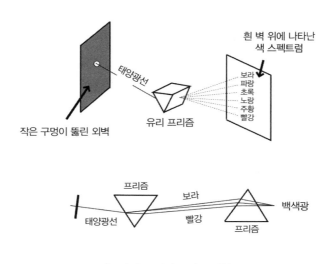

[그림 3] 뉴턴의 프리즘 실험

첫 번째 프리즘에서 형성된 색 스펙트럼이 두 번째 프리즘을 통과할 때는, 빨강에서 보라에 이르는 각 색의 광선들이 모두 **합쳐진다**. 이 색들의 합은 가시광선의 스펙트럼이며, 이 스펙트럼은 태양광선에 의해 형성된 것이다.

광선들을 합치면 그 색들이 서로 **더해진다**. 이는 앞서 설명한 것처럼 서로 다른 색의 페인트를 섞었을 때 나타나는 감색 현상과는 완전히 상반된다. 이 가색 이론은 뉴턴의 프리즘 실험을 포함해 쉽게 재연할 수 있는 다양한 고전 실험을 통해 증명되었다. 그 중 하나로는 3색의 투광기(강한 섬광을 쏜다)와 빨강, 초록, 파랑의 세 가지 색 필터를 이용한 실험이 있다. 이 세 가지 색을 흰색 벽에 쏘면, 관찰자는 당연히 빨간색 원과 초록색 원과 파란색 원을 볼 수 있다. 빨간 원이 파란 원과 조금 겹치면, 교차된 영역에는 노란색이 나타난다. 이는 특별히 놀라운 일은 아니다. 그러나 3색 원을 모두 조금씩 겹치면, 세 가지 광선이 모두 교차되는 가운데 부분은 흰색이 된다.

빨강, 초록, 파랑 광선을 모두 더해 백색광을 얻는 실험은 두 번째 프리즘으로 색 스펙트럼을 합치는 뉴턴의 실험과 근본적으로 같다. 기본적인 파장들을 모두 더하면, 우리가 백색광으로 인식하는 완전한 등질의 스펙트럼이 얻어진다.

빨강에 초록과 파랑 빛의 파장을 더하면RGB, **흰색** 빛이 된다. 그러나 사이언에 마젠타와 노란색물감을 섞으면CMY, **검은색** 물감이 된다. 색 이론이 헷갈리지 않으면 제대로 이해하지 못한 것이라는 커트 나소의 말이 이제 납득이 되기 시작할 것이다. 광파를 결합하면 색이 더해진다. 색이 있는 물체는 우리 눈에 보이는 물체, 다시 말해서 **빛을 반사하는 물체**다. 이런 물체는 색 스펙트럼 중 일부 색을 제외한다. 광파들을 서로 충분히 더하면(빨간색에 초록색과 파란색을 더하면 완전한 가시광선이 된다), '모든 빛'을 나타내는 흰색이 된다. 반면 여러 **안료**를 충분히 더하면(사이언에 마젠타와 노랑을 더하면 가시광선의 스펙트럼 전체가 된다), '빛이 없다'는 것을 나타내는 검정색이 된다.

RGB의 가색 세계는 CMY의 감색 세계와 날마다 정면충돌을 한다. 개인용 컴퓨터의 모니터는 RGB 장치인 반면, 프린터는 CMYK 세계에 속한다. 이는 컴퓨터 하드웨어와 프린터를 생산하는 업체에 도전 과제를 만들어냈고, 덕분에 우리는 컴퓨터 스크린에서 본 것을 정확히 프린터로 출력할 수 있다. 우리는 보이는 것을 그대로 손에 넣을 수 있거나 최소한 그렇게 되기를 바란다. RGB의 가색 장비인 컴퓨터 모니터는 빨강, 초록, 파랑 빛을 적정 비율로 섞어 다양한 색을 만들어내고 원하는 컬러 영상을 세밀한 수준까지 구현한다. 이것이 작동하는 방식은 모니터의 기술에 따라 다르다.

오늘날 대부분의 컴퓨터 모니터는 액정 디스플레이liquid crystal display, 즉 LCD 모니터다. LCD 모니터의 작동 방식은 이렇다. 먼저 스크린의 뒤에서 앞쪽으로 백색광을 비춘다. 스크린의 전면과 후면 사이에는 대단히 미세한 '액정'의 망상 구조로 이루어진 층이 끼어 있다. 이 미세한 액정 중 하나에 전류가 흐르면, 액정의 구조가 바뀌고 불투명해져 스크린에서 그 부분의 빛이 차단된다. 이 미세한 액정의 위에는 역시 미세한 빨강이나 초록이나 파란색의 필터가 있다. 각각의 미세한 액정이 빛을 통과시키거나 차단하게 함으로써 스크린에서는 빨강, 초록, 파랑 빛을 얼마나 통과시키고 어떤 패턴을 만들지를 조절한다.

프린터를 이용해 컴퓨터 화면에 있는 영상을 종이에 복사하려면, 스크린에 있는 RGB 영상을 프린터가 사용하는 CMYK 방식으로 전환해야 한다. 어떤 인쇄 기술에서는 CMYK의 변형 기술을 사용하며, 다른 약어로 부른다. 이런 변형 기술에서는 조금 더 많은 색상을 활용하는 경우가 종종 있지만, 기본 개념은 CMYK 방식과 같다. 아주 적은 수의 기본 색으로 수백만 가지의 색을 합성하는 것이다. 따라서 내 CMYK 프린터에는 사이언, 마젠타, 노랑, 검정, 이렇게 네 개의 잉크 카트리지가 있다.

우리가 날마다 보는 인쇄된 상은 일정한 규칙에 따라 배열된 미세한 색 점들로 이루어져 있는데, 이 점들은 이어져 있는 것처럼 보일 정도로 아주 작다. 이렇게 규칙적으로 배열된 점들로 사물을 인쇄하는 것을 망점 인쇄halftone printing 또는 스크리닝screening이라고 부른다. 인쇄된 신문을 돋보기로 보면 점 하나하나를 비교적 쉽게 볼 수 있다. 신문에 있는 원색의 일기도에서는 점으로 이루어진 패턴을 관찰할 수 있다. 인쇄 품질이 향상되면서 이제 망점은 현미경의 도움 없이는 보기 어려워졌다. CMYK 인쇄에서 각 색의 망점은 평행한 일직선의 열을 이루고 있지만, 각 색의 열은 다른 색의 열과 다른 각도로 놓여 있다. 이는 다른 색 망점들 간에 패턴의 간섭이 일어나는 것을 피하기 위해서다.

이런 방식의 인쇄는 점묘파 화가인 조르주 쇠라Georges Seurat와 다른 후기 인상파 화가들의 기법을 연상시킨다. 쇠라의 1884년 걸작, 「그랑드 자트 섬의 일요일 오후」는 점묘법의 대표작으로 잘 알려져 있다. 점묘파 화가의 그림을 볼 때는 망점 인쇄와 마찬가지로 각각의 분리된 색 점들이 다른 색들과 섞여 있는 것처럼 보이는데, 이 과정을 광학적 혼색이라고 부르기도 한다. 쇠라는 물감을 물리적으로 섞지 않고 작은 점을 찍어서 그림을 그리면 더 또렷한 색감을 만들어낼 수 있다고 생각했다. 쇠라의 「그랑드 자트 섬의 일요일 오후」에는 약 350만 개의 색 점이 있는 것으로 추정되며, 그림을 완성하기까지는 2년이 걸렸다. 하루에 약 4800개의 점을 찍은 셈이다. 이 기술은 쇠라에게 효과가 있었을 것이며, 이 모든 과정을 컴퓨터가 신속하게 처리하는 오늘날의 원색 인쇄의 세계에서는 더욱 확실하게 효과를 발휘

제2장

화학적 자극

공기 중의 물질 냄새 맡기

우리가 맡는 냄새는 공기 중에 있는 분자다. 이는 꽤 분명하다. 나는 일을 처음 시작할 무렵에 석유 화학 회사에서 엔지니어로 근무했다. 그때 우리 회사의 암모니아 생산 공장에 찾아갔던 일을 기억한다. 처음 공장에 들어섰을 때는 코를 찌르는 강한 암모니아 냄새 때문에 거의 기절할 뻔 했다. 한동안은 말도 할 수 없었다. 결국 그 공장에서 몇 년 째 근무하고 있던 동료에게 이렇게 냄새가 진동을 하는데 어떻게 참고 일을 할 수 있는지 물었다. 그는 씩 웃으면서 "무슨 냄새요?" 하고 말했다. 나는 순간 경악을 했지만, 그의 말이 농담이 아니라는 것을 깨달았다.

엄격한 의미에서 암모니아는 방향 물질이 아니다. 우리가 코로 맡는 대부분의 다른 냄새들과 같은 감각 수용기에서 감지되지 않기 때문

60

이다. 암모니아 같은 화학물질을 포함한 특정 유독물질들, 심지어 멘톨 같은 물질도 후각 수용기가 아닌 공통 화학적 감각common chemical sense이라는 것에 의해 받아들여진다. 따라서 엄격히 말하면 우리는 암모니아의 '냄새를 맡는' 것이 아니다. 후각을 잃은 사람도 공기 중에 있는 암모니아를 감지할 수 있다. 이 이야기는 제2부에서 다시 다룰 것이다.

훗날 나는 당시를 떠올리며 곰곰이 생각했다. 수년 동안 그 공장에서 일하면서 내 동료에게 일어난 암모니아 감지 능력의 변화는 어쩌면 갈릴레이가 자신이 만든 망원경으로 태양을 볼 때 그의 눈에 일어났던 현상이나 피트 타운젠드Pete Townsend가 매일 밤 120데시벨이 넘는 엄청난 소리의 음악을 연주할 때 일어났던 일과 비슷할지도 모른다. 아마 그럴 것이다. 그러나 우리는 피트 타운젠드의 우레와 같은 음악 소리가 귀에 어떻게 들리는지와 태양이 왜 그렇게 보이는지에 관해서는 알고 있지만, 어떤 방향 물질이 왜 그런 방식으로 냄새가 나는지는 속속들이 확실하게 알지 못한다. 심지어 공기 중에 있는 어떤 분자가 어떤 종류의 냄새를 갖고 있는지도 예상하지 못한다.

여기서 자극은 무엇일까? 고대 그리스의 철학자인 데모크리토스(기원전 460~기원전 360)의 추측에 따르면, 우리는 사물에서 유래한 크기와 모양이 다양한 '원자'의 냄새를 맡는 것이다. 아리스토텔레스를 비롯한 다른 철학자들도 냄새가 어디에서 유래하는지에 관해 온갖 종류의 얼토당토않은 발상들을 내놓았다. 1700년대에 기체의 운동론이 나오면서, 데모크리토스의 추측이 옳다는 것이 확인되었다.

일반적으로 가장 오래 된 감각이라고 여겨지는 후각은 몇 가지 면에서 가장 불가사의한 감각이기도 하다. 그리고 그 불가사의의 상당 부분은 자극과 연관이 있다. 냄새 자극에 대한 우리의 이해는 대단히 단순한 수준이다. 우리의 후각 수용기는 공기 중의 분자에 의해 자극을 받는다. 방 안 한 쪽에서 누군가 담배에 불을 붙이면, 잠시 후 코에 그 신호가 당도한다. 우리가 담배 연기를 감지하기까지 걸리는 시간은, 연기 속에 있는 분자가 비교적 느린 실내 공기의 흐름을 따라 콧속으로 들어온 다음 그 속에 있는 후각 수용기에 도달하는 데 걸리는 시간과 같다. 시각은 빛의 속도로, 청각은 소리의 속도로 전달되는 반면, 후각은 비교적 느린 속도로 전달된다. 어떤 지점에 있는 냄새 분자를 우리 콧속에 위치한 한 지점까지 전달하는 공기의 흐름이 상당히 느리기 때문이다.[6] 따라서 자극원은 담배 연기 분자가 된다. 그런데 우리가 감지하는 이 분자의 특징은 무엇일까?

후각을 자극하는 것에 관한 두 가지 주요 가설은 각각 한 단어로 요약될 수 있다. 바로 형태와 진동이다. 여기서 형태는 분자의 형태를, 진동은 공기 중에서 그 분자의 진동 유형을 뜻하는 것이다. 형태 가설에 따르면, 분자의 냄새를 결정하는 것은 그 물리적 형태다. 분자를 이루는 원자들은 정확한 각도로 결합되어 있다. 물은 H_2O라고 불리지만, 사실 H-O-H다. 가운데에 있는 O 원자와 양 옆에 있는 H 원자들은 104.45도의 각을 이루고 구부러져 있기 때문에, 물 분자의 모양은 부메랑과 비슷하다.

어떤 분자를 이루는 원자가 많아질수록 일반적으로 그 형태는 더 복

---

[6] 실내에서는 주로 분자의 확산에 의해 방향 물질이 코로 전달된다고 추측하는 경우가 많다. 그러나 이는 거의 사실이 아니다. 기체 상태라 해도 분자의 확산 속도는 훨씬 더 느리다. 실내에서도 냉난방 장치와 통풍구와 온도 차에 의해 공기의 흐름이 생겨서, 확산만 일어날 때보다 방향 물질을 훨씬 빠르게 전달한다. 빛의 속도는 초속 약 3억 미터다. 소리의 속도는 초속 343미터다. 실내에서 담배 연기를 전달하는 공기의 흐름은 그 속도가 초속 1미터에 훨씬 못 미칠 것이다.

잡해진다. 형태 가설에 따르면, 독특한 형태의 분자는 특별한 자물쇠에 딱 들어맞는 열쇠처럼 콧속의 후각 수용기 중 하나와 특이적으로 반응한다. 일단 이 열쇠가 자물쇠와 들어맞으면 코의 장치가 그 냄새를 감각할 수 있다는 것이 이 가설의 주장이다.

냄새의 형태 가설, 즉 열쇠-자물쇠 가설에는 몇 가지 문제점이 있다. 우선 인간이 감지할 수 있는 '열쇠'(냄새 물질)마다 특유의 '자물쇠'(수용기)가 필요하다는 문제점이 있다. 일반적으로 한 사람이 구별할 수 있는 냄새는 약 1만 가지로 알려져 있다. 따라서 콧속에도 그 정도로 많은 특유의 냄새 수용기가 있어야 하는 것이다. 그러나 콧속에는 그보다 훨씬 적은 350개 정도의 독특한 냄새 수용기가 있다고 알려져 있다. 그 모든 열쇠에 들어맞기에는 자물쇠가 충분치 않다. 열쇠-자물쇠 가설의 다른 문제점은 종종 물리적 형태가 비슷한 분자들이 냄새가 완전히 다른 경우가 있다는 점이다.

냄새의 진동 가설에서는 코가 일종의 진동하는 분광계처럼 작용해서 냄새 분자의 진동을 분석해 뇌에 전달한다고 주장한다.

절대 0도보다 높은 온도에서는 모든 원자들이 끊임없이 진동한다. 원자들이 결합해 분자가 되면, 분자의 진동 방식은 대단히 복잡해진다. 세 개의 원자로 이루어진 물은 세 가지 다른 방식으로 진동할 수 있다. 아홉 개의 원자로 이루어진 에탄올 C_2H_5OH은 21가지의 진동 방식이 있다. 분자의 크기가 더 커질수록 진동 방식의 수는 더 많아진다.

물 같은 단순한 분자에서는 각각의 진동 방식을 시각화하기가 비교적 쉽다. 물 분자의 모양은 부메랑처럼 생겼는데, 부메랑 모양의 양 끝에는 수소 원자가 있고 가운데에는 크기가 더 큰 산소 원자가 있다. 두 개의 수소 원자와 산소 원자가 튼튼한 용수철로 연결되어 있다고 상상해보자. 이 두 용수철을 동시에 같은 길이만큼 잡아당겼다가 놓으면, '대칭 늘임symmetric stretching' 방식으로 진동을 할 것이다. 만약 두 용수철을 구부렸다가 놓으면, '구부림bending' 방식으로 진동을 한다. 세 번째로는 '비대칭 늘임asymmetric stretching' 진동 방식이 있는데, 한 용수철을 다른 용수철보다 더 많이 잡아당길 때 나타난다.

분자의 진동을 측정하기 위해 다양한 장비들이 개발되었다. 이 장비들을 활용하면, 지문이나 DNA로 사람의 신원을 확인하는 것처럼 분자의 종류를 확인할 수 있다. 분자의 진동수는 전자기 스펙트럼의 적외선 영역에 속하는 경우가 자주 있기 때문에, 적외선 파장을 감지하는 적외선 분광기를 활용해서도 측정이 가능하다.

냄새의 진동 가설에서는 코를 적외선 분광기와 비슷한 장치에 비유한다. 이는 코가 독특한 진동을 토대로 분자를 확인한다는 것을 의미한다. 그 다음 확인된 결과는 뇌로 전달된다. 황화수소H_2S 같은 기체의 경우, 우리는 달걀 썩는 냄새를 감지하는 것이다.

어떻게 '진동'이 '썩은 달걀'이 될 수 있을까? 진동은 뭔가 대단히 수학적인 느낌이다. 썩은 달걀 냄새는 무척 본능적이고 수학과는 상반된 것처럼 보인다. 유전학적으로 볼 때, 냄새 감각은 너무 원시적이어서 우리가 이것을 수학으로 표현할 수 있다는 것은 직관에 어긋나는 듯하다. 그러나 색도 대단히 본능적인 것이며, 우리는 색을 수학적으로 정확하게 묘사하는 방식을 배워가고 있다. 냄새라고 그렇게 못할 이유는 없다.

문제는 냄새의 진동 가설이 전혀 보편적으로 받아들여지고 있지 않다는 점이다. 이는 진동 가설을 가장 설득력 있게 주장한 과학자인 루카 투린Luca Turin의 노력이 부족해서가 아니다. 분자의 진동이라는 세계는 냉철하고 과학적이다. 냄새의 세계는 활기차고 본능적이며 계측이 불가능하다. 투린은 이 두 세계를 간단히 넘나든다. 투린은 『화학적 감각Chemical Senses』저널에 실린 「1차 후각 수용을 위한 스펙트럼 분석 메커니즘A Spectroscopic Mechanism for Primary Olfactory Reception」이라는 논문과 『향수: 지침서Perfumes: The Guide』(타냐 산체스 공저)라는 책을 포함해 많은 글을 발표했다. 투린의 경력은 챈들러 버Chandler Burr의 멋진 책인 『향기에 취한 과학자: 루카 투린The Emperor of Scent: A True Story of Perfume and Obsession』(지식의 숲, 2005)에 연대순으로 잘 드러나 있다. 어느 모로 보나 투린은 사냥개와 맞먹는 후각과 노벨화학상 수상 후보가 되기에 충분한 분석적 두뇌를 지녔다. 그의 『향수: 지침서』는 재미와 정보를 동시에 주는 책이다. 휴고 보스의 남성용 오드콜로뉴인 휴고Hugo에 대한 묘사를 보자. "희미하지만 적당한 라벤더-참나무 이끼 향, 하루 종일 전략 회의가 있는 날을 연상시킨다."

냄새에 관한 포괄적인 이론이 없는 상황은 새로운 향을 만들어내야 하는 사람들을 어둠 속에서 헤매게 하는 결과를 가져온다. 어쩌면 우리는 이런 일을 하는 사람들이 있다는 것조차 인식하지 못하고 있을지 모르지만, 이들은 분명히 존재하며 이들의 도박에는 큰 판돈이 걸려 있다. 이들이 하는 일은 제약 산업과 비슷하다. 제약 산업에서는 질병을 치료하거나 예방하기 위해 새로운 분자를 합성한다. 향수 산업은 이에 비해 판돈이 조금 작지만, 새로운 향의 개발이 뜻대로 되지 않으면 수백만 달러를 잃을 수도 있다.

우리 옷의 청결을 담당하는 물질인 세탁 세제의 향을 맡고 소비자가 느끼는 특별한 느낌을 세제 분자가 스스로 유발하지는 않았을 것이다. 그 느낌은 '깨끗함, 청량함, 향기로움' 따위의 단어로 묘사될 수 있을 것이다. 세제 분자가 스스로 할 수 없다면, 이런 종류의 느낌을 **불러일으키기 위해** 세제 제조업체에서 이 분자 저 분자를 섞어서 만들면 된다. 따라서 세탁 세제 같은 상품에서 향은 중요한 마케팅 도구로 여겨진다. 다음에 마트에 가서 세제 코너를 지날 때는 냄새에 주의를 기울여보자. 세제 코너에서는 마트의 다른 곳과는 특별히 다른 냄새가 날 것이다.

특별한 향을 개발하기 위한 새로운 분자의 합성은 조금 불확실하기는 하지만 중요한 사업이다. 이 분야는 과학적으로도 이해가 부족하다. 새로운 분자를 합성해 그 구조를 속속들이 자세하게 알아볼 수는 있지만, 실제로 어떤 향이 날지는 전혀 예측이 불가능하다. 비슷한 상황을 색이나 소리에 빗대어 상상해보자. 빛이나 물감을 감색하거나 감색한 결과를 예측할 수 없다면 어떨까? 상상도 되지 않는다. 올리버 웬델 홈스Oliver Wendell Holmes는 "새로운 감각이나 발상에 의해 사람의 생각이 확장되면 결코 예전의 차원으로 축소되지 않는다"라고 말했다. 색 이론과 그 혜택, 이를테면 내 컴퓨터의 컬러 모니터와 컬러 프린터 같은 것이 없는 세상은 상상하기 어렵다. 그러나 냄새에 관해서는 그렇지 못하다

냄새의 메커니즘을 이해하지 못하는 문제는 언어의 문제와 결합된다. 시각 자극은 눈에 닿는 빛의 진동수와 세기로 묘사될 수 있다. 눈의 다른 쪽에서는 빛의 진동수와 세기가 색과 밝기로 감지된다. 우리에게는 자극을 표현하는 언어와 감각 작용을 표현하는 언어가 따로 있다. 청각도 마찬가지지만, 후각은 그렇지 않다. 후각에서는 자극과 감각 작용이 같은 언어(냄새, 향, 향기)로 묘사된다.

맛 자극

우리가 맡는 냄새는 공기 중의 분자이며, 느끼는 맛은 물에 녹아 있는 분자다. 입술, 이, 침샘, 혀라는 장치는 이 분자들을 물에 녹여 미뢰라는 감각 수용기에 제공하는 일을 한다.

냄새는 기체 상태의 현상인 반면, 맛은 액체 상태에서 나타난다. 그래서인지 우리가 느낄 수 있는 맛은 비교적 한정되어 있다. 약 1만 가지의 서로 다른 냄새를 구별할 수 있는 것과는 크게 대조적이다. 여기서 말하는 것은 종류의 차이(짠맛이나 단맛)이며, 정도의 차이(달콤함과 들큼함)는 아니다.

단맛, 짠맛, 신맛, 쓴맛이라는 네 가지 맛은 잘 알려져 있다. 최근에는 감칠맛이 다섯 번째 맛으로 인정을 받았다. 어떤 전문가에게 의견을 구하는지에 따라 다른 맛이 존재하기도 한다.

단맛은 자연에서 생성되는 당과 점점 더 종류가 많아지고 있는 강력한 인공감미료에서 유래한다. 네오탐neotame 같은 인공감미료는 천연 설탕보다 단맛이 약 1만 배에 이른다. 따라서 350밀리리터의 탄산음료 한 잔에 들어가는 설탕 열숟가락은 인공감미료 대여섯 알갱이로 대체할 수 있다. 이렇게 소량만 첨가하면 되기 때문에, 식음료의 열량에서 인공감미료가 차지하는 부분은 당연히 매우 적다. 인공감미료가 건강에 해로운지, 특히 장기적인 영향이 어떤지는 별개의 문제다. 평균적인 미국인의 식사에서 인공감미료의 양이 증가하면서 설탕 소비량도 함께 증가했다는 점도 지적할 만한 가치가 있다. 이에 관해서는 제2부에서 자세히 살펴볼 것이다.

다른 화학적 감각들

냄새와 맛은 가장 널리 알려져 있는 화학적 감각이며, 다른 종류의 화학적 감각도 있다. 일반적으로 화학적 감각이라고 알려져 있는 것들은 우리의 코와 입으로 들어오는 다양한 것들을 감지하는 우리의 능력에서 중요한 부분을 차지하고 있다. 할라페뇨jalapeño 고추 같은 자극적인 음식을 먹었을 때 그렇게 매운 까닭은 무엇일까? 할라페뇨 고추를 코로 가져가 냄새를 맡아보자. 매운 느낌은 전혀 없다. 마찬가지로 혀에 있는 다양한 종류의 미뢰 중 어떤 것에서도 매운 느낌은 감지되지 않는다. 그렇지만 매운맛은 분명히 존재한다. 고추의 매운맛, 멘톨의 청량감, 음식의 질감은 모두 중요한 자극이다. 그러나 이런 것들은 혀에 있는 미뢰나 콧속의 후각 수용기에서는 감지되지 않는다.

고추의 매운 정도는 〔그림 4〕에 있는 스코빌 등급Scoville scale으로 측정할 수 있다. 미국의 화학자였던 윌버 스코빌Wilber Scoville은 1912년에 분석화학과 구식 맛 감별을 혁신적으로 결합한 그의 방법을 발표했다. 고추를 맵게 만드는 화학물질을 캅사이신capsaicin이라고 한다. 스코빌은 알코올을 이용해 말린 고추의 표본에서 캅사이신을 추출한 다음, 추출한 알코올을 설탕물에 용해했다. 그 결과 만들어진 혼합물을 맛 감별사가 맛보았다. 이런 방식으로 맛 감별사는 매운맛을 감지할 수 있는 가장 약한 용액(일정량의 설탕물 당 최소량의 캅사이신)을 찾아내었고, 이를 토대로 스코빌 등급이 결정되었다. 이를테면 어떤 할라페뇨 고추의 추출물은 5000배 희석을 해야 맛이 감지되는 한계에 도달한다고 해보자. 그러면 그 고추의 스코빌 등급은 5000

이 되는 것이다.

고추의 종류	스코빌 단위
순수한 캅사이신	1500만
미국 표준 호신용 최루액	200만~530만
레드 사비나 하바네로Red Savina	35만~58만
하바네로Habanero	10만~35만
스카치 보넷Scotch Bonnett	10만~32만5000
카옌Cayenne	3만~5만
타바스코Tabasco 고추	3만~5만
세라노Serrano	5000~2만3000
치포틀Chipotle(구워 말린 할라피뇨—옮긴이)	5000~1만
할라피뇨	2500~8000
타바스코 소스	2500~5000
과질라Guajilla	2500~5000
안초Ancho(말린 포블라노Poblano—옮긴이)	1000~2000
포블라노	1000~2000
애너하임Anaheim	500~1000
피멘토Pimento	100~500
피망Sweet bell	0

[그림 4] 고추의 매운 정도를 나타내는 스코빌 등급
이며 사진은 말린 하바네로habanero 고추.
(자료 출처는 www.eatmorechiles.com: 사진은 저자 제공)

스코빌 등급이 2500~8000인 할라페뇨 고추는 비교적 순한 편이다. 대부분의 미국 식료품점에서 구할 수 있는 하바네로 고추는 10만 ~35만 스코빌 단위로 평가된다. 하바네로 고추를 조리할 때, 별 거 아닌 것처럼 보이는 작은 고추를 만지는 요리사는 고무장갑을 끼워야 하며 모든 조리 도구는 사용 후 꼼꼼하게 세척을 해야 한다. 그래야만 하바네로의 고추기름이 눈이나 몸의 다른 민감한 부위에 들어가는 것을 막을 수 있다.

가장 매운 고추는 하바네로보다 더 맵다. 어떤 변종은 100만 스코빌 단위로 평가된다. 미국에서 구할 수 있는 호신용 최루 스프레이는 200만~500만 스코빌 단위로 추정된다. 스코빌 등급의 맨 꼭대기에는 1500만 스코빌 단위인 순수한 캅사이신이 있다.

고추의 매운 정도는 맛 감별사가 없어도 액체 크로마토그래피라는 화학적 기술을 이용해 측정이 가능하다. 그러나 스코빌 등급은 널리 알려져 있으며, 나는 몇몇 식료품점에 스코빌 등급이 붙어 있는 것도 보았다. 심지어 액체 크로마토그래피로 측정된 매운 정도를 스코빌 단위로 변환하기 위한 계산법도 있다.

제3장

기계적 자극

음파

몇 년 전 나는 가족과 함께 새집으로 이사를 했다. 부동산을 둘러보는 데 이력이 난 아내와 나는 계약이라는 모험을 감행하기 전에 그 집을 꽤 유심히 살펴보았다. 우리는 무척 만족스러웠다. 나무가 우거지고, 도로에서 떨어져 있어서 교통량이 많지 않은 멋진 곳이었다. 멋지고 조용한 곳, 우리가 찾던 바로 그런 집이었다.

그리고 이사 온 다음날 아침, 조금 놀라운 일이 벌어졌다. 새벽 여섯 시쯤에 신문을 가지러 마당에 나가자 약 1.3킬로미터 떨어져 있는 고속도로에서 차량 소음이 또렷하게 들려왔다. 이야기를 하기 위해 목청을 높여야 할 정도의 큰 소리는 아니었지만 들리기는 했다. 시속 110킬로미터가 넘는 속도로 달리는 자동차 바퀴가 도로를 구를 때 나는 둔한 소리가 이 소음의 가장 지속적인 특징이었고, 간간히 대형트럭이 속도를 줄일 때 디젤 엔진에서 나는 묵직한 진동이 끼어들 었다.

그 소리는 적잖이 신경에 거슬렸다. 내가 특히 짜증이 난 것은, 집을 구하러 다니면서 몇 번이나 오랜 시간 동안 머물렀는데도 그 소리를 듣지 못했다는 점이었다. 개를 데리고 산책을 하면서 수집한 자료를 토대로 볼 때, 그 시간대에는 고속도로에서 약 2킬로미터 떨어진 곳 에서도 소음이 크게 들렸다.

다행히도 그 소음은 시간이 흐를수록 약해져서, 대개 늦은 아침쯤에 는 거의 들리지 않게 된다. 더욱 신기한 일은 아침 여섯 시에도 고속 도로의 소음이 전혀 들리지 않는 날이 있다는 점이다. 이는 어떻게 된 일일까? 고속도로의 교통 상황에 어떤 패턴이 있는 것은 분명 아 니다. 그곳은 밤낮없이 늘 수많은 차들로 붐빈다.

이 문제는 잘 알려져 있는 기상 현상에 음파의 물리학을 결합시키면 설명이 가능하다. 이른 아침에는 지면 근처에 있는 공기층이 더 차가 운 경우가 가끔 있는데, 태양광선은 위쪽에 있는 공기층을 더 빨리 데운다. 따라서 차가운 공기와 그 위의 따뜻한 공기 사이에 경계가 생기고, 이 경계가 일종의 장벽처럼 작용해서 음파를 다시 지면으로 반사한다. 우리 동네 고속도로의 경우는 우리 집 쪽으로 소음이 반사 되는 것이다. 온도 차가 더 크고 찬 공기와 더운 공기 사이의 경계가 뚜렷할수록 이 현상은 더 잘 나타난다. 이 반사 현상이 일어나기 위 해서는 음파가 따뜻한 공기층과 찬 공기층 사이의 경계에 대단히 완 만한 각도로 부딪혀야 한다. 잔잔한 호수에서 납작한 돌로 물수제비 를 뜨는 모습을 상상해보자. 돌이 호수 위를 스치듯 지나가게 하기 위해서는 수면과 거의 평행하게 돌을 던져야 한다. 돌을 던지는 각도가 너무 아래쪽을 향하면, 돌이 수면에서 튀지 않고 곧바로 물속에 빠져 다시는 볼 수 없게 될 것이다. 마찬가지로, 음파도 공기층 사이의 경계에 완만한 각도로 부딪힐 때에만 반사되어 다시 지면으로 되돌아올 수 있다. 하루 중 시간이 흘러서 공기 층 사이의 온도 차가 작아지거나 사라지면, 고속도로의 소음은 대기 중으로 날아가 버린다.

청각을 자극하는 음파는 소리의 과학인 음향학의 영역에 속한다. 음원音源이 되는 것으로는 퉁겨진 기타줄, 방망이에 부딪힌 야구공, 제트 엔진에서 분사되는 뜨거운 기체 따위가 있다. 이런 음원의 주변으로는 공기의 진동이 일어난다. 이 진동은 음원을 중심으로 퍼져나가는데, 마치 잔잔한 호수에 떨어진 돌에서 파동이 퍼져나가는 것과 비슷하다. 음파가 귀에 닿으면 감각 작용의 과정이 시작된다. 우리는 이것을 청각이라고 부른다.

가시광선과 다른 전자기파는 우주 공간 같은 진공을 통과할 수 있지만, 음파는 그렇지 않다. 음파는 파동을 전달할 물질인 매질을 필요로 한다. 대개는 공기가 그 매질의 역할을 하지만, 음파는 물 같은 액체 매질이나 나무, 금속, 뼈 같은 고체 매질에서도 아주 잘 전달된다. 우리가 듣는 소리는 두 가지 다른 매질을 거쳐 내이에 도착한다. 하나는 고막을 진동시키는 공기이고, 하나는 고막을 거치지 않고 내이에 곧바로 진동을 전달하는 두개골이다. 이 두 매질의 차이 때문에 우리는 녹음된 자신의 목소리를 대단히 낯설게 느낀다. 보통 목소리는 후두에서 시작되어 입으로 나온다. 따라서 이 소리는 대부분 뼈를 통해 내이에 당도한다. 그러나 스피커에서 나오는 녹음된 자신의 목소리는 거의 전부 공기를 통해 전달되는 소리다. 자신의 목소리에서 뼈를 통해 전달되는 목소리를 제거하면 전혀 다른 목소리처럼 들린

다. 이 차이는 대단히 커서 가끔 자신의 목소리를 알아듣지 못하기도
하는데, 특히 녹음된 자신의 목소리를 처음 들었을 때가 그렇다.

어떤 종류의 파동이 매질을 통과할 때, 파동은 움직이지만 매질은 움
직이지 않는다. 넘실대는 파도 위에 떠 있는 고깃배는 위아래, 즉 수
직으로 움직이지만 파도가 배를 수평으로 이동시키지는 않는다. 이
와 마찬가지로 음파가 통과하는 매질도 음파와 함께 이동하지 않는
다. 이는 음파가 고체를 통과할 때는 쉽게 이해가 되지만, 공기를 통
과할 때는 그렇지 않을 것이다.

바람은 음파의 운동에 영향을 줄 수 있다. 만약 남쪽에서 바람이 강
하게 불어오면, 말하는 사람으로부터 남쪽에 있는 사람은 아무리 소
리를 질러도 같은 거리만큼 북쪽에 있는 사람에 비해 소리가 잘 들
리지 않을 것이다. 이는 말하는 사람의 목소리가 바람에 날려 되돌
아오는 것은 **아니다.** 음파는 그런 방식으로 작용하지 않는다. 그러나
비행사나 풍력발전 전문가의 말에 따르면, 바람의 속도는 일반적으
로 고도가 높아질수록 더 빨라진다. 음파가 말하는 사람의 입에서 멀
어지는 동안, 약간 위쪽을 향하는 음파는 조금 더 빠르게 흐르는 공
기 속으로 들어간다. 음파의 속도는 공기에 비해 일정한 속도를 유지
하는데, 공기가 움직이고 있을 때(바람이 불 때)도 마찬가지다. 그러
나 변화가 적은 지표면에 비해서는, 고도가 높아질수록 더 빠르게 움
직인다.

어떤 종류의 파동이 한 매질에서 다른 매질로 이동하면서 속력이 변
화할 때는 구부러지면서 방향이 바뀌는 경향이 나타난다. 가장 익숙
한 예로는 가시광선이 공기 중에서 물속으로 들어갈 때 나타나는 현
상을 들 수 있다. 빛은 공기 중에서보다 물속에서 조금 느리게 움직

이므로, 공기 중에서 물속으로 들어갈 때는 빛이 굴절된다. 그래서 투명한 유리컵에 물을 가득 채우고 빨대를 꽂으면 빨대가 구부러진 것처럼 보이게 된다.

음파도 한 매질에서 다른 매질로 들어갈 때 같은 현상이 나타난다. 따라서 음파가 약간 위쪽으로 올라가면서, 느린 바람에서 빠른 바람 쪽으로 이동할 때는 본질적으로 속력이 점점 빨라진다. 따라서 그 음파는 조금 굴절될 것이고, 그 결과 음파의 일부가 목표 지점에 도달하지 못하게 될 것이다. 그래서 바람을 맞으며 소리를 지르면 상대는 잘 듣지 못한다.

매질을 통과하는 음파에는 다양한 특성이 있다. 그 특성들 중에 진동수라는 것이 있다. 진동수의 과학적인 뜻은 진동수를 의미하는 frequency라는 영어 단어의 일반적인 뜻과 아주 유사하다. 음파가 '얼마나 자주' 특정 지점을 통과하는가가 바로 진동수다. 잔잔한 연못에 돌멩이들을 연달아 던지면, 충돌 지점에서 바깥쪽으로 잔물결이 동심원을 그리며 퍼져나갈 것이다. 그때 생기는 골과 마루들이 특정 지점을 지나는 속도가 이 잔물결의 진동수가 된다. 따라서 진동수는 1초당 만들어지는 파동의 수다.

공기 중을 통과하는 소리도 마찬가지다. 가장 일반적인 소리굽쇠는 진동수 440헤르츠㎐의 음을 만든다. 1헤르츠는 1초에 한 번 진동을 하는 것이므로, 440헤르츠는 초당 440번 진동을 한다는 뜻이다. 440 헤르츠의 음은 악보의 중앙에 있는 C음의 위에 있는 A음이다. 그래서 이 음을 A440, 또는 콘서트 AConcert A라고 부른다. 소리굽쇠에서 나오는 A440음을 듣고 있으면, 음파는 440헤르츠의 진동수로 고막에 닿는다. 다시 말해서 초당 440번 공기를 진동시키는 것이다.

진동수는 우리에게 친숙한 도플러 효과에서도 중요하다. 구급차가 옆으로 지나갈 때는 사이렌 소리의 높낮이가 달라진다. 우리는 음의 높낮이를 들을 수 있으며, 음의 높낮이는 소리의 진동수와 밀접한 관계가 있다. 진동수가 커지면 우리가 감지하는 음의 높이도 높아진다. 구급차가 가까워질 때는 음이 높아지다가 구급차가 옆을 지나 멀어질 때에는 곧바로 음이 낮아진다. 도플러 효과는 오스트리아의 물리학자인 크리스티안 요한 도플러Christian Johann Doppler(1803~1853)가 1842년에 처음 발표했다. 도플러가 이 효과를 활용해 처음 설명하려고 했던 것은 소리가 아니었다. 그는 지구의 관측자와 별의 상대 속도를 토대로 별의 색을 설명하려고 했다. 음파는 관측자와 음원 사이의 상대 속도에 의해 **높낮이**가 변한다. 이와 같은 방식으로, 빛에서는 **색**이 바뀐다.[7] 도플러의 연구는 빛의 파동과 연관이 있었지만, 다른 과학자들은 이 연구를 음파로 확장시켰다. 1845년, 네덜란드의 화학자이자 기상학자인 보이스 발로트Buys Ballot는 똑같은 음을 연주하는 트럼펫 연주자들이 탄 기차가 정지 상태에 있는 관측자 집단을 지나가는 실험을 했다. 예측대로 음 높이가 낮아졌다.

도플러 효과에서 겉보기 진동수란, 움직이고 있는 음원에서 나온 음파가 관찰자와 만났을 때의 진동수를 말한다. 겉보기 진동수는 음원의 실제 진동수에서 산출이 가능한데, 이를 구하려면 음파가 움직이는 속도(이를테면 공기 중에서 소리의 속도)와 음원이 관찰자 쪽으로 접근하는 속도를 이용해야 한다.

---

[7] 내 동료 중에 어떤 물리학 교수는 자동차 범퍼에 다음과 같은 글귀가 있는 빨간색 스티커를 붙이고 다닌다. "이 스티커가 푸른색으로 보인다면 당신은 과속 중입니다." 도플러 효과를 빌린 물리학자의 싱거운 농담이다.

우리가 도로변에 서 있고, 지붕 위에 A440 소리굽쇠가 달린 차 한 대가 시속 113킬로미터의 속력으로 다가오고 있다고 상상해보자. 공기 중에서 소리의 속도는 시속 약 1225킬로미터다. 도플러 효과로 알 수 있는 것은 만약 소리굽쇠가 시속 113킬로미터의 속도로 우리에게 **접근하면** 440헤르츠의 소리가 483헤르츠로 높아진다는 사실이다. 소리굽쇠가 우리를 지나 시속 113킬로미터의 속도로 멀어질 때는 겉보기 진동수가 403헤르츠로 낮아진다.

위의 보기에서 진동수의 변화는 각 방향으로 반음 정도에 지나지 않는다. 반음은 피아노에서 바로 옆에 있는 두 건반 사이의 차이다. 이보다 훨씬 미세한 도플러 효과도 인간의 귀는 뚜렷하게 감지할 수 있다.

도플러 효과는 인간이 만든 여러 장비에 적용되고 있다. 누구나 좋아하는 경찰 장비인 속도 측정기radar gun도 여기에 포함된다. 속도 측정기는 음파가 아닌 극초단파의 도플러 효과를 이용한다. 극초단파는 음파에 비해 진동수가 훨씬 높고 속도도 빠르다. 속도 측정기는 10기가헤르츠에서 작동하는데, 이는 초당 100억 번 진동한다는 의미다. 속도 측정기로 표적을 향해 극초단파를 쏘면, 이 극초단파는 빛의 속도인 초속 약 3억 미터의 속도로 이동한다. 그러나 시속 112킬로미터로 달리는 자동차는 그보다 훨씬 느린 초속 31.3미터의 속도로 움직인다. 다시 말해서 극초단파의 속도는 자동차에 비해 거의 1000만 배나 더 빠르다. 따라서 달리고 있는 차에서 이 극초단파가 반사되면, 속도 측정기는 이 극초단파를 다시 포착해 그 진동수를 측정하는 것이다. 표적에서 반사되어 되돌아온 극초단파는 도플러 효과에 의해 진동수가 변하게 되고, 이 변화를 이용해 표적의 속도가 계산된다. 자동차의 속도는 빛의 속도에 비해 대단히 느리기 때문에 진동수의 변화도 아주 작아서 500만 분의 1에 불과하다. 그럼에도 이 진동수 변화는 정확하게 측정되고 있다. 미국에서 이 기술은 1954년에 처음 과속 차량 단속에 사용되었다.

속도 측정기에 아무런 문제가 없는 것은 아니다. 경찰의 관점에서 볼 때, 가장 큰 문제는 값싸고 품질 좋은 탐지기가 운전자들 사이에 널리 보급되어 있다는 점이다.[8] 그러나 이런 탐지기들을 무용지물로 만드는 **라이더**lidar라는 새로운 기술이 개발되었다. 라이더는 '빛 탐지와 거리 측정light detection and ranging'을 의미하며, '라디오파 탐지와 거리 측정radio detection and ranging'을 의미하는 **레이더**radar와 비슷하다. 이전의 속도 측정기와 생김새가 비슷한 라이더 측정기는 표적을 향해 자외선 맥동파pulse를 발사한다. 그러나 라이더 측정기는 도플러 효과를 이용하지 않고, 자외선 맥동파가 속도 측정기와 표적 사이를 왕복하는 데 걸리는 시간을 측정하다. 자외선의 속도는 알려져 있기 때문에 표적과의 거리를 계산할 수 있다. 라이더 측정기는 초당 수백 회 진동하는 맥동파를 보냄으로써 표적의 움직임을 효과적으로 추적한다. 이 장치는 시간의 함수로 표적의 위치를 파악하는데, 다른 말로 표현하면 표적의 속도를 안다는 뜻이다.

---

[8] 불법을 조장하는 것이 유일한 목적인 장치들이 어떻게 합법적일 수 있는지가 나는 늘 궁금하다. 그러나 이런 장치들은 미국 대부분의 지역에서 합법일 뿐 아니라 수억 달러 규모의 산업을 형성하고 있다.

촉각 자극

옷가게에서 실크 셔츠나 양모 스웨터 같은 옷감의 질감을 알고 싶을 때, 우리는 손가락으로 옷감을 만져본다. 왜 우리는 필요한 자극을 충분히 얻을 정도로 옷감과 접촉하지 않을까? 밝혀진 바에 따르면, 우리는 닿는 것만으로는 표면의 미세한 질감 차이를 잘 감지하지 못한다. 여기서 '미세하다'는 것은 120~150번 사포와 비슷한 표면을 의미한다. 보통 사람들은 표면을 따라 손가락을 움직이지 않고 대보는 것만으로 40번과 60번 사포의 차이를 구별할 수 있다. 그러나 240번과 320번 사포는 그렇지 않다. 이 사포들을 구별하려면 손가락으로 표면을 비벼봐야 한다. 과학자들은 이를 촉각 인식의 "2중 가설 duplex theory"이라고 부른다. 거친 표면에서는 손가락을 움직이지 않고도 표면의 융기들이 얼마나 떨어져 있는지를 식별하지만, 고운 표면에서는 손가락으로 문지르거나 쓸어봐야 알 수 있다.

손끝에서 식별할 수 있는 성질은 표면의 거칠기만 있는 것이 아니다. 우리는 표면을 만져봄으로써 굳기, 축축함, 매끄러움, 온도, 진동과 같은 온갖 성질을 알 수 있다. 이 모든 것이 접촉 자극은 아니다. 다시 말해서 표면에 관해 우리가 감지하는 모든 것이 우리의 손가락에 있는 촉각 수용기를 자극하지는 않는다. 손에는 온도나 신체의 위치나 통증을 감지하는 다른 감각 수용기도 많으며, 이 감각 수용기들은 촉각 수용기와 함께 작용한다.

촉각을 일으키는 자극은 모두 변형과 연관이 있다. 손가락으로 어떤 표면을 문지르면, 표면의 다양한 요철에 의해 피부가 변형된다. 마찬가지로 손등에 난 털 한 가닥을 잡아당기면, 피부 표면 아래에 있는 모근에서 변형이 감지된다. 고양이나 쥐 같은 동물들은 수염의 변형에 대단히 민감하다.

나는 요리를 좋아하는데, 특히 숯불구이를 아주 좋아한다. 구이에서 중요한 것은 고기가 얼마나 익었는지를 아는 것이다. 구이판 위의 스테이크 조각이 설익었는지, 중간 정도로 익었는지, 바싹 익었는지는 알아내는 다양한 비법들이 있다. 굽고 있는 스테이크 조각을 손가락 끝으로 눌러봤을 때 고기의 단단한 정도가 익은 정도를 나타낸다. 여러 지침서에 나오는 이 비법에 대한 설명을 보면, "미디엄 레어-부드러움, 미디엄-약간 단단함"과 같이 무척 애매하다. 초보 요리사에게 이런 지침은 아무 소용이 없다.

그러나 좀 더 자세하고 꽤 효과적인 방법이 있다. 구이판 위의 스테이크가 익은 정도를 엄지손가락으로 비교하는 것이다. 먼저 엄지와 검지를 붙여 OK 표시를 만든다. 그 다음, 다른 손의 검지로 OK 표시를 하고 있는 엄지 안쪽의 살을 만져본다. 그때 손에 느껴지는 부드러운 정도가 레어 상태와 비슷하다. 이제 검지 대신 중지를 이용해 OK 표시를 만들어보자. 그러면 엄지 안쪽의 근육이 살짝 경직되어 살이 약간 단단해지는데, 이는 미디엄 레어 상태와 비슷하다. 새끼손가락을 이용하면 미디엄 웰 상태의 질감이 된다. 내게는 이 방법이 꽤 쓸 만하다.

자극 면에서, 스테이크 조각이나 엄지손가락의 안쪽 살과 같은 비교적 부드러운 표면을 탐지하는 데는 촉각 외에 다른 감각도 연관이 있다. 손가락 끝을 5~10밀리미터 움직이거나 부드러운 표면 속으로 들어갈 때의 움직임에는 고유 감각, 즉 위치 감각도 필요하다.

가속

위치

여기 악몽 같은 시나리오가 있다. 당신은 상사의 집에 저녁 초대를 받는다. 상사의 남편이 부엌에서 음식을 준비하는 동안, 당신과 상사는 베란다에서 칵테일을 즐긴다. 식사 준비가 다 되었으니 식당으로 오라는 연락을 받는다. 그러나 칵테일 잔을 손에 들고 문턱을 넘어 식당으로 들어서는 순간, 당신은 족히 2만 달러는 돼 보이는 페르시아 산 카펫에 발이 걸리고 만다. 당신은 머리가 아래로 향하면서 고꾸라지기 일보 직전이고, 당신의 손에 들린 칵테일 잔도 마찬가지다. 만약 여기서 곤두박이면서 카펫 위에 새빨간 딸기 다이커리strawberry daiquiri를 흩뿌리게 된다면 앞으로 직장 생활이 어떻게 될지 상상을 하는 동안, 당신은 시간이 멈춰버린 것 같은 느낌이 든다.

기적적으로, 당신은 다시 중심을 잡고 카펫 위에는 한 방울의 칵테일도 흘리지 않는다. 당신은 자신이 얼마나 꼴사나웠는지를 어색하게 농담 삼아 이야기하면서 식탁에 앉는다. 모두가 웃고 당신은 안도의 한숨을 쉰다.

여기서 당신을 구한 것은 당신의 감각이다. 그런데 어떤 감각을 어떻게 활용한 것일까? 그리고 그 자극은 무엇일까? 인간의 몸은 몸의 각 부분의 위치와 움직임을 감지하는 능력을 갖고 있다. 이 감각은 머리의 운동을 가장 정확하게 감지한다. 상사의 저녁 식사 초대가 아니더라도, 이 감각의 중요성은 아무리 강조해도 지나치지 않다.

간단한 예를 몇 개 더 들어보겠다. 눈을 감고 손을 들어 손가락 두 개를 펴보자. 펴진 손가락이 하나나 세 개가 아닌 두 개인지를 어떻게 아는가? 이것이 바로 고유 감각이다. 이제 창문이 없는 방 한가운데 서서 다른 사람에게 불을 꺼달라고 부탁해보자. 당신은 어둠 속에서 넘어졌는가? 당신이 넘어지지 않아서 기쁘다. 이 역시 고유 감각의 한 예다.

『웹스터 사전』의 정의에 따르면, 고유 감각은 "고유 감각 수용기에서 받아들이는 감각 작용을 기반으로 한 사람의 자세, 운동, 균형, 위치에 대한 정상적인 인식"이다. 고유 감각 수용기에 관해서는 제2부에서 다룰 것이다. 지금은 고유 감각의 자극에 초점을 맞춰보자. 시각은 빛에 의해 자극을 받는다. 청각은 소리에 의해 자극을 받는다. 우리의 '자세, 운동, 균형, 위치'는 무엇에 의해 자극을 받을까?

『아내를 모자로 착각한 남자』(이마고, 2006)에서 올리버 색스는 고유 감각을 뜻하는 proprioception이 '자기 자신'이라는 뜻의 라틴어 프로프리우스proprius에서 유래했다고 지적한다. 고유 감각은 자기 자신에 대한 인식 또는 이해와 연관이 있다. 여기서 자극이 되는 것은 앞서 우리가 다뤘던 자극들과는 확연히 다르다. 어떤 종류의 파동도 아니고, 크기나 형태나 분자의 진동과 관련이 있는 것도 아니다. 대신 우리는 몸의 다양한 부분의 위치와 속도와 가속도에 관한 이야기를 하게 될 것이다. 그야말로 운동의 물리학인 셈이다.

운동의 물리학

아이작 뉴턴은 광학의 법칙을 도출하거나 계산법을 발명하지 않고 있었을 때 힘과 가속도의 관계를 결정했다. 그 유명한 뉴턴의 두 번째 운동 법칙(뉴턴의 제2법칙)에 따르면, 힘은 질량과 가속도의 곱과 같다. 가속도는 속도 변화의 비율일 뿐이다. 이를테면 우리가 직선 도로에서 시속 96킬로미터의 일정한 속력으로 달리는 차 안에 있을 때는 가속도가 0이다. 만약 브레이크를 밟으면 차는 갑자기 속력이 줄어들 것이다. 이제 차의 속력이 변하고 있다. 이 경우에는 감속이 되고 있는 것이며, 우리는 그것을 감지할 수 있다.

차의 속력이 줄어들 때 몸의 속력도 함께 줄어들 수도 있고 그렇지 않을 수도 있는데, 이는 안전벨트 착용 여부에 달렸다. 뉴턴의 제1법칙에 따르면, 움직이고 있는 물체는 외부의 힘이 가해지지 않는 한 그 운동 상태를 계속 유지하려는 경향이 있다. 이 경우에는 그 외부의 힘이 안전벨트에서 오기를 희망하자. 만약 안전벨트가 아니면 더 투박한 것이 대신 그 힘을 가하게 될 것이기 때문이다. 즉 앞좌석에 앉아 있다면 대시보드 같은 것이 될 수도 있다.

나는 당신이 안전벨트를 매는 것을 잊지 않았을 것이라고 확신하므로, 우리는 차의 속력이 줄어드는 동안 당신의 몸에 가해진 힘을 결정할 수 있다. 그 힘은 뉴턴의 제2법칙을 이용해 계산이 가능하다. 만약 당신의 속력이 시속 96킬로미터에서 0으로 일정하게 줄어드는 데 2.73초가 걸렸다면, 안전벨트가 당신의 몸에 가하는 평균적인 힘은 당신의 체중과 같을 것이다. 당신의 체중이 68킬로그램이라면 68킬로그램의 힘이 당신의 몸을 안전벨트쪽으로 수평하게 밀고 있는 것이다. 그런데 차의 가속도가 얼마인지에 관계없이, 항상 당신을 의자가 있는 방향인 **아래쪽으로** 밀고 있는 힘이 있다. 당신을 아래쪽으로 밀고 있는 이 힘은 바로 당신의 체중이다. 체중은 중력과 크기가 같고, 신중하게 선택된 이 예에서는 우연히도 당신을 안전벨트 쪽으로 수평하게 밀고 있는 힘과 크기가 같기 때문에, 우리는 이 수평한 힘을 중력gravity의 1배라는 뜻으로 "1g"라고 부를 수 있다.

전투기 조종사들이 기동 훈련 중에 재빠르게 대피하는 동작을 할 때 비행기는 엄청난 가속을 받는다. 그 결과 조종사의 몸은 급감속을 하는 자동차 속에 있을 때보다 훨씬 더 큰 힘을 받는다. 약 5~6g, 어쩌면 그보다 더 큰 힘일 수도 있다. 가속으로 인해 유발된 이 힘 때문에 조종사들은 의식을 잃을 수도 있으며, 사망에 이를 수도 있다. 많은 전투기 사고가 이렇게 일어난 것으로 기록되어 있다. 인체는 그 정도로 큰 가속을 견딜 수 있도록 설계되어 있지 않다. 전투기 조종사들은 특수한 압력 비행복을 입고 엄청난 중력의 영향을 줄이는 기술을 익히고, 특히 엄청난 가속으로 인한 뇌의 혈류 감소로 의식을 잃지 않기 위한 훈련을 받는다. 그러나 훨씬 작은 가속에서도 기종에 관계없이 비행기 조종사는 큰 혼란을 일으킬 수 있다. 비행 중 생기는 엄청난 가속도는 조종사의 감각을 마비시켜 비행기가 실제 움직임과 정 반대로 움직이고 있다고 착각하게 만들 수도 있다. 따라서 조종사는 자신의 지각이 아닌, 비행기의 계기가 알려주는 것에 반응하도록 훈련을 받는다.

비행기 안에서 인체는 서로 다른 여섯 개의 직선 방향으로 가속이 일어날 수 있다. 위와 아래, 앞과 뒤, 왼쪽과 오른쪽이다. 자동차 안에서도 마찬가지지만, 정상적인 운전을 할 때는 일반적으로 그 범위가 좁은 편이다. 가끔씩 비행기 조종사들은 이 여섯 개의 가속 방향을 안구에서 가속이 유발되는 힘의 방향으로 부르기도 한다. 이를테면, 차에서 급브레이크를 밟을 때는 "눈알이 앞으로"인 것이다. 만약 두개골과 안구에 연결된 근육과 조직이 없었으면, 급감속으로 인해 눈알이 눈구멍 밖으로 튀어나왔을 것이기 때문이다. 급강하를 하다가 수평 비행으로 바꿀 때는 '눈알이 아래로'가 된다. 위로 올라가던 엘리베이터가 내릴 층이 되어 속도를 줄일 때는 '눈알이 위로'인 것이다.

이 가속도(상, 하, 전, 후, 좌, 우)는 모두 선형이다. 자동차가 감속을 할 때처럼, 직선 방향의 속도 변화와 연관이 있다. 당신의 몸은 이 모든 것을 감지하지만, 다른 유형의 가속도인 각가속도angular acceleration도 감지할 수 있다. 각가속도는 원운동을 하고 있는 물체의 속도 변화를 나타낸다. 단거리 경주용 자동차는 출발선에서 초록색 불이 켜지기를 기다리고 있다가 운전자가 추력을 가하면 엄청난 토크, 즉 비틀림이 뒷바퀴에 전달되어 뒷바퀴가 급속도로 회전하기 시작한다. 이것이 각가속도다. 이 경우에는 선가속도도 동반된다. 자동차가 400미터 트랙을 질주하는 동안 눈알을 뒤로 가게 하는 종류의 이 선가속도는 어쩌면 처음부터 5g가 넘을지도 모른다.

가속도계

불과 몇 년 전만 해도 가속도를 측정하는 장비는 뭔가 신기한 것으로 여겨졌다. 현재는 대단히 흔해져서 휴대전화와 비디오 게임의 컨트롤러에도 들어간다. 이 장비를 가속도계accelerometer라고 한다. 가속도계는 뉴턴의 제2법칙을 적용해 가속도를 측정한다. 이런 장비를 만드는 방법은 대단히 많으며, 시중에 나와 있는 가속도계들은 이런 다양성을 반영한다.

시속 96킬로미터로 달리다가 감속을 하고 있는 자동차를 예로 들어보자. 당신의 가슴과 안전벨트의 어깨끈 사이에 간단한 체중계가 끼어 있다고 상상해보자. 당신이 브레이크를 밟고 안전띠가 당겨지면, 안전띠가 체중계를 밀어서 그 힘이 체중계에 표시될 것이다. 만약 감속을 일으킨 힘이 1g이고 당신의 몸무게가 68킬로그램이라면, 체중계는 68킬로그램을 가리켜야 한다. 이 경우 체중계는 간단한 가속도계로 작용을 한 것이다.

인체에서는 열 개의 대단히 정교한 선가속도계와 각가속도계가 진화되어 왔다. 그러나 여전히 이런 정교한 장치가 체내에 있다는 것조차 인식하지 못하는 사람도 있다. 아마 눈, 귀, 코, 혀, 피부와 달리 이 장치들이 우리 눈에 보이지 않기 때문일 것이다. 이 가속도계는 모두 내이 속 달팽이관 바로 옆에 위치하고 있다. 이 장치들의 존재를 느끼지 못한다고 해도, 만약 이 장치들이 작용을 중단한다면 대번에 알게 될 것이다.

땅의 움직임을 측정하는 장비인 지진계Seismograph도 가속도계다. 지진계의 대표적인 용도는 지진의 감지와 측정이다. 최초의 지진계는 132년에 중국의 발명가인 장형張衡이 만들었다고 알려져 있다. 장형의 지진계는 내부에 진자가 들어 있는 커다란 청동 용기의 형태를 하고 있다. 지진으로 땅이 흔들리면 청동 용기 안에 있는 진자가 흔들리면서 용기 내부에 있는 여러 개의 꼭지 중 하나를 건드린다. 이는 청동 용기의 겉면을 둘러싸고 있는 용머리 모양의 장식들과 연결되어 있어서, 꼭지가 움직이면 용의 입이 열리면서 구슬 하나가 바닥에 떨어진다. 이 구슬 떨어지는 소리가 지진 경보가 되는 것이다. 지진의 방향은 어느 쪽 용의 입이 열렸는지를 통해 알 수 있다. 청동 용기 내부의 진자는 어느 쪽에서 땅이 흔들리고 있는지에 따라 흔들리는 방향이 달랐을 것이고, 이를 통해 황제는 적절한 지역에 도움을 줄 수 있었을 것이다.

오늘날 가속도계는 비행기, 미사일에서 비디오 게임에 이르는 모든 것의 조절에 이용된다. 이런 가속도계들은 장형의 지진계와는 모양이 많이 다르지만, 기본 개념은 크게 다르지 않다. 미세 전자 기계 감지microelectromechanical sensor(MEMS) 가속도계는 그 이름에서 알 수 있듯이 대단히 작다. 10센트짜리 동전보다도 작은 감지 장치도 흔히 볼 수 있다. 이 장치 속에는 중국의 지진계 속에 있는 진자처럼 가속이 될 때 움직이는 부품이 들어 있다. 이 부품은 한쪽 끝에 작은 추가 달려 있는 미세한 외팔보(한쪽 끝은 고정되어 있고 한쪽 끝은 자유로운 형태의 보-옮긴이)의 형태를 하고 있을 것이다. 하루 정도 자란 수염보다도 더 짧고 가느다란 아주 작은 다이빙대를 상상해보자. 이 작은 다이빙대에 달려 있는 뭔가가 흔들리기 시작하면, 마치 진짜 다이빙대에서 뛰어내리기 위해 서 있을 때처럼 한쪽 끝이 기울어질 것이다. 이 가속도계가 제 기능을 하기 위해서는 이런 미세한 기울기를 대단히 정밀하게 측정해야 한다.

이 미세한 기울기를 측정하는 몇 가지 방법이 있다. 그 중 한 가지 방법에서는 다이빙대의 끝이 축전기의 전극 역할을 한다. 축전기는 전하를 저장하는 전기 장치다. 축전기 속에 저장된 전하의 양은 서로 다른 전하를 띠는 두 전극 사이의 거리와 함수 관계가 있다. 이런 방식으로 작동하는 MEMS 가속도계는 작은 다이빙대가 기울어질 때마다 다이빙대와 가속도계 안에 있는 다른 전극 사이의 거리가 변하고, 그로 인해 전기 용량도 바뀐다. 이 미세한 변화는 정확하게 측정이 가능하다. 작은 다이빙대의 상하 진동으로 인해 회로 속의 전기 용량이 끊임없이 변하면서 가속도계가 신호를 내보내는데, 이 신호를 활용할 수 있는 방법은 우리가 상상하기에 달려 있다.

위

오늘날에는 가속도계가 점점 더 많은 곳에서 눈에 띈다. '위Wii'를 생각해보자. 수익성이 좋은 비디오 게임 시장에서 닌텐도의 인기 상품은 대단히 혁신적이다. 위 이전의 비디오 게임은 대부분 조이스틱과 버튼을 조작해 화면을 조종했다. 슈팅 게임을 할 때는 조이스틱을 이용해 화면의 이곳저곳으로 플레이어를 이동시킨다. 버튼은 총을 발사하는 데 이용된다. 이런 유형의 컨트롤러는 컴퓨터의 마우스와 개념이 비슷하다. 둘 다 '가리키고 클릭point and click'하는 방식을 활용한다. 컴퓨터의 마우스와 조이스틱을 업무에 활용하기 위한 다양하고 정교한 메커니즘들이 개발되어 왔지만, 이 메커니즘들은 모두 가리키고 클릭할 수 있게 해준다는 면에서 본질적으로 같다. 가리키는 기능은 마우스나 조이스틱 위에 있는 손의 움직임을 화면에 있는 뭔가의 위치로 변환한다. 마우스를 움직여서 컴퓨터 화면에 있는 커서를 옮겨보자. 마우스는 마우스 패드 위 2차원 공간에서 전후좌우로 움직이는 경로를 따른다. 컴퓨터의 작동 체계는 마우스의 신호를 커서의 위치로 변환한다. 조이스틱도 같은 일을 한다. 조이스틱은 수많은 혁신을 통해 상당히 정교해지는 동안에도 위에서 설명한 가리키고 클릭하는 최초의 개념을 유지하고 있다.

우리는 조이스틱으로 테니스 게임을 할 수 있지만, 조이스틱의 움직임은 진짜 테니스 라켓을 움직이는 것과는 다르다. 화면에 나타난 플레이어는 테니스를 하고 있는 것처럼 보이지만, 조이스틱을 움직이고 있는 우리의 모습은 진짜 테니스 게임과 별로 비슷하지 않을 것이다. 위는 바로 이 점을 공략했다. 위 컨트롤러의 개발자들은 마우스/조이스틱 기술을 버리고 완전히 새로운 비디오 게임을 만들기 위한 시도를 했고 대체로 성공을 거두었다. 특히 테니스나 권투 같은 스포츠의 동작을 더 실감나게 흉내 낼 수 있다. TV 리모컨처럼 생긴 위 컨트롤러 안에는 세 개의 축에 대해 컨트롤러의 회전을 감지하는 가속도계들이 들어 있다. 위 컨트롤러는 앞뒤 또는 좌우로 흔들거나 드라이버처럼 돌릴 수도 있다. 컨트롤러의 가속도계는 이런 움직임을 감지해 화면을 조절하는 컴퓨터에 무선으로 전달한다. 게다가 '위' 컨트롤러는 화면에서 컨트롤러의 상대적인 위치를 측정하기 위해 적외선 감지기를 활용한다. 따라서 위 컨트롤러를 테니스 라켓처럼 휘두르면 컨트롤러의 가속도와 위치가 곧바로 화면에서 테니스를 치고 있는 플레이어의 움직임으로 전달된다. 위로 테니스를 '치는' 방식은 이전의 그 어떤 상업적인 비디오 게임 컨트롤러보다 훨씬 정확하게 진짜 테니스와 비슷하다.

위 컨트롤러는 혁명적이지만 적어도 한 가지 면에서는 비현실적인데, 바로 감각기관의 피드백이 부족하다는 점이다. 진짜 라켓으로 진짜 테니스공을 치면 뉴턴의 제3법칙[9]에 의해 '힘의 피드백force feedback'을 받게 된다. 공을 세게 칠수록 손목과 팔꿈치와 어깨에 더 큰 힘이 느껴진다. 그러나 위 컨트롤러를 사용해 테니스공을 '치면' 힘의 피드백이 전혀 없다. 화면을 통해서 시각적으로만 반응이 되돌아 올 뿐이다. 이제 어떤 비디오 게임에서는 사용자가 조이스틱을 통해 어느

---

[9] 모든 작용에는 크기가 같고 방향이 반대인 반작용이 있다.

정도 힘의 피드백을 받도록 하고 있으며, 차세대 위 컨트롤러도 그렇게 될 것이라고 생각한다.

플라이트세이프티FlightSafety 같은 회사에서 제작·판매하는 항공기 시뮬레이터는 비디오 게임은 **아니지만** 정말 재미**있다**. 가격이 수백만 달러인 이런 시뮬레이터는 대단히 정교해서 비행기 조종사는 실제 비행을 하지 않고도 시뮬레이터를 통한 광범위한 훈련만으로 비행기 조종 자격을 획득할 수 있다. 이런 시뮬레이터의 장점 중 하나는, 조종사가 엔진 손상이나 조종 장치의 고장과 같은 위험에 실제로 노출되지 않고도 그런 상황에 대처하는 훈련을 할 수 있다는 점이다.

이런 시뮬레이터의 조종실에 있는 계기와 조종 장치는 실제와 거의 똑같아야 한다. 시뮬레이터 안에서 조종사가 보고 듣고 느끼는 것은 기술이 허락하는 한 현실과 거의 일치해야 한다. 무엇보다도 이 시뮬레이터가 사용하는 피드백 메커니즘에서 비행사가 주어진 비행 시나리오에 따라 다양한 조종 장치에 가해야 하는 힘은 실제 비행을 하는 동안 필요한 힘과 거의 흡사하다.

기술은 더 발전하고 비용은 더 줄어들면서, 비디오 게임에도 이런 종류의 입체적인 피드백이 점점 더 많이 활용되고 있다. 비디오 게임 이용자들이 '더 실감나는' 게임을 바라기 때문이다. 나는 비디오 게임을 별로 즐겨 하는 편이 아니다. 그러나 비디오 게임의 인기 요인이 단지 현실 도피가 아니라, 기술 향상을 통해 실제 세계에 생기를 불어 넣는 자극과 감각 작용과 지각을 완벽하게 갖춘 대체 현실의 제공이 된다면, 어쩌면 비디오게임을 하게 될 날이 올지도 모르겠다. 위가 인기를 끄는 동안, 고유 감각과 촉각을 비디오 게임에 통합하려는 기술은 크게 한 걸음 앞으로 전진하고 있다.

온도 자극

"와, 화끈한데!" 멕시코 요리인 타말레tamale나 부리토burrito를 한 입 먹고 누군가 이렇게 말한다. 그러면 "맵다는 거야? 덥다는 거야?"라고 묻게 된다. 여기서 자극은 온도 상승일 수도 있고 음식 속의 화학 물질일 수도 있다. 이 두 자극은 무척 다른 것처럼 보이지만 사실 연관이 있다. 매운 텍사스-멕시코 음식을 "화끈하다"고 하는 데는 그럴 만한 이유가 있는 것이다.

앞서 말했듯이 고추의 매운맛과 멘톨의 청량함은 단맛이나 신맛이나 짠맛처럼 미뢰에서 감지되지 않는다. 매운 고추와 화한 멘톨은 사실 같은 종류의 감각 수용기에서 감지되는데, 이 수용기는 열기와 냉기에 의해 활성화 된다.

온도 자극은 고추의 매운맛을 감지하기는 하지만, 열의 전도와 온도의 물리적 원리와 연관이 있다. 이를테면 아침식사를 준비할 때는 프라이팬 아래의 가스 불꽃이나 전기가 프라이팬을 구성하는 원자들을 더 빠르게 진동시킴으로써 프라이팬을 가열한다. 원자의 극렬한 진동인 이 열에너지가 베이컨과 계란에 전달되어 조리가 되는 것이다. 이 같은 열에너지, 즉 원자가 진동하는 정도는 우리 피부에 있는 특별한 감각 수용기에서도 감지될 수 있다. 만약 손가락으로 프라이팬을 만지면 곧바로 '뜨거움'을 감지하고 반사적으로 손이 움츠러들 것이다.

공기 같은 기체의 온도는 기체 분자가 얼마나 빠르게 움직이면서 서로 충돌하는지와 연관이 있다. 풍선을 불어 입구를 묶은 다음, 헤어드라이기로 풍선을 조심스럽게 가열해보자. 풍선이 따뜻해질수록 풍선 내부의 공기 분자들은 점점 더 빠른 속도로 풍선의 안쪽 면에 충돌할 것이다. 그러면 풍선 내부의 압력이 증가하고 풍선은 팽창한다.

기술자로 일할 때, 나는 몇 건의 철도 사고를 조사한 적이 있다. 한 번은 사고 조사를 하던 중에 어떤 경험 많은 철도 노동자로부터 열차 사고로 인한 화재에 프로판 탱크차가 노출되면 어떤 일이 벌어지는지에 관한 이야기를 들은 적이 있다. 탱크차는 거대한 핫도그에 바퀴가 달린 것처럼 생긴 대형 철도차량으로, 프로판 가스 같은 기체가 가압 상태로 실려 있다. 멀쩡한 프로판 탱크차가 불운하게도 다른 철도차량에서 번진 화염에 휩싸이는 모습을 상상해보자. 탱크차 내부에 있는 프로판 가스가 대단히 뜨거워지면 폭발의 위험이 있다. 내가 조사했던 한 사고에서는 폭발한 탱크차의 강철 파편이 800미터 이상 날아가기도 했다.

이런 화재를 진압하려는 소방관들은 화재의 열기로 인해 탱크차가 폭발하기 전에 빨리 불을 꺼야 한다. 이들에게 주어지는 시간은 얼마나 될까? 탱크차 내부의 기체가 가열되면, 결국 차량의 압력 방출 밸브가 열리고 초과 압력분의 가스가 방출되어 잠시 재앙을 피할 수 있다. 그 다음 밸브가 닫히고 탱크차 내부의 압력이 다시 상승한다. 잠시 후, 밸브가 다시 열린다. 탱크차는 점점 더 뜨거워지고 밸브는 점점 더 자주 열린다. 마침내 탱크차의 온도가 대단히 높아지면 밸브가 계속 열린 상태를 유지한다. 끝없이 증가하는 내부 압력을 잡아보려는 헛된 노력을 하는 것이다. 이런 방출 밸브가 열리면 무척 시끄러운데, 구식 주전자에서 물이 끓을 때 나는 휘파람 소리와 별반 다르지 않다. 밸브가 계속 열려 있고 강한 열기로 내부의 압력이 계속 증가하면, 탱크차 내부의 기체는 점점 더 거세게 휘파람 소리를 내면서 새어나오고 음높이도 점점 더 높아진다.

내 동료의 말에 따르면, 그와 노련한 그의 동료들은 이 휘파람 소리의 음높이를 듣고, 탱크차가 폭발 일보직전이므로 그곳을 당장 빠져나와야 하는 시점이 언제인지를 안다. 나는 그들이 말하는 음이 정확히 어떤 음인지는 잘 모르지만, 내 일이 **사후** 조사인 것이 정말 다행이라고 생각했다.

따라서 어떤 물질 속에 들어 있는 분자 에너지의 양, 그것이 온도다. 그러나 우리가 감지하는 것은 온도만이 아니다. 우리를 자극하는 '뜨거움'과 '차가움'은 물질의 온도뿐 아니라 물질과 피부의 감각 수용기 사이에서 열이 얼마나 빠르게 이동하는지가 복잡하게 결합된 것이다. 섭씨 21도의 물이 채워진 수영장에 뛰어들어 본 적이 있는가? 나는 있다. 그래서 그 물이 숨이 멎을 정도로 차갑게 느껴진다는 것을 안다. 그러나 기온이 섭씨 21도인 날에 외출을 하면 무척 쾌적하다. 물과 공기의 섭씨 21도는 정확히 같은 온도다. 따라서 우리는 분명히 온도 이외의 뭔가를 감지하고 있는 것이다. 그 뭔가가 바로 열의 이동이다. 같은 현상은 겨울에도 나타난다. 맨발로 카펫 위를 걸을 때는 따뜻하다고 느끼지만 타일 바닥을 걸으면 차갑게 느껴진다. 타일과 카펫은 온도가 같지만, 카펫 위를 걸을 때는 카펫 사이사이에 갇혀 있는 공기가 완충 작용을 한다. 전체적인 효과는 수영장 물과 바깥 공기 사이의 관계와 비슷하다.

통각 자극

외부 자극을 전기 신호로 변환하는 세포인 감각 수용기는 다양한 방식으로 분류된다. 한 가지 유용한 분류법은 가장 잘 반응하는 자극에 따라 감각 수용기를 분류하는 것이다. 따라서 감각 수용기는 광 수용기(시각), 화학적 수용기(후각, 미각 따위), 온도 수용기(온도 감각), 기계적 수용기(촉각, 균형 감각, 청각, 고유 감각 따위)로 나눌 수 있다. 이 분류법은 충분히 효과적으로 작용하지만, 모두가 관심 있는 감각 자극인 통각의 묘사에서는 그렇지 못하다.

주어진 감각 수용기가 가장 잘 반응하는 자극을 **적합 자극**adequate stimulus이라고 한다. 이를테면 접촉 자극에 잘 반응하는 감각 수용기는 온도 변화에는 거의 반응하지 않는다.

통각 수용기는 영어로 nociceptor라고 하는데, 아프다는 뜻의 라틴어 동사 nocere에서 유래한다. 또한 통각은 다양한 자극에 의해 유발될 수 있다.

바로 앞에서 다뤘던 온도 자극을 예로 들어보자. 뭔가가 너무 뜨겁거나 너무 차가우면 고통스럽게 느껴진다. 따뜻한(섭씨 35도) 물이 들어 있는 컵에 손가락을 넣으면 따뜻하게 느껴질 것이다. 그러나 섭씨 60도의 물속에 손가락을 넣으면 이야기가 달라진다. 아주 뜨겁다! 고온에서 통증을 유발하는 온도의 최소 한계는 개인차가 있지만, 일반적으로 섭씨 46도 정도이고, 저온에서는 통증의 역치가 섭씨 13도 정도다.

따라서 통증을 전달하는 감각 수용기는 온도를 감지하는 감각 수용기와는 다르다. 그러나 통증은 하나의 자극 이상의 진짜 느낌이다.

앞서 예로 든 뜨거운 물과 찬물은 온도 자극이다. 단지 '지나치게' 뜨겁거나 차가울 때는 통증으로 감지된다. 다른 다양한 자극도 정도가 지나치면 통증으로 감지된다. 지나치게 높은 음압(소리가 너무 클 때), 지나치게 센 빛, 피부에 가해지는 지나친 압력 따위가 그런 것이다. 이 자극들은 모두 이미 다뤘던 것들이다. 우리 몸에서는 어떤 한계 수준 이상의 자극은 해롭고 피해야 한다는 것을 알려주는 방어 메커니즘이 진화되어왔다. 이 한계를 초과한 자극은 대단히 위험하기 때문에, 인체는 특별히 불쾌감을 주어 경고를 한다. 그리고 우리는 이것을 고통이라고 부른다.

감각의 세계는 인간 개개인의 따뜻하고 부드럽고 모호하고 괴상한 세계와 냉철하고 엄격한 과학이 뒤섞인 기묘한 세계다. 우리의 감각 여행은 이제 자극과 감각이 만나는 지점에 당도했다. 감각 작용의 과학인 정신물리학psychophysics의 세계에 온 것을 환영한다.

제4장

감각 작용의 과학

초등학교 시절에 청능사(청각 문제를 확인하기 위해 청력을 검사하는 전문가_옮긴이)에게 귀를 검사받았던 기억이 난다. 아마 3학년이나 4학년 때였을 것이다. 그 청능사는 빈 교실에 있는 탁자에 나를 앉히고 내게 무슨 이어폰 같은 것을 씌운 다음, 여러 단계의 소리를 먼저 한쪽 귀에, 그 다음에는 다른 쪽 귀에 들려주었다. 소리가 들리면 오른손을 들고 소리가 들리지 않으면 왼손을 들라는 지시를 받았다. 나는 이어폰을 귀에 꽂고, 다양한 높낮이와 크기의 소리를 연달아 들으면서 계속 오른손을 들었다. 그리고 잠시 아무 것도 들리지 않았다. 그래서 나는 아무 것도 하지 않았다. 결국 화가 난 청능사는 내 귀에서 이어폰을 확 잡아 빼면서 도대체 왜 왼손을 들지 않는지 물었다. 나는 "몰라요, 뭔가를 들을 수 없을 때를 어떻게 알 수 있는 거죠?" 하고 말했다.

이는 매혹적인 과학인 정신물리학의 문제다. 음향심리학의 선구자인 스탠리 스미스 스티븐스Stanley Smith Stevens은 정신물리학을 '마음의 과학'이라고 정의한다. 정신물리학자들의 영역은 엄청나게 거대하고 위압적인 벽에 의해 두 편으로 갈린다. 이 벽의 한 편에는 정교한 장비를 갖춘 정신물리학자들이 있다. 이들은 이 장비를 이용해 우리의 다양한 감각sense에 입력되는 것으로 추정되는 다양한 자극을 측정한다. 다른 편에는 '감각 작용sensation'이 있다. 이 영역의 한쪽 구석에서는 나 같은 사람이 소리에 반응해 오른손이나 왼손을 들어 올리거나, 우리를 찾아온 용감무쌍한 과학자들의 지시에 따라 다른 자극(맛, 냄새, 빛, 전기 충격)에 다른 방식으로 반응한다. 정신물리학의 과학이 아무리 복잡해져도 이 벽을 완전히 없애는 것은 당연히 불가능할 것이다. '감각 작용의 과학'은 항상 오로지 인간의 감각 세계일 것이다. 이 공식에서는 절대 인간을 뺄 수 없는데, 인간에 관해 생각하는 것이 바로 핵심이기 때문이다.

그러나 감각 작용의 과학에서, 우리가 맞닥뜨리게 되는 문제는 단순히 인간의 문제가 아니다. 스티븐스의 지적에 따르면, 우리의 감각이 이렇게 풍성한 감각 작용을 제공하는 까닭은 "완전한 설명을 회피하기 위해서"다. "날마다 우리의 감각기관이 우리에게 허락하는 이 모든 소중한 풍경과 소리와 맛과 냄새와 기분을 전부 담아낼 수 있는 방법은 어디에도 없다."

어떤 발판을 마련하기 위해, 맨 먼저 우리는 감각의 종류와 규모 사이에는 명확한 차이가 있다는 것을 관찰한다. 스티븐스는 "단맛은 신맛과 다르지만(종류) 둘 다 약한 맛에서 강한 맛에 이르는 다양한 변화를 할 것(크기)"이라고 지적한다. 정신물리학자들은 여러 종류의 감각 작용을 이리저리 넘나드는 것을 피하고, 대신 어떤 연속성이 있다고 합의된 영역에 집중한다. 이를테면 진동수 3000헤르츠인 소리의 음압에만 집중하는 것이다. 소리에서 우리가 지각하는 것은 크기와 높낮이, 이 두 가지다. 음압(장비로 측정하는 것)은 크기(인간이 지각하는 것)에 해당한다. 이 감각 작용은 '얼마나 큰지'로 묘사될 수 있다. 듣고 있는 MP3의 소리를 점점 키워보자. 귀에서 감각을 하면, 뇌에서는 소리가 더 커졌다는 것을 지각하게 될 것이다. 진동수(측정되는 자극)와 음의 높낮이(지각되는 효과)는 다르다. 소리의 진동수는 확실히 측정이 가능하고 정신물리학적으로 조사를 할 수 있다. 우리는 어떤 대상이 감지할 수 있는 최소와 최대 진동수를 측정할 수 있다. 따라서 우리는 지각이라는 면에서, 남자와 여자를 비교할 수도 있고, 노인과 청년을 비교할 수도 있고, 개와 고양이를 비교할 수 있다. 그러나 큰 소리는 작은 소리보다 "더 크다"고 말할 수 있지만, 높은 소리는 낮은 소리와 그저 **다르기**만 할 뿐이다. 이는 '크다' 또는 '작다'의 문제가 아니다.

연구의 초점은 음의 높낮이 같은 질적 규모보다는 소리의 크기 같은 양적 규모에 더 많이 맞춰져왔다. 정신물리학이 규명하려는 가장 일반적인 목표 중의 하나는, 주어진 감각에서 **자극**과 **감각 작용** 사이의 관계다. 이를테면 정밀한 장비로 측정된 3000헤르츠 음의 음압을 자극이라고 할 때, 인간이 귀에서 감지하고 뇌에서 지각하는 소리의 크기는 감각 작용이 된다. 자극은 정신물리학에 가로놓인 벽의 한쪽에서 장비를 이용해 측정된다. 벽의 다른 쪽에서는 감각 작용을 측정한다. 감각 작용은 개인의 반응에 의존해야 하기 때문에 측정이 더 까다롭다. 그 벽 속에 단단히 닻을 내리고 벽의 양쪽을 이어주는 것은 우리의 감각기관이다.

정신물리학자들은 살아 숨 쉬는 대상을 상대로 감각 작용의 크기를 합리적으로 측정하는 재치 있고 정교한 방법을 고안해냈다. 대체로 이들은 내가 어릴 적에 만났던 그 청능사보다는 더 유능하다. 얻은 결과를 수학 공식으로 단순화하려는 그들의 시도에는 논란이 없지만, 과학적 탐구에서는 약간의 논란이 있는 편이 정신 건강에 좋다. 그럼에도 많은 정신물리학자들은 자극-감각 작용의 상호 관계가 이른바 거듭제곱의 법칙이라고 부르는 관계를 따른다고 믿는 경우가 종종 있다. 따라서 자극의 크기가 증가할 때 감각 작용의 크기는 거듭제곱, 즉 지수로 증가한다고 생각한다.

거듭제곱의 법칙의 이해를 위해, 자극이 1과 동일한 지수로 증가하는 가장 간단한 사례를 살펴보자. 이런 예로는 '겉보기 길이'라고 알려진 시각 작용이 있다.

겉보기 길이 실험에서 피험자는 스크린에 나타나는 흰색 바탕에 검은색 직선이 있는 그림을 본다. 그 다음, 피험자는 나중에 보여주는 직선의 상대적 길이를 처음 보여준 직선의 길이와 비교해 판단해보라는 질문을 받는다. 이 판단을 하기 위해서 피험자는 '그 직선들을 눈으로 어림'해야 한다. 다수의 피험자들에게 다수의 직선들을 보여준 다음 결과를 분석하자, 평균적으로 길이 15센티미터인 직선은 7.5센티미터인 직선에 비해 두 배로 보였고, 30센티미터인 직선에 비해서는 절반으로 보이는 것으로 밝혀졌다. 감각 작용, 즉 직선의 겉보기 길이는 직선의 실제 길이, 즉 자극에 비례한다. 당연한 발견처럼 보이지만, 사실 이는 대단히 이례적인 결과다.

연구자들은 자극의 크기가 감각 작용의 크기에 비해 훨씬 큰 폭으로 증가하는 현상을 더 많이 발견했다. 이 현상은 대체로 무척 이로운 것으로 관측된다. 감각 작용이 자극에 비해 훨씬 적게 증가하기 때문에, 우리는 대단히 넓은 범위의 자극에 대해 감각기관의 손상 없이 안전한 감각 작용을 경험할 수 있다. 그 좋은 예가 소리다. 제곱미터당 일률(와트)로 측정했을 때, 약 30미터 떨어진 곳에서 들리는 제트 엔진 소리는 약 1미터 떨어진 곳에서 들리는 모기 소리에 비해 약 1조(10^{12}) 배 더 강력할 것이다. 그러나 소리의 크기에 대한 우리의 감각 작용은 1조 배 더 강력하지 않다. 대충 12배 정도만 더 강할 뿐이다. 비슷한 관계는 눈에서 빛의 밝기를 감지할 때도 나타난다. 따라서 우리의 감각은 자극의 범위가 대단히 넓은 자연 환경에 아주 적합하다. 이는 그리 놀라운 일도 아니다. 어쨌든 진화는 그렇게 작용한다. 우리의 감각 작용이 대체로 이런 방식으로 작용하기 때문에, 우리는 번개의 섬광에도 눈이 멀지 않고 천둥소리에도 귀가 멀지 않는다. 조금만 시간이 지나면, 팔뚝에 앉으려고 하는 모기의 모습과 소리를 여전히 보고 들을 수 있는 것이다.

여기서, 제트 엔진의 소리가 모기 소리보다 12배 더 크게 지각된다는 것을 어떻게 결정했는지 궁금한 독자도 있을 것이다. 뭐, 그것이 정신물리학이다. 소리의 크기를 좀 더 자세하게 살펴보자. 소리의 크기는 가장 많이 알려져 있고 가장 많이 연구되는 자극-감각 작용의 관계 중 하나다. 확실히 소리의 크기는 정신물리학의 벽에서 한쪽으로 멀찌감치 떨어져 있는 감각 작용이다. 음향 자극은 에너지 변화량인 와트퍼제곱미터W/m^2로 측정하거나 음압으로 측정할 수 있다. 음압의 미터법 단위는 파스칼Pa이며, 1파스칼은 1뉴턴퍼제곱미터N/m^2와 같다. 이에 해당하는 미국식 단위는 제곱인치 당 파운드다.

음압은 종종 친숙하기는 하지만 헷갈리는 단위인 데시벨dB로 나타내기도 한다. 데시벨은 이루 다 헤아릴 수 없을 정도로 다양한 방식으로 오해를 받고 있어서 일일이 설명하기조차 힘들다. 무엇보다도 우리는 데시벨을 **듣는** 게 아니라 **측정하는** 것이다. 데시벨은 음압(자극)의 척도다. 데시벨로 표시된 음압의 정도는 우리가 듣는 것, 즉 소리의 크기의 감각 작용을 아주 잘 추정한다. 데시벨에서 다른 문제점은 로그 비율을 사용한다는 점이다. 많은 사람들이 고등학생들을 공포로 몰아넣기 위해 만들어진 수학적 개념일 것이라고 추측하는 로그를 눈금 단위로 사용하기 때문에, 70데시벨의 음압은 60데시벨의 음압보다 10배 더 크다. 마찬가지로 60데시벨은 50데시벨보다 10배 더 큰 값이 되는 것이다.

데시벨에 대해 흔히 하는 또 다른 오해는 데시벨이 음향만 측정하는 단위라는 것이다. 상당히 많은 다른 것들도 데시벨로 나타낼 수 있다. 데시벨은 단위가 없으며, 수의 비와 연관이 있는 척도다. 마음만 먹으면 사람의 키도 데시벨로 측정할 수 있다. 이 방법은 별로 유용하지 않은데, 사람의 키는 우리의 귀가 들을 수 있는 음압에 비해 변화의 폭이 크지 않기 때문이다. 데시벨 척도는 대개 '자릿수' 즉 0이 붙는 개수가 많이 변하는 것을 측정하는 데 적합하다.

데시벨은 전화선으로 송신을 할 때 발생하는 마일 당 에너지 손실량을 나타내기 위해 1920년대에 발명되었다. 데시벨에서 '벨'은 알렉산더 그레이엄 벨Alexander Graham Bell을 기리기 위한 것이다. 전송 시 손실, 음압, 그 밖의 다른 것들을 데시벨로 측정하려면, '기준값reference value'에서 출발해야 한다. 압력의 단위에서 음압의 기준값은 보통 20×10^{-6}파스칼Pa이다. 일반적으로 이 값은 진동수 3000헤르츠인 소리에서 청각의 역치로 여겨진다. 평균적인 사람들은 그보다 음압이 낮은 소리를 전혀 듣지 못한다. 기준값에서 위쪽으로 갈수록 소리가 점점 커지는 것이다.

수학적 정의에 따라 기준값은 항상 0데시벨에 있다. 어떤 측정치를 데시벨로 바꾸려면 다음을 따라야 한다. 먼저 측정치를 기준값으로 나누고 그 값의 상용로그 값을 구한 다음, 그 결과에 10을 곱한다. 그러면 데시벨이 얻어진다. 왜 기준값이 항상 0데시벨인지는 이 계산 과정을 통해 알 수 있다. 기준값을 자기 자신으로 나누면 1이 되고, 1의 상용로그 값은 0이다. 그리고 0에는 10을 곱해도 0이다. 이제 소리를 키워 음압이 기준값의 10배가 되게 해보자. 볼륨을 더 높여 음압을 기준값의 100배로 만들어 보자. 그러면 20데시벨이 되는데, 100의 로그값은 2이기 때문이다. 따라서 음압이 10배씩 증가할 때마다 소리는 10데시벨씩 커지는 것이다.

데시벨이 음향학에 활용되는 한 가지 이유는 자극과 감각 작용의 관계와 잘 어울리기 때문이다. 어쨌든 정신물리학의 목표는 자극과 감각 작용의 연관성을 설명하는 것이다. 그러나 이는 음향에서 데시벨의 다른 문제를 지적한다. 로그 비율로 변하는 데시벨은 소리의 크기 변화를 대략적으로만 보여주기 때문에, 데시벨 측정치에 나타난 작은 변화는 실제로 감지되는 소리의 크기에서는 비교적 큰 변화가 된다.

정신물리학자들은 종종 자극에서 인간이 감지할 수 있는 가장 작은 변화에 관심을 보이며, 이 변화를 '최소 인지 한계just noticeable difference' 또는 JND라고 부른다. 안경 처방을 받는 것이 그 좋은 예다. 당신이 여러 가지 렌즈를 번갈아 써보는 동안, 안경사들은 무엇이 보이고 무엇이 보이지 않는지에 관해 수많은 질문을 한다. 이 과정에서 JND는 중요한 부분을 차지하지만, 그런 맥락으로 이 용어를 쓰는 것을 본 적은 없다. 내게 맞는 처방에 집중한 안경사는 마침내 두 세트의 렌즈를 찾아내지만, 내게는 둘 다 똑같아 보인다. 나로서는 어떤 렌즈 세트를 썼을 때 시야가 더 뚜렷한지 알 수 없다. 이 시점이 되면 JND의 범위 안에 있는 것이고, 따라서 정확한 처방에 꽤 근접한 것이다. 다른 JND 사례도 있다. TV 채널을 이리저리 돌리다가 우연히 재미난 프로그램을 발견한다. 그런데 소리가 잘 들리지 않는다. 소리가 뚜렷하게 커질 때까지 리모컨의 '음량 증가' 버튼을 몇 번이나 눌러야 할까? 한 번? 두 번? 세 번? 그 답이 무엇이든 그것이 당신의 JND인 것이다.

음압에서 최소 인지 한계는 보통 3데시벨로 보고되지만, 이는 개인차가 있으며 음압 수준과 진동수의 함수이기도 하다. 그렇다면 평균적인 사람들이 '두 배 크기의 소리'로 감지하기 위해서는 소리가 얼마나 커져야 할까? 이는 소리의 진동수 같은 여러 요소의 영향을 받지만, 그것 말고도 누구의 결과를 믿는지에 따라서도 달라진다. 일반적으로는 6~9데시벨 증가 사이의 어디쯤을 두 배 크기의 소리로 인식한다. 따라서 최소 인지 한계는 약 3데시벨이며, 두 배 증가는 6데시벨 정도가 될 것이다. 이런 정보는 데시벨 비율에서 각 수치 사이의 간격을 가늠하는 데 조금 도움이 될 것이다.

몇 년 전에 나는 음향 공학 연구 과제를 수행하는 학생들을 지도했다. 그들의 목표는 바람을 일으켜 낙엽을 치우는 나뭇잎 청소기를 개조해서 성능은 저하시키지 않고 소음만 줄이는 것이었다. 나는 나뭇잎 청소기가 현대 사회의 소음 공해를 유발하는 혐오스러운 물건이라고 생각하고 있었기 때문에 학생들을 도울 기회에 선뜻 응했다. 그

들의 완성품은 대단히 성공적이었다. 적어도 내 귀에는 그렇게 들렸
다. 먼저 학생들은 정밀한 소리 측정 장비를 이용해, 휘발유 동력의
이 작은 기계에서 소음을 일으키는 네 곳을 찾아냈다. 이 네 곳은 분
사 튜브(나뭇잎을 날리기 위해 고속의 공기가 분사되는 곳), 엔진 배
기구, 엔진 입구, 분사 튜브로 공기를 보내는 팬의 입구였다. 그 다음
이들은 각각의 소음원에 대한 네 가지 다른 해결책을 설계하고 기계
에 적용했다. 연구 과제가 마무리되었을 때, 학생들은 약 15미터 거
리에서 최대 출력으로 가동되는 나뭇잎 청소기의 성능에는 아무런
변화 없이, 소음만 약 6데시벨AdBA 감소했다는 것을 증명할 수 있었
다. 데시벨A에서 A는 'A 기준'을 말하는데, A 기준은 기본적으로 모
든 다양한 소리의 진동수 중에서 나뭇잎 청소기에 의해 발생하는 소
음에 가중치를 준 일종의 공약수다. 따라서 데시벨A 척도는 소리의
측정에서 진동수와 관련된 문제를 해결하고 그 결과를 간단한 하나
의 숫자로 만드는 수단이다.

그러나 학생들이 연구 과제를 발표했을 때, 다양한 청중들에게는 6
데시벨A라는 개선이 그다지 큰 인상을 주지 못한다는 것을 알았다.
청중들 중에는 전문가도 있었고 비전문가도 있었다. 6은 그리 큰 수
가 아니다. 학생들은 언제나 "6데시벨A 감소하면 소리가 절반 크기
로 들리기도 한다"고 급히 덧붙였지만, 청중들의 반응은 무덤덤해
보였다. 하지만 소음 절감을 위한 개조를 하기 전후 상태의 기계를
직접 작동시키면 상황이 바뀌었다. 인쇄물의 한 면에 쓰여 있을 때 6
데시벨A는 하나의 숫자에 불과하지만, 실제로 들을 기회가 생기면
귀는 거짓말을 하지 않는다.

제2부

감각 작용

마이클 코로스트Michael Chorost는 어린 시절에 앓았던 병으로 인해 청각에 심각한 손상을 입었다. 남아 있는 청력을 제대로 활용할 수 없었던 그는 양쪽 귀에 강력한 보청기를 장착하고 독순법讀脣法을 익혀 수십 년 동안 소리가 들리는 세계에서 제 역할을 다할 수 있었다. 사업차 여행을 하고 있던 어느 날, 그는 남아 있던 청력을 갑자기 잃게 되었다. 그는 양쪽 보청기에 새 배터리를 몇 번씩 갈아 끼워본 뒤에야 그 사실을 깨달았다. 그로부터 얼마 후, 코로스트는 수많은 중증 청각 장애인에게 청각을 되찾아 줄 수 있는 기적의 장치인 인공 달팽이관을 최초로 이식한 사람 중 하나가 되었다.

인공 달팽이관은 인체의 감각 수용기를 실제로 대체하는 최초의 인공 장치다. 오늘날 마이클 코로스트가 듣는 소리는 컴퓨터가 만들어 낸 소리다. 컴퓨터는 마이크로폰으로 소리를 포착하고 이를 전기 신호로 만들어 코로스트의 뇌에 직접 전달한다. 소리의 파동을 전기 신호로 변환하는 놀라운 기관인 내이의 달팽이관은 전혀 거치지 않는다.

우리가 서로를 바라볼 때 우리 눈에 보이는 대부분의 감각 관련 장치(눈의 동공과 홍채, 외이, 코)는 감각 체계에서 '신호를 조절하는 하드웨어'의 일부다. 이 하드웨어는 자극과 상태를 받아들이거나 신체의 다양한 감각 수용기가 분석을 할 수 있도록 자극을 조정하는 역할을 맡는다. 대부분의 눈은 빛을 조절하기 위해 존재하는데, 눈에서 가장 중요한 곳인 망막으로 빛을 향하게 하고 망막에 초점을 맞추는 역할을 한다. 망막은 눈과 뇌 사이의 경계면이다. 망막에는 간상세포와 원추세포라는 감각 수용기가 있다. 비슷한 방식으로, 외이에서는 중이로 음파를 전달하고, 중이에서는 음파가 증폭되어 달팽이관 속으로 들어간다. 체액이 가득 채워진 달팽이관 속에는 유모세포hair cell라는 감각 수용기가 있다. 우리 몸에서 진짜 감각 작용이 일어나는 곳인 감각 수용기야말로 정신물리학의 경계라고 할 수 있다. 그 경계의 한 쪽에는 자극이, 다른 쪽에는 전기 신호가 존재한다.

불과 몇 년 전만 해도 요즘 신형차와 같은 감지 장치를 갖춘 차는 대단히 드물었다. 운전자는 자신의 감각에 의존해 모든 면에서 차량을 제어하고 핸들과 브레이크 같은 차량의 다양한 하부 체계가 적절하게 조작되고 있는지를 감지해야 했다. 이와 대조적으로 오늘날의 자동차는 도로 위를 달리는 첨단 기술 감지 장치의 집약체라고 생각할 수 있다. 어떤 감지 장치는 운전을 하는 동안 안전을 지키는 데 도움이 되고, 어떤 감지 장치는 심각한 정비 문제를 방지하는 데 도움이 된다. 바퀴 속도를 감지하는 감지 장치도 있고, 브레이크를 밟을 때 바퀴 잠김을 방지하는 데 도움이 되는 감지 장치도 있다. 온도 감지 장치들은 엔진오일과 냉각수와 배기가스의 온도를 감시하며, 차량 내부와 외부의 온도를 측정한다. 압력 감지 장치는 엔진오일을 감시한다. 오늘날의 이 모든 자동화된 감지 장치는 공통된 특징을 갖고 있다. 외부 자극을 측정해서 전자 신호로 변환한 다음 컴퓨터에 전달하는 과정은 인간의 감각계에서 일어나는 과정과 비슷하다.

예전 자동차에 달린 감지 장치는 속도 감지 장치뿐이었다. 이 속도 감지 장치는 변속기가 회전하고 있을 때의 속도를 기계적으로 측정해서 아날로그 방식의 속도계에 주행 속도를 표시할 수 있었다. 오늘날 대부분의 자동차에는 다양한 속도 감지 장치가 장착되어 있는데, 자동차의 자동 브레이크 잠김 방지 장치antilock braking system(ABS)를 돕기 위해 바퀴마다 감지 장치가 장착되어 있기도 하다. 오늘날의 감지 장치는 바퀴의 속도 변화에 대단히 민감하게 반응한다. 따라서 어떤 차는 운전자에게 타이어의 공기압이 낮다는 경고를 할 수도 있는데, 공기압이 낮은 타이어는 직경이 조금 줄어들어서 다른 바퀴들보다 좀 더 빨리 회전하기 때문이다.

자동차 엔진의 배기가스는 대단히 뜨거운 수십 가지 화학물질이 섞여 있는 혼합물이다. 어떤 감지 장치는 배기가스 속의 산소 함량을 측정하고, 엔진의 컴퓨터가 이를 활용해 엔진으로 공급되는 공기-연료 혼합물을 조절한다. 이는 엔진의 성능을 최적화하고 유해 배기가스의 유출을 최소화한다.

자동차의 에어백이 터질 때는 폭발로 생성된 기체가 순식간에 에어백에 가득 차면서 대시보드나 핸들에 머리가 세게 부딪치는 것을 방지한다. 이 폭발은 충돌이 일어날 때 가속도계가 자동차 속도의 급작스러운 변화를 감지하면서 촉발된다.

이 외에도 자동차에는 여러 다양한 감지 장치가 있다. 전조등을 자동으로 켜고 끄는 광 감지 장치, 전면 유리의 와이퍼를 작동시키는 수분 감지 장치, 음성 명령에 반응하는 음성 수신 장치가 여기에 포함된다.

이 모든 인공 감지 장치를 장착한 오늘날의 자동차는 고도로 민감하고 분화된 감각 수용기의 집합체인 인체를 연상시킨다. 오늘날 자동차의 센서 체계는 대단히 정교해졌지만, 우리 대부분이 태어났을 때와 비슷한 수준의 체계를 갖추려면 더 많은 발전이 필요하다.

감각 수용기는 전기 신호를 만들어내는 특별한 세포로, 그것이 최적화되어 있는 자극의 유형에만 반응한다. 감각 수용기는 다양한 방식으로 분류될 수 있으며, 어떤 체계에서는 가장 민감한 자극에 따라 분류한다. 따라서 우리 몸에는 냄새와 맛을 감지하는 화학적 수용기, 빛에 반응하는 망막의 광수용기, 온도에 반응하는 온도 수용기, 다양한 유형의 힘과 운동에 반응하는 기계적 수용기가 있다. 기계적 수용기는 광범위한 하위 집단을 형성하는데, 어떤 기계적 수용기는 촉감에 반응하고 어떤 것은 근육의 길이와 장력을 감시한다. 청각을 담당하는 달팽이관과 가속과 머리의 위치를 추적하는 평형 기관 속에는 유모세포라는 놀라운 세포가 들어 있다. 그러나 이 깔끔한 분류는 통각 수용기로 인해 조금 모호해진다. 통각 수용기는 다양한 화학 물질과 온도와 기계적 자극을 포함해, 모든 자극에 골고루 조금씩 반응할 수 있기 때문이다. 따라서 통각 수용기는 별도의 범주에 넣는 경우가 많다.

제5장

시각

만약 여론 조사를 한다면, 아마 시각이 가장 중요한 감각으로 뽑힐 것이다. 우리의 뇌도 같은 생각인 것 같다. 대뇌 피질에서 시각이 차지하는 부분의 크기는 나머지 다른 감각이 차지하는 부분을 모두 합친 것보다도 더 크기 때문이다. 그러나 모든 동물이 그런 것은 아니다.

시각은 우리가 스스로 차단할 수 있는 유일한 감각이기도 하다. 눈을 감으면 우리 망막을 자극하는 전자기파가 꽤 효과적으로 차단된다. 소량의 복사선만 눈꺼풀을 통과할 수 있다. 일광욕을 할 때, 우리는 눈을 감고 있어도 구름이 태양을 가렸다는 것을 알 수 있다. 시각은 감각 수용기로부터 자극을 차단할 수 있는 메커니즘을 내장한 유일한 감각이다. 우리는 코와 귀를 막을 수는 있지만, 이는 상대적으로 효과가 없으며 눈꺼풀의 자동적인 특성도 결여되어 있다. 코를 막은 채로 잠을 청해보자. 잘 되지 않는다. 적어도 후각, 청각, 균형 감각, 온도 감각, 통각은 24시간 내내 쉬지 않고 위험을 경계한다. 그렇다

면 우리는 왜 잠을 자는 동안 눈을 감는 것일까? 저절로 덮이는 눈꺼
풀이 진화된 까닭은 우리 뇌의 처리 능력이 너무 많이 시각에 할애되
어 있기 때문일 가능성이 있다. 잠을 자는 동안에는 깨어 있을 때 우
리 뇌를 차지하고 있던 수많은 것들(일, 아이들, 집)에 대한 신경을
끊게 되고, 시각에 대해서도 마찬가지다. 그러나 우리의 이야기는 여
기서 좀 더 나아간다.

내 첫 안경

나는 여섯 살 때인 1963년에 로드아일랜드의 프로비덴스에서 처음
안경을 썼다. 선생님은 내가 칠판을 볼 때 눈을 가늘게 뜨는 것을 확
인하고 부모님에게 알렸다. 처음 안경을 쓰고 차창 밖을 바라보았을
때, 나는 도로 표지판이나 옥외 광고판 같은 온갖 것들에 글자가 쓰
여 있다는 것을 발견하고 대단히 기뻐했다. 인쇄된 글자에 대한 평생
의 사랑이 막 피어나는 순간이었다. 그 후로 몇 주 동안 나는 차창 밖
에 보이는 모든 것을 큰 소리로 읽었기 때문에 부모님과 남동생이 꽤
시달림을 당했다.

그 후로 내게 주어진 50년 가까운 많은 시간 동안, 나는 안경의 도움
으로 모든 사물을 꽤 명확히 볼 수 있었다. 그러나 상황이 변하고 있
다. 40대 중반이 되었을 때, 나는 아주 정상적이지만 무척 실망스러
운 과정이 서서히 일어나고 있다는 것을 처음 알게 되었다. 가까이
있는 사물이 흐릿하게 보이기 시작한 것이다. 결국 노안으로 진행되
는 이 과정은 훨씬 더 젊었을 때 시작되지만, 대부분 40대가 될 때까
지 눈치 채지 못한다. 안과의사는 "가능한 한 오래 버텨보세요. 그

다음에 이중 초점 안경을 드릴게요"라고 말했다. 버티는 것은 생각보다 더 성가셨지만, 전형적인 중년의 상징인 이중 초점 안경을 쓴다는 것에 대한 저항감에는 비할 바가 아니었다.

뱀의 적외선 시각

우리가 무엇을 볼 수 **있고** 어떻게 보는지에 관한 이야기를 하기에 앞서, 우리가 볼 수 **없는** 것에 관해 잠깐 생각해보자. 이를테면 x-선, 자외선, 적외선, 극초단파, 전파 같은 것이다.

우리 귀가 모든 진동수의 음파를 다 들을 수 있는 것은 아니며, 우리 눈도 전자기 스펙트럼에 있는 모든 진동수의 파장을 다 감지할 수 있는 것은 아니다. 심지어 우리는 태양광선 속에 있는 파장조차도 다 보지 못한다.

700나노미터보다 파장이 길거나 400나노미터보다 파장이 짧은 전자기파는 인간의 눈에 보이지 않는다. 그러나 가시광선의 영역 바깥쪽에 있는 복사선을 감지할 수 있는 생물도 있다. 어떤 뱀은 적외선을 감지할 수 있다. 열선이라고도 불리는 적외선은 가시광선보다 파장이 약 400배 더 길다. 이 뱀의 능력은 '본다'는 것보다는 '감지한다'는 표현이 더 적합한데, 눈 대신 구멍기관이라고 불리는 다른 감각기관을 활용하기 때문이다. 기술의 발달로 인간은 가시광선 외의 다른 복사선을 눈으로 감지할 수 있게 되었지만, 적외선을 감지하는 '야시경夜視鏡' 같은 장비의 도움을 받아야만 한다.

살무사pit viper와 보이드뱀boid(보아뱀에 속하는 종류)이라는 두 종류의 뱀은 자연 어디에서도 볼 수 없는 감각기관을 지니고 있다. 구멍기관은 이들 뱀의 콧구멍과 눈 사이에 있는 살짝 함몰된 부분이다. 구멍기관 덕분에 이 뱀들은 적외선을 감지할 수 있는데, 이 능력은 어둠 속에서 사냥을 할 때 아주 유용하다.

모든 물체는 그 온도에 따른 복사선을 방출한다. 만약 충분히 온도가 높으면 그 물체가 발하는 복사선이 인간의 눈에 보인다. 백열등의 필라멘트나 붉게 달궈진 쇳조각을 상상하면 이해가 될 것이다. 백열incandescent이라는 단어는 성장하다 또는 하얗게 된다는 뜻의 candescere라는 라틴어에서 유래한 것이다. 온도가 낮은 물체도 복사선을 방출하지만, 이 복사선은 인간의 눈에 보이는 빛보다 파장이 더 길다. 이런 물체에서 방출되는 적외선은 〔그림 5〕에 나타난 것처럼 적외선 온도계를 이용해 측정을 하거나 보아뱀의 구멍기관을 통해 감지할 수 있다.

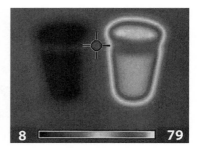

[그림 5] 두 개의 물 컵을 찍은 일반적인 사진(왼쪽)과 적외선 사진

각 사진의 왼쪽 컵에는 찬물(섭씨 8도)이 담겨 있고 오른쪽 컵에는 섭씨 79도의 물이 담겨 있다.(저자 사진)

구멍기관은 반구 모양의 작은 함몰부로, 깊이가 약 1밀리미터이고 직경이 약 1밀리미터다. 구멍기관의 바닥에는 적외선에 대단히 민감한 세포들이 있어서, 섭씨 약 1000분의 1도의 온도차를 감지할 수 있다.

구멍기관은 광학적 원리가 바늘구멍 사진기와 같다. 바늘구멍 사진기는 역사가 깊다. 아랍의 물리학자인 이븐 알-하이삼Ibn Al-Haytham은 서기 1021년에 『광학의 책Book of Optics』에서 바늘구멍 사진기에 관한 기록을 남겼다. 소수이기는 하지만, 오늘날에도 예술가들을 중심으로 이 단순한 사진기에 열광하는 사람들이 있다. 바늘구멍 사진기는 잘 밀폐된 상자나 다른 용기를 활용해서 만들 수 있다. 연필 끝보다 조금 큰 미세한 구멍이 이 상자 속으로 빛이 들어올 수 있는 유일한 통로가 된다. 구멍이 작기 때문에 이 구멍을 통과하는 빛의 초점은 용기의 반대편에 맺혀, 필름 위에 뒤집힌 상을 만든다. 바늘구멍 사진기는 구멍의 크기가 작아질수록 상이 더 또렷해진다. 그러나 구멍이 작으면 빛이 아주 조금밖에 들어오지 못하므로, 제대로 된 상을 얻으려면 노출을 길게 해야 한다. 따라서 바늘구멍 사진기는 대개 풍경 사진을 찍을 때에만 적합하다.

바늘구멍 사진기의 문제점은 뱀의 구멍기관이 갖고 있는 문제점과 아주 흡사하다. 뱀은 어둠 속에서 먹이를 사냥할 때 구멍기관을 활용한다. 그러나 뱀이 사냥하려는 동물은 풍경처럼 가만히 있는 게 아니다. 구멍기관이 쓸모가 있으려면 수십 센티미터 이내의 거리에서 황급히 움직이는 쥐를 감지할 수 있어야만 한다. 따라서 구멍기관은 완전히 상반된 두 가지 목표를 달성해야 한다. 하나는 움직이는 쥐의 존재를 감지할 수 있도록 충분한 적외선을 받아들이는 것이다. 그러기 위해서는 구멍기관의 입구가 비교적 넓어야 한다. 다른 목표는 표적을 단번에 성공적으로 잡을 수 있도록 또렷한 적외선 상을 얻는 것이며, 그러기 위해서는 구멍기관의 입구가 비교적 작아야 한다.

최적으로 설계된 바늘구멍 사진기에서 바늘구멍의 지름은 바늘구멍에서 필름까지의 거리의 약 1퍼센트에 해당한다. 따라서 지름이 약 125밀리미터인 원통 모양의 오트밀 통으로 바늘구멍 사진기를 만들려면, 원통형 벽의 한 쪽에 지름 약 1.25밀리미터의 구멍을 뚫고 125밀리미터 떨어진 반대편 벽의 안쪽에 필름이 있어야 한다. 이와 극히 대조적으로, 보아뱀의 구멍기관은 직경이 약 1밀리미터이고 구멍에서 '필름'까지의 거리도 약 1밀리미터다. 이런 1대 1 비율의 구멍기관에서 만들어진 적외선의 상은 분명 대단히 흐릿할 것이다.

이에 비해 인간의 눈은 훨씬 더 정교하지만, 적어도 한 가지 면에서는 바늘구멍 사진기와 비슷한 부분이 있다. 빛이 밝을 때는 눈의 전면에 있는 홍채가 닫히면서 빛이 통과하는 구멍인 동공이 작아진다. 이 현상은 직접 눈으로 확인할 수 있다. 거울로 자신의 눈을 보면서 눈에 손전등을 비춰보자. 눈으로 들어오는 빛의 양을 줄이기 위해 동공이 수축되는 것을 볼 수 있을 것이다. 이것이 바늘구멍 효과이며, 이 효과 덕분에 우리 눈의 수정체 너머에 저절로 생기는 상이 뚜렷해진다. 나는 나이가 들어갈수록 강한 빛의 고마움을 더 절실히 느낀다. 내 수정체는 이제 예전처럼 유연하지 못하고, 가까이 있는 것의 초점을 잡는 일이 점점 더 어려워지고 있다. 빛이 강하면 바늘구멍 효과 때문에 도움이 된다.

그러나 뱀의 경우는 구멍의 입구를 넓혀 복사선을 많이 들어오게 하는 것이 선명한 상을 만드는 것보다 더 중요할 것이다. 만약 구멍기관이 바늘구멍 사진기처럼 대단히 선명한 적외선 상을 만드는 데 최적화되어 있었다면, 뱀에게는 별로 쓸모가 없었을 것이다. 뱀의 감각기관에 선명하게 기록될 만큼 충분한 적외선이 구멍기관으로 들어올 수 있을 정도로 오랫동안 쥐가 어슬렁거리며 돌아다니지는 않을 것이기 때문이다. 구멍기관은 어둠 속에서 따뜻한 뭔가가 돌아다니는 모습을 흐릿하게 포착하는 신속하고도 간편한 방법이다. 뱀의 목표는 영화로운 자연을 찬양하는 게 아니라 먹이를 구하는 것이기 때문이다.

게다가 구멍기관의 조악한 광학적 특성을 통해 만들어지는 흐릿한 적외선 상은 뱀의 뇌에서 '상의 재구성' 과정을 거쳐 더 또렷해질 수도 있다. 독일의 물리학자인 지헤르트A. B. Sichert가 이끄는 연구진은 이를 조사해 그 작동 방식에 대한 설득력 있는 모형을 만들었다. 실험을 통해 증명된 바에 따르면, 구멍기관이 있는 뱀은 열원의 위치를 5도 이내의 오차로 알아낼 수 있다. 구멍기관의 시야각은 약 100도다. 구멍기관의 막이 가로 세로 각각 겨우 40줄씩의 적외선 감지 세포로 이루어진 상황에서, 5도 이내라는 정확도는 놀라운 능력이다.[10] 뱀은 영상을 재구성함으로써 '바늘구멍 사진기'의 대단히 흐릿한 광학적 특성(1)과 상대적으로 적은 수의 적외선 감지 세포(2)가 허락하는 것보다 어둠 속에서 먹이의 위치를 더 잘, 더 정확하게 파악할 수 있을 것이다. TV 프로그램이나 영화를 보면, 범죄를 저지르고 있는 악당의 얼굴을 선명하게 보기 위해 흐릿한 사진 속 영상의 화질을 높인다. 헐리우드식 상의 재구성은 조금 과장된 면이 있기는 하지

---

[10] 이와 대조적으로 인간의 눈에서 빛을 감지하는 간상세포와 원추세포의 수는 수천만 개에 이른다.

만 기본 개념은 맞다. 정교한 소프트웨어를 통해 영상에서 빠져 있거나 부정확한 정보를 채워 넣어서 화질이 향상된 영상을 만드는 것이다. 영상 재구성은 법 집행 외에도 MRI 같은 의료 영상 기술을 포함한 다양한 기술에서 중요한 부분을 차지하고 있다.

뱀은 적외선을 감지하는 구멍기관과 함께 눈도 갖고 있어서 적외선만큼 가시광선도 잘 감지할 수 있다. 완전히 암흑 상태가 아니라면 뱀은 구멍기관을 통해 얻은 정보를 활용해 정상적인 시각을 강화할 수 있다. 이렇게 뱀은 흐릿한 적외선 영상과 희미한 가시광선 영상을 결합해서 먹이의 위치를 정확하게 파악해 사냥을 하는 데 전혀 지장이 없는 영상을 얻는 것으로 보인다.

인간의 시각

눈은 가시광선을 전기 신호로 변환해, 뇌가 곧바로 처리할 수 있게 해주는 역할을 한다. 간단히 말해서 눈은 이렇게 작용한다. 빛이 닿으면 눈은 들어오는 빛의 양을 조절해 안구 뒤편의 안쪽 표면에 초점을 맞춘다. 근육이 눈에서 초점을 맞추는 이 메커니즘을 조절하는 동안 다른 근육은 두 눈이 동일하게 움직이도록 한다. 눈의 내부로 들어온 빛은 파장과 강도에 따라 서로 다른 네 개의 수용기에 흡수된다. 가시광선 속 에너지는 빛 수용기에서 전기 신호로 바뀌어 뇌로 전달된다. 뇌에서는 '시지각visual perception'이 일어난다. 자세한 시지각 과정은 제3부에서 설명할 것이다. 지금은 눈 자체의 세부적인 내용에 대해서만 초점을 맞추도록 하자. 눈의 경이로움은 경탄을 자아낼 것이다.

눈은 카메라와 비교되는 경우가 많은데, 여러모로 적절한 비교다. 카메라처럼 눈에도 전면前面으로 들어오는 빛의 양을 조절하는 메커니즘이 있다. 눈의 전면에 있는 입구를 동공이라고 부르며, 동공으로 들어오는 빛의 양은 홍채로 조절한다. 〔그림 6〕은 인간의 눈의 단면이다. 카메라처럼 눈에도 빛을 한 곳에 모으는 렌즈인 수정체가 있다. 그러나 인간의 수정체는 대부분의 카메라 렌즈와는 작동 방식이 다르다. 인간의 눈은 수정체의 형태가 바뀌면서 초점을 맞추는 반면, 카메라는 형태가 고정된 렌즈가 앞뒤로 움직이면서 필름과의 거리를 조절해 초점을 맞춘다. 디지털카메라의 경우는 필름 대신 감광 센서까지의 거리를 조절한다. 일부 어류 중에는 형태가 고정된 수정체를 이용해 카메라와 같은 방식으로 초점을 맞추는 종류도 있다.

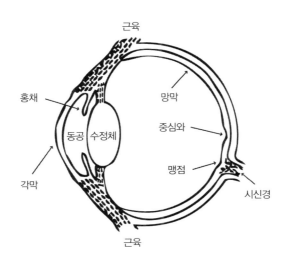

[그림 6] 인간의 눈의 단면

귀를 이루는 대부분의 구조는 한 가지 이유를 위해 존재한다. 내이의 달팽이관 속에 들어 있는 유모세포의 움직임을 자극하기 위해서다. 이와 마찬가지로, 눈의 구조 대부분은 망막에 빛의 초점을 맞추기 위해 존재한다. 망막 바로 앞부분까지의 눈은 본질적으로 신호 조절 장치다. 인간의 눈은 거의 구에 가깝고, 성인의 안구는 지름이 보통 25밀리미터 정도다. 눈의 질량은 물 반 큰술의 질량과 같은 8그램에 불과하다. 눈은 세 층으로 이루어진 속이 빈 고무공이라고 생각할 수 있는데, 그 고무공의 가운데에는 투명한 젤리가 가득 차 있다. 제일 바깥쪽 층인 섬유 층은 치밀한 결합조직으로 이루어져 있으며, 내부의 섬세한 장치들을 보호하고 눈의 형태를 유지하는 역할을 한다. 섬유 층 안쪽에는 혈관 층이 있다. 혈관 층에는 눈에 산소를 공급하고 노폐물을 운반하는 혈관이 분포한다. 가장 안쪽에 있는 근육 층에는 망막이 있다.

시각의 하드웨어

각막과 수정체

눈의 전면에 있는 각막과 그 바로 뒤에 있는 수정체는 복합렌즈처럼 작용해 눈의 후면에 있는 망막에 빛의 초점을 맺게 한다. 망막은 눈에서 필름처럼 생각할 수 있지만, 오늘날에는 감광 센서에 비교하는 편이 더 적합할 것이다. 필름 카메라에서는 빛이 렌즈를 통과해 필름 위에 상의 초점이 맺히고, 필름에서는 화학반응이 일어나서 그 상이 기록된다. 눈에서는 망막 위에 상이 맺혀야 하는데, 망막은 빛이 전기 신호로 바뀌는 놀라운 과정이 시작되는 곳이기 때문이다.

눈의 크기가 직경 23센티미터인 농구공만큼 크다고 생각해보자. 농구공과 달리, 눈은 그렇게 동그랗지 않다. 눈의 한쪽 끝은 물집이 잡힌 것처럼 볼록하게 튀어나와 있다. 이 볼록한 부분이 각막이다. 각막은 두 가지 중요한 역할을 한다. 먼저 우리가 보는 빛이 모두 눈으로 들어오고 휘어지도록(굴절되도록) 도와서 망막에 도달했을 때 빛이 한 점에 모일 수 있게 해준다. 두 번째로는 각막 바로 뒤에 있는 수정체와 함께 빛의 굴절을 일으키는 작용을 한다. 만약 눈이 농구공만 한 크기라면, 각막은 그 공의 둥근 면 위로 1.2센티미터 정도 튀어나와 있을 것이다.

거울로 내 눈을 볼 때는, 눈을 정면에서 바라보기 때문에 각막이 안구의 다른 부분보다 튀어나와 있다는 것이 잘 확인되지 않는다. 그러나 정면에 있는 거울과 거의 90도 각도를 이루도록 거울 하나를 더 들고 코가 안경에 눌릴 정도로 두 거울의 사이를 가깝게 하면, 측면에 있는 거울을 통해 내 안구가 정말 튀어나와 있다는 것을 관찰할 수 있다. 그러나 각막 자체는 어떤 거울로도 관찰이 어렵다. 눈을 볼 때 주로 보이는 것은 각막 너머에 있는 온갖 다양한 색의 홍채다. 우선 각막은 투명하기 때문에 빛이 쉽게 통과한다. 게다가 꽤 얇다. 각막의 중심부는 약 0.5밀리미터(대략 이 책 다섯 쪽의 두께)이고 가장자리는 0.8밀리미터 정도다. 각막의 놀라운 빛 굴절 능력은 이 두께 차이를 통해 설명이 된다.

빛은 한 매질에서 다른 매질로 들어갈 때, 이를테면 공기 중에서 물 속으로 들어갈 때 꺾이게 된다. 서로 다른 두 매질에서는 빛의 진행 속도가 다르기 때문이다. 이것이 우리에게 친숙한 빛의 굴절 현상이다. 맑은 시냇물 속에서 헤엄을 치고 있는 송어는 우리 눈에 보이는 그 자리에 있지 않다. 물이 빛을 굴절시켜 우리 눈을 속이고 있는 것이다. 돋보기도 빛을 굴절시키거나 반사한다.

각막도 마찬가지다. 누군가 농구공만 한 눈의 각막에 섬광을 비추고 있다고 상상해보자. 각막은 빛의 굴절을 도와 각막 반대편의 안쪽 표면 위에 있는 한 점에 초점이 맺히게 한다. 각막은 눈의 바깥쪽에 영구적으로 접착되어 있는 콘택트렌즈와 비슷하다. 콘택트렌즈는 빛 굴절 능력이 고정되어 있으며, 각막의 빛 굴절 능력도 거의 그렇다. 수정체의 형태를 변하게 하는 모양체근은 각막을 어느 정도 구부려서 곡률 반경의 변화와 그에 따른 빛의 굴절 능력의 변화를 일으킨다. 라식LASIK 수술이나 다른 종류의 굴절 안과 수술은 각막의 일부를 제거하여 그 형태를 영구적으로 변화시키는 것이다. 이렇게 형태가 바뀐 각막은 수술 전과는 빛을 다르게 굴절시킨다.

인간의 최대 굴절 능력은 약 60디옵터diopter다(디옵터에 관해서는 뒤에서 설명할 것이다). 그 중 각막이 전체의 약 2/3인 40디옵터 정도를 차지하고, 그 나머지 굴절은 각막의 바로 뒤에 인접해 있는 수정체에서 일어난다. 라식 수술을 해도 각막의 굴절 능력은 거의 고정되어 있기 때문에, 형태를 조절해 다양한 거리에 있는 사물의 초점을 맞추는 역할은 주로 수정체가 맡는다. 수정체는 모양체근의 이완과 수축에 따라 모양이 변하며, 각막도 어느 정도는 형태가 변한다.

모양체근이 늘어나면 수정체는 상대적으로 납작한 모양이 되어 멀리 떨어져 있는 물체의 초점을 맞춘다. 모양체근이 수축하면 수정체는 더 둥근 모양이 되고 각막도 조금 더 튀어나와 가까이 있는 사물에 초점을 맞출 수 있다.

각막이 어떻게 투명해졌는지에 관해서는 다양한 가설이 있다. 그러나 각막이 항상 투명한 것은 아니다. 질병이나 그 밖의 다른 손상으로 인한 각막의 손상은 실명의 중대한 원인이 된다. 각막은 눈의 가장 전면에 있는 창이다. 그 창이 탁해지면 창 너머에 있는 것들 모두 고통을 겪게 된다.

최초의 각막 이식 수술은 1905년에 시행되었다. 이 수술은 모든 이식 수술 중에서 최초로 시행된 수술이기도 했다. 오늘날에는 사고로 목숨을 잃은 사람이나 장기 기증에 동의한 사람으로부터 건강한 각막을 기증 받는다. 이렇게 기증 받은 각막을 수집하고 분배하는 일은 안구은행이 맡는다. 수술은 안과의사가 집도하며, 종종 환자는 외래로 수술을 받기도 한다. 효과가 좋은 인공 각막도 있는데, 대개 기증 받은 각막으로 한 전통 방식의 수술에 실패했거나 기증을 통한 이식을 권할 수 없는 경우에 활용된다. 인공 각막이 더 자주 처방되지 않는 한 가지 이유는 대단히 비싸다는 점이다.

눈은 젊었을 때는 초점 변화가 대단히 빠르지만, 영원히 그렇지는 않다. 햇살이 눈부신 날에 읽고 있던 책에서 눈을 떼고 창밖을 바라보다가 다시 책으로 눈길을 돌려보자. 주의를 기울이면, 각각의 상이 맺히기까지 잠깐의 시간이 필요하다는 것을 눈치 챌 것이다. 이는 계속 눈의 초점을 맞추는 일을 계속 따라가려는 수정체가 처음에는 가까이 있는 대상에 초점을 맞추었다가 나중에는 멀리 있는 대상에 초점을 맞추기 때문이다.

안타깝게도 나이가 들면 수정체는 몸의 다른 부분과 마찬가지로 조금씩 탄력을 잃는다. 모양체근이 수축해도 수정체는 전과 같이 두꺼워지지 않는다. 따라서 맨눈으로는 책이나 컴퓨터 모니터처럼 가까이 있는 물체의 초점을 맞출 수 없다. 이 상태를 노안이라고 하며, 대부분의 사람들이 중년에 접어들면서 노안 때문에 이중 초점 안경이나 돋보기를 써야한다. '노인의 눈'을 뜻하는 노안presbyopia은 노인을 뜻하는 그리스어 presbys와 눈을 뜻하는 라틴어 opia에서 유래했다. 그러나 가까이 있는 사물의 초점을 맞추는 능력은 놀랍게도 아주 어린 시절부터 저하가 시작된다. 10세 이하의 어린이는 대개 눈에서 5센티미터 떨어져 있는 물체의 초점을 맞출 수 있다. 25세가 되면 그 거리가 두 배로 늘어나 10센티미터가 된다. 일반적으로 우리는 45센티미터 거리에 있는 물체가 또렷하게 보이지 않기 시작할 때인 45세 전후가 되어서야 이 변화를 눈치 채기 시작한다. 이런 시력 저하는 대부분의 사람들이 약 1미터 이내에 있는 물체의 초점을 맞추기 어려운 60세 정도가 되면 주춤하기 시작한다. 〔그림 7〕은 연령에 따른 눈의 굴절 능력 변화를 표로 나타낸 것이다.

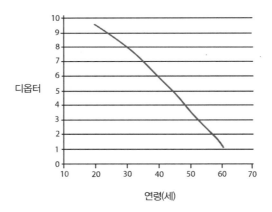

[그림 7] 연령에 따른 최대 굴절 능력의 평균적인 저하를 인간 수정체의 디옵터로 나타낸 그래프
(출처는 데이비드 애치슨과 조지 스미스의 『인간 눈의 광학Optics of the Human Eye』)

나이가 들면 밤눈도 어두워진다. 보통 야간 시력은 정상적인 밝기에서의 시력에 비해 두 배 더 빨리 저하된다. 이와 함께 더 많은 빛을 받아들이기 위한 동공의 팽창 능력도 나이가 들수록 쇠퇴한다. 평균적으로 20세 청년의 눈은 80세 노인의 눈보다 어둠 속에서 16배 더 많은 빛을 받아들인다. 77세인 나의 어머니는 비슷한 또래의 다른 할머니들보다 훨씬 시력이 좋은 편이다. 안경을 쓰지 않고도 테니스를 잘 칠 수 있고, 시내 운전도 곧잘 한다. 그러나 밤에는 운전대를 잡길 극도로 꺼린다. 이제 50대에 접어든 나도 어머니가 왜 밤 운전을 주저하는지 알아가고 있다. 예전에 비해 밤에 눈이 훨씬 침침해졌기 때문이다.

수정체는 나이가 들수록 색이 노랗게 변해서, 우리의 색각을 변질시키고 희미한 빛에서 볼 수 있는 능력을 저하시킨다. 파코 언더힐의 지적에 따르면, 이는 노인이 무엇을 어떻게 구매할지에 영향을 주므로 광고주와 판매상들에게도 의미가 있다. 그 밖의 연령에 따른 수정체와 각막의 변화는 섬광에 대한 민감성을 증가시키는 결과를 초래하고, 시각의 질에 나타나는 다른 퇴행의 원인이 된다. 이 모든 이야기가 조금 절망적으로 들리더라도 기운을 내자. 누구나 비교적 쉽게 따라할 수 있는 눈의 노화를 줄이는 법이 있기 때문이다. 만약 안경을 쓴다면 렌즈에 반드시 반사 방지 코팅을 하자. 반사 방지 코팅을 하면 렌즈에서 반사되는 빛의 양이 10퍼센트에서 1퍼센트로 줄어든다. 안경에서 반사되는 빛의 양이 줄어들수록 눈으로 들어오는 빛의 양은 늘어난다. 노화가 진행되고 있는 눈에서는 중요한 일이다.

노화가 진행되고 있는 눈을 보호하기 위해 손쉽게 할 수 있는 일들은 대개 조명과 연관이 있다. 조명의 종류(형광등, 백열등, 할로겐등,

LED), 위치와 방향, 전등갓과 조명 커버, 그 밖의 다른 요소들도 모두 중요하다. 렌셀러 폴리테크닉 대학의 조명 연구 센터에서는 웹사이트(www.lrc.rpi.edu)를 통해 중장년층을 위한 권장 조명을 자세하게 안내하고 있다.

망막

눈의 내부는 텅 비어 있지 않다. 눈은 동공의 크기를 조절하고 색을 띠고 있는 홍채를 비롯해, 수정체와 그 외 몇 가지 부속물로 이루어져 있다. 눈의 내부는 유리체라고 하는 투명한 젤리 같은 물질로 채워져 있다. 수정체를 통과한 빛은 유리체 속에 그물처럼 얽혀 있는 근육 조직을 지나 안구 후면의 안쪽 표면에 모인다. 이 안구 후면의 안쪽 표면이 바로 망막이다. 달팽이관 속에 있는 코르티 기관organ of Corti은 청각의 중심이라고 불린다. 마찬가지로 망막도 시각의 중심이라고 불릴 수 있을 것이다. 망막은 전자기 에너지가 가시광선의 형태에서 전기 신호로 변환되어 뇌로 전달되는 장소다.

망막은 눈의 안쪽 표면의 약 3/4을 차지하고 있지만, 완전히 매끈하거나 일정한 표면은 아니다. 망막 위에는 두 개의 특별한 지점이 있다. 하나는 시신경이 망막에 부착되는 곳인 시신경 원판이라는 작은 점이다. 이 지점은 광수용기가 전혀 없어서 사실상 아무 것도 보이지 않는 맹점이다. 우리가 건강한 눈을 두 개씩 갖고 있는 까닭은 각각의 눈마다 하나씩 존재하는 맹점으로 인한 빈틈을 메우기 위해서다. 눈에는 모두 맹점이 있지만, 두 맹점은 겹치지 않기 때문에 우리는 두 눈을 다 뜨고 있으면 연속적인 시야를 확보할 수 있다. 심지어

한 쪽 눈을 감고 있어도 우리는 맹점을 감지하지 못한다. 맹점의 존재는 다양하고 재미난 실험을 통해 확인할 수 있다. 이런 실험은 제3부에서 살펴보도록 하자. 뇌는 맹점에 무엇이 있을지를 합리적으로 추측해서 우리 시야에 그 부분을 채워 넣는다. 이런 '지각 완성perceptual completion'은 시각과 다른 감각의 작동 방식에서 중요한 의미를 지닌다.

망막 위에 있는 또 다른 특별한 지점은 망막의 한가운데, 수정체의 맞은편에 존재한다. 여기에는 중심와fovea라고 부르는 작은 함몰부가 있는데, fovea는 라틴어로 **구멍**이라는 뜻이다. 중심와에는 광수용기인 원추세포 수만 개가 **빽빽하게** 들어차 있다. 반면, 간상세포의 수는 매우 적으며 중심와의 정중앙에는 간상세포가 아예 없다.

중심와는 충분한 복을 타고난 사람들이라면 대부분 갖고 있는 명확한 색각을 거의 전담하는 곳이다. 눈의 크기가 농구공만 하다면, 중심와는 지름이 9밀리미터쯤 된다. 실제 중심와는 그보다 훨씬 작아서 지름이 0.5밀리미터 정도다. 이 작은 점이 시각의 중심인 망막에서도 진짜 중심이라고 할 수 있다.

중심와는 황반이라고 하는 부분의 중앙에 위치한다. 황반은 **황반 변성**macular degeneration이라는 병명으로 잘 알려져 있는데, 실명의 가장 흔한 원인 중 하나인 황반 변성은 노인에게 특히 잘 나타난다. 중심와가 위치한 망막의 황반에는 광수용기가 지나치게 밀집되어 있어서 혈관이 지나갈 틈이 없다. 따라서 황반에는 혈액이 저절로 공급되지 않는다. 빛이 아주 밝고 황반이 과로 상태이면, 황반은 저산소(산소 부족) 조건 하에서 작동한다. 일반적으로 황반 변성은 건성과 습성의 두 가지 유형이 있는데, 황반에 공급되는 혈액과 연관이 있는 것은 습성이다.

눈의 외부는 대부분 근육과 결합조직으로 이루어져 있다. 이 근육과 결합조직은 두 개의 안구 운동을 일치시켜 뇌가 어떤 상을 보고 싶어 하든 그것이 두 중심와의 중심에 오게 한다. 이는 대단한 능력인데, 작은 점인 중심와의 시야각은 단 2도에 불과하기 때문이다. 중심와에서 보이는 시야각의 크기는 팔을 곧게 뻗었을 때 손에 들고 있는 25센트짜리 동전(지름 약 25밀리미터-옮긴이)의 넓이와 비슷하다. 뇌의 시각령에서는 이 작은 범위 안에 들어오는 정보를 처리하는 데 계산 능력의 50퍼센트 이상을 할애한다. 빛을 전기 신호로 전환할 수 있는 광수용기는 우리 눈 안쪽 표면의 약 3/4을 뒤덮고 있다. 그러나 지름이 겨우 0.5밀리미터인 중심와라는 작은 점에서는, 그것이 없었다면 상상조차 할 수 없었을 대단히 명확한 상을 만들어낼 수 있다.

중심와에서 처리하는 시야가 얼마나 제한적이며 망막의 다른 곳에서 형성되는 상이 얼마나 조악한지는 수많은 실험을 통해서 증명이 되었다. 이런 실험에 대한 예는 하나로 충분할 것이다. 책을 탁자 위에 펼쳐놓고 책장의 중앙에 25센트짜리 동전을 올려놓는다. 동전에 초점을 맞추면 조지 워싱턴의 머리 위에 있는 글자를 잘 읽을 수 있을 것이다. 이제 **동전에 초점을 맞춘 채로** 동전의 왼쪽과 오른쪽에 있는 글자를 읽어보자. 내 경험상 동전의 양쪽으로 한 두 단어 이상은 확인이 불가능한데, 이것이 정상이다. 그 너머로 글자가 있다는 것이 보이기는 하지만 동전에 초점을 맞추고 있는 동안은 그 글자를 읽을 수는 없다. 그러나 우리는 곁눈질을 하고픈 유혹을 참지 못하고 눈의 초점을 이러 저리 옮겨 곧바로 글자를 확인한다. 이렇게 우리는 힘들이지 않고 눈의 초점을 바꿀 수 있기 때문에 모든 것이 동시에 초점 안에 들어와 있다고 생각한다. 그러나 사실은 그렇지 않다. 우리가 얻을 수 있는 최고의 상태로 뇌에 전달되는 상은 우리의 시각적 세계에서 아주 작은 조각에 불과하다. 그 나머지는 모두 그야말로 시각적으로 형편없다. 〔그림 8〕은 중심와에서 멀어짐에 따라 나타나는 상대적 시력 감소를 보여준다.

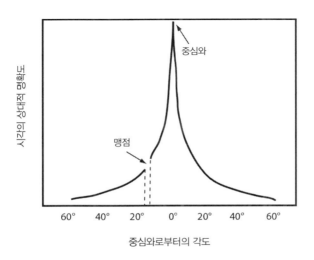

[그림 8] 정상적인 광선 하에서 인간의 망막에 나타나는 시각의 상대적 명확도

망막의 둥근 면을 따라 측정한 값과 중심와의 값과 비교해 나타낸다. 맹점이 중심와에서 왼쪽으로 약 15도에 있다는 점에 주목하자. 이는 이 눈이 오른쪽 눈이라는 것을 나타낸다.

◇ 간상세포와 원추세포

한밤중에 화장실에 가기 위해 잠에서 깼을 때, 방이 완전한 암흑이 아닌 한 우리는 비교적 쉽게 침실을 나와서 복도를 따라 내려가 화장실을 찾아갈 수 있다. 일단 화장실 안에 들어가서 불을 켜면 처음 몇 초 동안은 눈부실 정도로 불빛이 밝다. 하지만 눈은 적응이 대단히 빠르다. 그러나 불을 끄면 침대로 찾아가는 길을 안내해줄 개가 있었으면 하는 심정이 될 것이다. 화장실을 찾아가는 데 아주 유용한 야간 시력이 없으면 침실로 돌아올 때처럼 어둠 속에서 쩔쩔매게 된다. 어둠에서 벗어난 우리 눈은 수 초 내에 빛에 적응하지만, 환한 곳에서 어두운 곳으로 들어갈 때는 사정이 다르다. 야간 시력은 불을 끄고 처음 30분 동안 크게 좋아지며, 1시간이 지나면 완전히 어둠에 적응한다. 해질 무렵이 되면 자연광은 서서히 사라지기 때문에, 아마 우리의 먼 조상은 저녁이 되면 서서히 야간 시력으로 바뀌었을 것이다. 그러나 그 후 인공광이 등장했다. 주간 시력과 야간 시력의 차이와 같은 현상을 설명하기 위해서는 우리의 시각 수용기인 간상세포와 원추세포에 대해 알아야 한다.

빛이 전기적 신호로 바뀌는 과정을 광변환phototransduction이라고 하며, 이 과정은 망막에서 일어난다. 망막에는 수백만 개의 광수용세포가 있다. 빛을 흡수하는 일을 담당하는 이 광수용세포에서 색깔이나 밝기 같은 빛에 관한 정보를 뇌로 전달하는 과정이 시작된다. 망막에는 기본적으로 두 종류의 광수용기가 있다. 이 광수용기는 그 형태에서 이름을 따서 간상세포와 원추세포라고 불린다. 중심와에서 멀어질수록 더 많이 발견되는 간상세포는 빛이 희미할 때의 시각 작용을 돕는다. 색각을 담당하는 원추세포는 중심와에 가장 많이 밀집되어 있다. 원추세포는 가장 잘 흡수하는 빛의 색(파장)에 따라 S형(짧은 파장), M형(중간 파장), L형(긴 파장)의 세 종류로 나뉜다. 또는 청색, 녹색, 적색 원추세포로 불리기도 하지만, 그다지 정확한 이름은 아니다. 이 세 가지 원추세포가 가장 민감한 파장은 S형이 440나노미터(남보라), M형이 540나노미터(황녹색), L형이 580나노미터(귤색)이며, 이 수치는 어떤 전문가의 의견을 참고하는지에 따라 달라진다.

각각 다른 파장의 빛에 최적화되어 있는 이 세 종류의 원추세포 덕분에 우리가 색을 볼 수 있다. 제1부에서 다뤘던 감색 이론과 가색 이론을 떠올려보자. 우리는 물감의 색들을 섞거나 다른 색의 광선들을 더해, 가시광선 스펙트럼의 이 끝에서 저 끝에 이르는 수백만 가지 색을 창조할 수 있다. 이와 마찬가지로 세 종류의 원추세포가 있다는 것, 이 세 종류가 각각 스펙트럼의 다른 부분을 흡수한다는 것은 색각의 물리적 토대가 된다.

원추세포는 보통 수준의 밝기에서 가장 잘 작용한다. 그렇기 때문에 한겨울이 되면 나는 가끔 한 짝은 검은 양말, 한 짝은 파란 양말을 신고 외출을 하는 것이다. 어두침침한 옷방에서는 내 손에 어두운 색 양말 두 짝이 있다는 것 정도는 충분히 알 수 있지만, 내 원추세포들이 그 색들을 구별하는 것을 도울 수 있을 만큼의 충분한 빛은 없다.

간상세포는 종류가 한 가지뿐이다. 간상세포는 파장이 약 500나노미터인 청록색 빛의 흡수에 최적화되어 있지만, 간상세포는 종류가 하나뿐이기 때문에 원추세포처럼 혼색 효과가 없고 색을 구별하지도 못한다. 그래서 내가 겨울철에 짝짝이 양말을 신는 낭패를 보는 것이다. 그러나 간상세포는 원추세포에 비해 놀라울 정도로 빛에 민감하다. 간상세포는 L형이나 M형 간상세포보다 100배 이상 빛에 민감하며, S형 간상세포보다는 거의 1만 배나 더 민감하다. 빛에서 에너지를 갖고 있는 가장 작은 입자인 광자 하나는 간상세포 하나를 자극할 수 있다고 한다. 천문학자들은 오랜 경험을 통해 망원경을 볼 때 대상을 똑바로 보지 않고 곁눈으로 보면 희미한 항성과 행성들을 더 잘 찾아낼 수 있다는 것을 알아냈다. 중심와를 피해, 그들이 찾고 있는 흐릿한 별들을 보는 데 적합한 간상세포의 수가 훨씬 더 많고 원추세포의 수는 상대적으로 더 적은 곳에 상이 맺히게 하는 것이다.

S형 원추세포는 L형과 M형 원추세포에 비해 빛에 대한 민감도가 훨씬 낮기 때문에, 청색광은 빛이 희미할 때에는 잘 감지되지 않는다. 백열등 같은 조명에서 빛의 세기가 강해지면, 색에 대한 지각도 달라진다. 이와 유사한 현상은 저녁 무렵에 나타난다. 해 질 무렵에는 정원의 꽃 색깔이 미묘하게 바뀌게 된다. 클로드 모네Claude Monet 같은 화가들은 이런 현상을 그림으로 표현했다. 모네의 그림에는 하루 중 이 시간대의 느낌을 화폭에 옮겨놓은 작품들이 많다.

◇ **광변환**

망막의 두께는 겨우 200~300마이크로미터지만(0.2~0.3밀리미터로 종잇장보다 훨씬 얇다), 망막에는 단순히 간상세포와 원추세포 층만 있는 것은 아니다. 어떻게 세느냐에 따라, 망막에는 무려 열 개의 세포 층이 있다. 망막에 충돌한 빛은 여덟 개의 층을 통과해야만 비로소 간상세포와 원추세포에 도달한다. 어쩌다가 간상세포와 원추세포를 통과하는 빛은 간상세포와 원추세포의 뒤에 있는 마지막 층에 효과적으로 흡수된다. 이 층은 망막 내에서 빛의 반사가 일어나지 않게 하는 역할을 한다. 그 덕분에 간상세포와 원추세포는 눈의 전면으로 들어온 빛에 의해서만 자극을 받고, 눈의 뒷면에서는 아무 것도 반사되지 않는다.

그렇다면 이 믿을 수 없을 정도로 얇은 층들 중에서 간상세포와 원추세포 위에는 어떤 층들이 있을까? 그 층들은 간상세포와 원추세포에서 일어나는 화학반응을 통해 만들어진 전기 신호를 수집해 뇌로 전달하는 역할을 한다. 이 과정은 대단히 복잡하다. 이 과정에 대해 면밀한 연구가 이루어져왔지만, 아직 완전히 이해되지 않고 있다. 이 과정에서 변환기 구실을 하는 간상세포와 원추세포의 역할부터 알아보자.

변환이란 한 에너지가 다른 형태의 에너지로 전환되는 과정이다. 우리의 감각기관에서는 각각의 자극에 포함된 에너지가 전기 에너지로 전환된다. 에너지가 전환되는 과정은 감각의 종류에 따라 다양하다. 시각에서는 빛에 포함된 에너지가 간상세포와 원추세포에서 일어나는 화학반응을 통해 전류로 바뀐다. 엄밀히 말하면 태양광 전지에서도 같은 현상이 일어난다. 태양광전지는 빛 에너지를 받아들여 전기 에너지로 전환한다. 그러나 태양전지가 빛을 변환하는 방식의 물리적, 화학적 원리는 망막의 방식과 완전히 다르다.

망막에서는 당혹스러울 정도로 복잡한 화학반응 회로들이 빛이 있을 때와 빛이 없을 때로 나뉘어 작동한다. 어떤 반응회로가 작동하는지는 빛의 양에 의해 결정된다. 빛이 밝을 때, 중간 수준일 때, 적을 때 서로 다른 반응 회로가 작동하며, 이 반응들은 서로 다른 세 종류의 원추세포에서 일어난다. 완전히 캄캄한 조건에서는 판이하게 다른 반응 회로가 작동한다. 암순응 회로라고 하는 이 반응 회로는 서서히 희미한 빛을 볼 수 있도록 눈을 조절한다.

망막에서 일어나는 이런 화학 반응들의 연료는 대개 신체의 정상적인 대사 과정을 통해 공급되는데, 한 가지 예외가 있다. 레티날retinal이라고 하는 중요한 화학물질은 비타민 A가 들어있는 음식물을 통해 공급

된다. 비타민 A는 많이 알려져 있는 당근 외에도 오렌지나 고구마, 캔털루프cantaloupe(멜론의 일종—옮긴이), 케일, 브로콜리 같은 암녹색 채소에도 많이 들어 있다. 비타민 A는 소, 돼지, 닭의 간에서도 대단히 농축된 상태로 발견된다. 중간 크기 당근 하나면 성인 남성의 하루 비타민 A 요구량을 충족할 수 있다. 내가 어렸을 때는 당근과 시력에 관한 우스갯소리가 한동안 인기를 끌었다. 코미디 감독 겸 배우인 멜 브룩스Mel Brooks는 불면증에 걸린 한 남자의 이야기를 했는데, 이 남자가 불면증에 걸린 까닭은 당근을 너무 많이 먹어서 눈을 감아도 눈꺼풀 너머로 다 보이기 때문이었다. 현실에서는 이렇게 재미난 일이 벌어지지는 않지만, 이 이야기는 적당한 비타민 A의 섭취가 색각과 야간 시각에 모두 중요하다는 점을 잘 보여준다.

이 모든 화학반응에서 빛이 하는 일은 단 하나다. 반응 회로의 제일 첫 단계를 개시하는 것이다. 그 첫 단계는 항상 똑같다. 레티날 분자가 한 형태에서 다른 형태로 변하는 것이다. 이 반응은 급속한 연쇄 반응을 유발하는데, 이 연쇄반응은 빛의 파장과 강도에 따라 달라지며 네 종류의 광수용기 중 어떤 것이 관여하는지에 따라서도 달라진다. 별빛처럼 빛의 양이 적은 조건에서는 간상세포만 작용한다. 달빛처럼 좀 더 밝은 빛에서는 간상세포와 원추세포가 함께 작용한다. 이보다 빛이 더 밝아지면 우리의 시각은 원추세포의 지배를 받는다.

그러나 이런 간단한 설명으로는 광범위한 조건의 조명에서 유용한 시각을 제공하는 망막의 놀라운 능력을 전달하지 못한다. 보통 사람들이 독서 같은 작업을 하기에 이상적이라고 판단하는 빛의 세기는 인간이 감지할 수 있는 가장 희미한 빛보다 약 100만 배 더 강하다. 게다가 이 이상적인 독서 조명보다 빛이 1000배 더 강해지면 고통의 역치에 도달한다. 따라서 지나치게 강해서 고통을 유발하는 빛은 가장 희미한 가시광선보다 약 100억 배, 즉 10^9배인 것이다.

자세한 연구를 통해 확인된 바에 따르면, 다양한 강도와 파장의 섬광을 단일 간상세포나 원추세포에 비췄을 때 나타나는 전기적 반응은 원추세포가 간상세포에 비해 훨씬 덜 민감하다. 심지어 원추세포는 수천 배 더 밝은 빛에 노출되어 있어도 간상세포보다 전압의 변화가 더 적다. 그러나 이 연구에서는 섬광에 노출되었을 때 원추세포가 간상세포보다 전압이 훨씬 빠르게 급등했다가 정상으로 되돌아온다는 것도 밝혀졌다.

세 종류의 서로 다른 원추세포에서 일어나는 화학반응은 조금씩 다르다. 색각은 서로 다른 파장의 빛에 최적화되어 있는 광수용기들, 즉 세 종류의 원추세포에 의해 결정되며, 간상세포와도 어느 정도 연관이 있다. 이 네 종류의 광수용기와 결합하는 레티널 분자들 사이에는 미세하지만 결정적 차이가 있다.

어떤 면에서 보면, 망막 내에서는 빛이 있을 때보다는 빛이 없을 때 화학적으로 더 많은 일이 벌어진다. 존 놀테John Nolte의 지적처럼, 간상세포와 원추세포는 광수용기라기보다는 "암暗수용기"라고 부르는 게 더 옳을지 모른다. 망막에서 간상세포나 원추세포와 그 주위의 세포들 사이에서 일어나는 복잡한 화학반응은 빛의 양이 줄어들수록 더 가속화된다. 빛과 충돌하면 간상세포나 원추세포의 내부에서는 화학반응이 일어나, 세포와 주위 사이의 화학적 교환이 느려지거나 중단되어 사실상 세포의 문이 닫히게 된다. 문이 닫히면, 다시 말해서 화학반응이 모두 중단되면 세포는 분극이 일어난다. 즉 전압이 변하는 것이다. 개개의 간상세포와 원추세포에서 일어나는 전압 변화는 뇌의 지각 체계에 입력된다. 뇌는 수천 분의 몇 초에 불과한 짧은 시간 동안 수천만 개의 광수용기에서 일어나는 셀 수 없이 많은 전기적 변화를 수집하고 체계화해서 해석한다. 그리고 그 최종 결과가 우리의 시각적 세계다.

◇ **자발과 단속 운동**

망막의 중심이자 우리 시야의 중심인 중심와는 어느 한 지점에 그리 오래 초점을 맞추지 않는다. 눈 근육은 아주 미세하고 빠르게 움직여서 중심와가 끊임없이 다시 초점을 맞출 수 있게 해준다. 이 움직임은 대단히 빨라서 눈은 항상 30~70헤르츠(초당 진동수)의 진동을 하며, 움직일 때마다 중심와의 위치는 시야각에서 1/3도씩 옮겨진다. 따라서 중심와는 무엇이든 스치듯 지나가며 몇 분의 1초 이상 응시하지 않는다. 이 격렬한 움직임은 완전히 우리가 모르는 사이에 일어난다. 우리는 우리가 그런 행동을 한다는 것을 전혀 눈치 채지 못하고 있다. 우리에게는 이런 미세한 움직임보다는 훨씬 큰 도약인 단속 운동 saccade이 더 많이 알려져 있다. 단속 운동은 책을 읽고 있을 때 우리 눈의 움직임에서 확인할 수 있다. 프랑스의 안과의사인 에밀 자발Émile Javal(1839~1907)과 그의 동료들이 발견한 단속 운동은 1880년대에 처음으로 공식적인 인정을 받고 기록되었다. 심각한 사시였던 여동생 소피 때문에 안과학에 관심을 갖게 된 자발은 사시를 주제로 박사 학위 논문을 썼다. 그는 사시 환자의 눈을 위한 운동법을 개발했고, 그의 운동법은 소피를 포함한 많은 사시 환자들에게 효과가 입증되었다. 1884년에 자발은 독서 과정의 시각적 특성에 관한 연구를 위탁받았고, 이 연구를 통해 오늘날 단속 운동이라고 불리는 현상이 발견되고 기록되었다. 그는 그가 눈에서 관찰한 빠르고 불규칙적인 운동을 묘사하기 위해 불어의 saccade라는 단어를 선택했고, 이 단어는 영어에서 특별한 시각 현상을 의미하는 외래어가 되었다. 자발의 결론에 따르면, 사람이 글을 읽을 때는 약 열 글자 길이로 단속 운동이 일어난다.

자발과 그의 동료 연구진은 비범한 관찰 능력과 기발한 실험을 활용함으로써, 글을 읽는 동안 나타나는 안구 운동의 단속적 특성을 추론하고 측정할 수 있었다. 어떤 결정적인 실험에서는 기발한 장치를 고안하기도 했는데, 피험자의 윗눈꺼풀에 부착된 아주 작고 유연한 막대를 이용해 안구의 단속 운동을 소리로 변환한 실험이었다. 그러면 단속 운동이 일어날 때마다 막대가 조금씩 움직였다. 막대는 팽팽한 막의 중심에 부착되어 있었다. 눈이 움직이면 막대도 따라 움직여서 막이 진동하게 되는 이 장치는 작은 뼈가 부착되어 있는 고막에서 영감을 받은 것으로 보인다. 눈이 움직일 때마다 나는 짧은 소리는 마이크로 전달되었다. 단속 운동으로 인한 소리는 피험자가 읽고 있는 줄이 바뀔 때처럼 더 큰 눈의 움직임 때문에 나는 소리와는 구별이 가능했다.

심지어 자발의 실험 테크니션 중 한 사람인 M. 라마르Lamare(여기서 M.은 '무슈'를 나타낸다)는 손가락 끝을 윗눈꺼풀 위에 살짝 올려놓기만 해도 단속 운동을 감지할 수 있다고 주장했다. 나도 시도를 해봤지만, 눈동자의 큰 움직임은 쉽게 감지할 수 있어도 훨씬 미세한 움직임인 단속 운동을 구별한다는 것은 이야기가 달랐다. 손끝을 더 살며시 올려놓고 더 숙련이 되어야만 가능한 능력이 분명했다. 이처럼 연구에 헌신한 자발과 그의 연구진은 단속 운동과 같은 중요한 발견을 이룩했다.

기이한 운명의 장난인지, 자발은 중년이 되었을 때 녹내장에 걸려 1900년에 완전히 시력을 잃었다. 그는 말년을 실명 연구에 바쳐, 맹인을 위한 실용적인 조언을 담은 책과 맹인의 글쓰기를 돕는 기계를 남겼다.

눈의 진화

제1부에서는, 400~700나노미터 영역의 복사선은 물을 통과하는 동안 별로 약해지지 않으며 우리 눈은 그 영역의 복사선을 감지하는 능력이 발달했다는 것을 확인했다. 시력을 가진 최초의 생물은 바다 속에 살았을 것이기 때문에, 현재 우리가 가시광선이라고 부르는 영역에 속하는 전자기파를 감지하도록 시각이 진화되었을 것이라고 보는 게 논리적인 추론이다.

다윈 이후, 눈의 진화는 면밀히 연구되었다. 눈의 구조는 두 개의 주요 단계를 거쳐 진화했다고 여겨진다. 첫 단계는 '안점eyespot'의 발달이었다. 안점은 가시광선을 감지하는 구멍기관이라고 비유할 수 있는데, 앞서 설명했듯이 구멍기관은 적외선을 감지하는 뱀의 감각기관이다. 얕은 컵에 가시광선에 민감한 몇 개의 수용기가 담겨 있는 모양을 하고 있는 안점은 지금도 많은 종에서 발견된다. 그러나 안점은 명암만 구별할 뿐 물체의 상이나 모양을 감지하지는 못한다. 눈의 진화에서 다른 주요 단계는 몇 가지 시각 체계의 발달이었다. 이런 시각 체계들은 광수용기가 단순히 빛을 감지하는 것 이상의 일을 할 수 있게 해주었다.

시각 체계는 놀라울 정도로 다양한 종류로 진화되었다. 안점을 시작으로 하는 이 다양한 기능 발달 중 일부는 〔그림 9〕에서 볼 수 있다. 1995년에 처음 발견된 카멜레온의 망원렌즈 눈처럼, 예전에는 알려지지 않았던 동물계의 특이한 시각 구조가 계속 밝혀지고 있다.

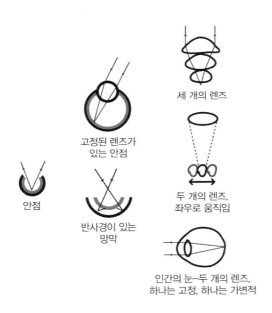

[그림 9] 사물을 보는 다양한 방식

녹조류의 원시적인 안점, 안점과 함께 모양이 고정된 원형의 렌즈가 추가된 일부 연체동물의 안점. 망막의 뒤쪽으로 밝기를 증가시키기 위한 반사경이 있는 가리비의 눈, 세 개의 렌즈가 배열된 폰텔라*Pontella*의 눈, 망원경처럼 두 개의 렌즈를 갖고 있는 코필리아*Copilia*의 눈, 아래쪽에 있는 렌즈는 좌우로 움직인다. 두 개의 렌즈가 있는 인간의 눈, 하나는 고정되어 있고 하나는 모양이 변한다.
(러셀 D. 퍼날드와 마이크 랜드의 「눈의 진화The Evolution of Eyes」의 그림을 수정)

색각

단색(흑백) 사진은 컬러 사진보다 먼저 나타났고, 텔레비전에서도 마찬가지다. 다색성 색각 역시 단색성 색각에 비해 훨씬 나중에 진화된 것으로 추측된다. 다색성 색각은 먹이, 천적, 적당한 짝을 찾는 일과 같은 생물의 본분을 수행하는 데 이점이 되어주는 중요한 발달이었다.

어떤 세균은 색을 감지하는 원시적인 능력을 갖고 있다. 특정 파장 이상의 가시광선에는 이끌리고 그 파장 이하의 가시광선에는 반발하는 이 세균은 모든 색각 체계가 반드시 갖춰야할 특성을 지니고 있다. 즉, 서로 다른 파장의 빛에 최적화되어 있는 최소 두 가지의 서로 다른 빛 흡수 메커니즘과 각각 얼마나 많은 양의 빛을 흡수하는지를 계속 추적하는 능력을 갖고 있는 것이다.

다른 동물들과 비교했을 때, 인간과 다른 영장류에서는 중간 정도의 복잡성을 지닌 색각이 진화되었다. 세 가지 종류의 광수용기는 닭(다섯 가지)보다는 적고 쥐(두 가지)보다는 많다. 인간이 갖고 있는 세 종류의 원추세포는 각각 440나노미터, 540나노미터, 580나노미터의 빛에 최적화되어 있다. 3000만~4000만 년 전까지 영장류는 500나노미터보다 긴 파장을 감지하는 단 하나의 광수용체만 갖고 있었던 것으로 추정된다. 540나노미터와 580나노미터를 감지하는 원

---

[11] 인간이 갖고 있는 세 가지 원추세포는 때로 청색(440나노미터), 녹색(540나노미터), 적색(580나노미터)으로 오인되기도 한다. 이 '적색' 원추세포가 최적화되어 있는 580나노미터의 빛은 사실 주황색이다. 580나노미터 원추세포가 가시광선 스펙트럼에서 적색에 가까운 색을 구별하는 데 대단히 중요한 것은 사실이다. 그러나 이 세 종류의 원추세포에 대해 더 널리 적용되는 명칭은 S(짧은 파장, 440나노미터), M(중간 파장, 540나노미터), L(긴 파장, 580나노미터)이다.

추세포가 생기게 된 이른바 적─녹 분기red-green split에 많은 유전학자와 시각 전문가들의 연구가 집중되고 있다.[11]

이 세 종류의 원추세포가 어떻게 색각을 가능하게 하는지 설명하기 위해, 내 토마토 밭에서부터 시작해보자. 올해 여름은 유난히 덥고 습했는데, 내 텃밭에는 참으로 잘 된 일이었다. 그렇다고 텃밭이 정글이 될 정도는 아니었다. 6월 말이 되자 20그루 남짓의 토마토는 한 길이 넘게 자랐고, 그 다음에는 한 그루씩 쓰러졌다. 누가 보면 아무도 돌보는 사람이 없다고 생각할 모양새였다. 이런 일이 일어나다니! 나는 텃밭에 물을 주고 잡초를 뽑았다. 날마다 엉킨 줄기와 이파리를 걷어내고 초록의 물결 속에서 빨갛게 익은 열매를 찾았다. 그리고 날마다 내가 적록색맹이 아닌 것을 감사히 여겼다. 만약 내가 적록색맹이었다면 토마토를 수확할 단서를 찾지 못했을 것이기 때문이다.

정상적인 색각을 가진 개체에서 세 가지 원추세포의 분포가 나타내는 변화의 폭은 대단히 놀랍다. 평균적으로 S형 원추세포는 전체 원추세포의 약 5퍼센트에 불과하다. L형과 M형 원추세포의 비는 대단히 다양한데, 1대 1에서 L형이 M형보다 15배나 많은 경우까지 있다.[12] '최근에'(3000만~4000년 전) 분리된 L형과 M형 원추세포의 유전자는 X염색체 위에 나란히 위치하고 있고, 이 두 유전자와 관련된 선천적 결함은 비교적 흔한 편이다. 남성 중 약 2퍼센트가 적색맹이거나 녹색맹이다. L형(적색) 원추세포가 부족하면 제1색맹protanopia(적색맹), M형(녹색) 원추세포가 없으면 제2색맹

---

[12] 하벨 호퍼Haberl Hofer와 그의 동료 연구진의 보고에 따르면, 이 변이의 증거는 발전된 광학 기술을 이용해 만들어낸 생명체 망막의 놀라운 영상에서 나왔다.

deuteranopia(녹색맹)이 된다. S형(청색) 원추세포의 결여로 인한 색맹은 제3색맹tritanopia이라고 부르지만, 이는 대단히 드물다. 이 세 유형 중 하나의 색맹이 있는 사람은 세 종류가 아닌 두 종류의 원추세포만을 갖고 있는 것이다. 이런 사람들은 '색각'이 있기는 하지만 그 감각이 대체로 많이 떨어진다. 과일과 채소를 색깔로 확인하고 수확하는 일이 대단히 힘든 사람들이 있다는 사실은 수 세기 전부터 알려져 있었다. 이제 우리는 그 이유를 알고 있다.

얼핏 생각하면, 최적 파장이 지나치게 인접해 있는(540나노미터와 580나노미터) M형과 L형 원추세포는 우리의 색각에 그리 대단한 풍성함을 더해줄 것 같지는 않아 보인다. 존스홉킨스 대학의 제레미 네이선스Jeremy Nathans가 내놓은 흥미로운 연구 보고는 이 문제를 해결할 실마리를 던져주었다. 네이선스는 정상인 눈과 색맹인 눈을 실험적인 방법과 수학적인 방법으로 분석해, 두 종류의 눈이 다양한 파장의 색깔을 구별하는 능력을 결정했다. S, M, L형 원추세포가 440, 540, 580나노미터의 빛에 최적화되어 있는 보통의 눈은 440나노미터(남보라)와 560나노미터(황록색) 파장의 색을 잘 구별하지 못한다. 그렇더라도 400~700나노미터에 이르는 가시광선 스펙트럼 전체에 걸쳐 두루 색을 구별하는 일을 꽤 잘 해내고 있다. 그러나 L형이나 M형 원추세포 중 하나가 부족한 색맹인 눈은 사정이 완전히 다르다. 이런 경우에는 440나노미터와 560나노미터의 색을 사실상 전혀 구별하지 못한다.

시각의 대역폭

개인용 컴퓨터와 디지털 캠코더는 다양한 감각기관에서 뇌로 정보가 전달되는 방식에 대한 우리의 생각을 어느 정도 바꿔놓았다. 소의 눈을 연구한 르네 데카르트René Descartes는 조금 섬뜩한 공개 실험을 통해 수정체에 상이 거꾸로 맺힌다는 것을 처음으로 증명했다. 펜실베이니아 대학 연구진의 실험도 데카르트의 실험을 연상시키는데, 이들의 실험은 기니피그의 망막에 전극을 연결한 다음 다양한 시각적 자극에 노출시키는 것이었다. 이 실험 결과에 따르면, 기니피그의 눈은 초당 약 0.9메가바이트의 정보를 뇌로 전달했다. 이를 토대로, 망막에서 뇌까지 정보를 전달하는 세포의 수가 기니피그보다 약 10배 더 많은 인간의 눈에서는 초당 약 9메가바이트의 시각 정보가 뇌로 전달되는 것으로 추정되었다. 이는 2009년의 초고속 인터넷 연결 속도와 비슷하다. 게다가 이 연구를 토대로 볼 때, 눈은 이보다 훨씬 빠른 속도로 정보를 전달하는 것 같다. 어쩌면 수백 배 이상 더 빠를지도 모른다.

만약 훨씬 더 빠른 속도의 정보 전송이 가능하다면, 그렇게 하지 않는 이유는 무엇일까? 그 이유 중 하나로 에너지 비용을 들 수 있다. 뇌가 차지하는 무게는 전체 체중의 2퍼센트에 불과하지만, 뇌는 신체에서 연소하는 모든 에너지의 약 20퍼센트를 소비한다. 따라서 뇌의 에너지 소비량은 인체의 평균 에너지 소비량에 비해 그램 당 10배가 더 많다. 만약 눈에서 더 빠른 속도로 자료를 전송한다면 뇌는 더 많은 에너지를 소비해야 할 것이다.

시력

당신의 시력은 20/20(1.0)인가? 나는 그랬으면 좋겠다. 시력이 20/20이라는 것은 보통 시력을 가진 사람이 20피트(약 6미터) 거리에서 볼 수 있는 것을 20피트 거리에서 볼 수 있다는 뜻이다. 시력이 20/100(0.2)인 사람은 시력이 보통인 사람이 100피트(약 30미터) 거리에서 볼 수 있는 것을 20피트 거리에서 볼 수 있다. 눈 관리 전문가들은 20/20 같은 시력 표현을 꺼리는 경향이 있다. 우리의 시각적 능력은 더 정확하고 유용한 방법으로 측정될 수 있다. 나는 근시다. 미국 전체 인구의 약 1/3이 근시일 정도로 근시는 꽤 흔한 현상이다. 근시인 사람은 가까이 있는 사물은 또렷하게 볼 수 있지만 멀리 떨어져 있는 것은 그렇지 못하다. 나는 꽤 지독한 근시다. 안경을 쓰지 않으면, 눈에서 10~12센티미터만 떨어져 있어도 흐릿하게 보인다. 다섯 살에 난생 처음 시력검사를 했을 때부터, 나는 안경 없이는 시력검사표의 맨 윗줄에 있는 커다란 'E'자도 읽을 수 없었다.

근시는 안경으로 교정할 수 있다. 안경 렌즈의 빛 굴절 능력은 디옵터로 측정된다(디옵터는 '꿰뚫어 본다'는 뜻의 라틴어 dioptra에서 유래했다). 돋보기는 태양광선을 굴절시켜 한 점에 집중시킬 수 있는데, 그 열이 강해서 마른 나뭇잎 더미에 불이 붙기도 한다. 1디옵터 렌즈를 통과한 평행한 광선은 렌즈를 지나 굴절되어 1미터 떨어진 지점에 초점이 맺힌다. 2디옵터 렌즈는 0.5미터 거리에 초점이 맺히고, 4디옵터 렌즈의 초점 거리는 0.25미터다. 따라서 렌즈의 디옵터 수치는 초점 거리의 역수와 같다. 디옵터 수치가 음수인 발산렌즈(내 안경은 약 -11이다)는 근시의 교정에 활용된다. 근시인 내 눈에서는 빛의 초점이 망막의 앞쪽에 맺힌다. 음수 디옵터 렌즈는 빛을 분산시킴으로써 초점이 망막 위에 맺히게 함으로써 시력을 교정한다.

안경은 적어도 1300년부터 존재했다. 콘택트렌즈는 1508년에 레오나르도 다 빈치가 설명과 스케치를 남겼지만, 1940년경이 되어서야 실용화되었다. 근시와 그 외 시각적 결함을 바로잡기 위한 레이저 수술은 1980년대 중반에 시작되었고, 미국에서는 1995년에 최초로 승인되었다. 이런 수술은 눈의 전면에 있는 각막의 형태를 바꿔 각막의 굴절 능력을 조정하는 것이다. 천연 콘택트렌즈라고 할 수 있는 각막의 형태를 외과적으로 바꾸면, 빛의 굴절 양상이 그 이전과는 달라진다. 마치 다른 처방의 콘택트렌즈를 얻게 되는 것과 같다.

지금까지보다 더 강력한 마이너스 디옵터 렌즈로 근시를 교정하는 것은 부정적이라고 믿는 사람들이 있다. 이들은 근시를 교정하기 위해 도수가 높은 안경을 쓰게 되면 근시가 더 악화되어 도수가 더 높은 안경을 쓰게 되는 악순환이 반복된다고 생각한다. 나처럼 고도 근시가 있는 사람은 일반인에 비해 노년에 망막 박리(두려운 질환이기는 하지만 대개 외과적으로 치료가 가능하다)가 일어날 위험이 더 높은 것은 사실이다. 그러나 이런 문제들과 점점 더 도수가 높은 안경을 쓰는 것 사이의 연관성은 그리 높지 않다.

공에서 눈을 떼지 말라

나이든 운동선수에게 가장 중요한 것은 다리라는 말이 있다. 뉴욕 제츠New York Jets의 플레이스키커(미식축구에서 공을 땅 위에 놓고 차는 선수—옮긴이)인 팻 레이Pat Leahy의 생각은 달랐다. 그는 1991년에 "머리카락"이라고 말했다. 이것도 아닐지 모른다. 어떤 운동을 하는지에 따라, 눈이 가장 중요할 수도 있다.

프로 운동선수들 중에서 골프선수들은 가장 오래 현역 생활을 누리는 축에 속한다. 잭 니클라우스Jack Nicklaus는 46세였던 1986년에 마스터스 대회의 우승을 하면서, 그의 기록은 열여덟 번의 메이저 대회 우승으로 끝이 났다고 말했다. 그는 2005년에 65세의 나이로 그의 마지막 마스터스 대회 출전을 했다. 2009년 여름에 59세의 톰 왓슨 Tom Watson이 브리티시 오픈에서 승리를 목전에 두었을 때, 베이비붐 세대 골프 팬들은 거의 흥분의 도가니였다. 그러나 3미터짜리 퍼트는 그린에서 빗나갔고, 그는 결승에 진출하지 못했다.

최고의 운동선수들은 그들의 몸이 더 이상 최상의 경기력을 보이지 못하면 은퇴의 압력을 받는다. 미식축구에서는 와이드리시버(쿼터백의 장거리 패스를 받는 최전방 공격수—옮긴이)는 '다리가 풀릴' 수도 있다. 그러면 더 이상은 예전처럼 수비를 뚫지 못할 것이다. 야구에서 나이 든 유격수도 제대로 맞은 땅볼을 잡으려고 할 때 비슷한 난관에 직면할 것이다.

그러나 골프선수들은 전력 질주를 하지 않아도 된다. 그렇다면 골프선수들이 결국 은퇴를 할 수 밖에 없게 만드는 것은 무엇일까? 아마 눈일 것이다. 다름 아닌 니클라우스가 그의 골프 실력 저하의 중요한 요인으로 꼽은 것도 시력 감퇴였다. 최고의 골프선수들은 퍼팅그린 위에서 특별히 예리한 시각이 필요하고, 그 최고의 선수들과 다른 선수들을 구별하는 것은 언제나 퍼트다. "드라이브는 보여주기 위한 것이고, 퍼트는 돈을 벌기 위한 것"이라는 말이 있다. 최고의 퍼트를 위해 골프선수들은 슬로프의 미묘한 차이와 그린 표면의 변화, 다른 방향으로 구부러져 있는 풀잎을 볼 수 있어야만 한다. 이런 사소한 것들을 무시하면 퍼트 실수가 나오게 되고, 한 번의 퍼트 실수로 우승을 놓치게 되기도 한다.

최고 수준의 골프선수들에게 시력은 매우 중요하고, 따라서 타이거 우즈, 비제이 싱, 재크 존슨, 프레드 펑크와 많은 다른 선수들이 20/15(약 1.3)나 그보다 나은 시력을 갖기 위해 외과 수술을 받았다. 이는 기본적으로 그들의 퍼팅 능력을 개선하기 위한 것이다.

시력 개선을 위한 운동선수들의 노력은 수술에만 국한되지 않는다. 2005년 U.S. 오픈 골프 대회 우승자인 마이클 캠벨이 적절한 퍼트 선을 보는 능력을 개선하기 위해 특별히 설계된 엄격한 눈 운동을 했다는 일화는 아주 유명하다. 그는 U.S. 오픈 대회를 치르는 동안에도 홀과 홀 사이의 이동식 화장실에 자주 멈춰서 운동을 반복할 정도로, 엄격하게 운동을 했다. 그의 눈 운동은 눈앞에서 약 2분 동안 연필을 가로로 8자 모양으로 움직이면서 계속 눈길을 떼지 않고 쳐다보는 것이었다. 이런 운동이 효과가 있을까? 어쨌든 그 해 캠벨은 U.S. 오픈에서 우승을 했다.

골프 선수들만 특별히 좋은 시력이 필요한 것은 아니다. 야구의 타격은 운동 중 가장 어려운 것 중 하나로 종종 언급되며, 예리한 시력이 성공의 필수 조건 중 하나다. 조 디마지오는 그의 전설적인 경기력이 20/10(2.0) 시력의 덕이라고 생각했다. 디마지오와 같은 시기에 활동했던 테드 윌리엄스도 마찬가지로 예리한 시력을 지녔다. 그는 돌아가고 있는 레코드판 위에 붙어 있는 상표에 쓰인 글씨를 읽을 수 있었다고 한다. 아이팟 시대에는 보기 어려운 희귀한 개인기다. 피트

로즈는 타자의 시각에서 다양한 투구의 서로 다른 시각적 특징을 생생하게 설명한다. 예리한 타자의 눈으로 볼 때, 슬라이더(일종의 횡변화구-옮긴이)는 가운데에 붉은 점이 있는 흰색 원처럼 보인다. 투수가 슬라이더를 던지면, 흰색의 공이 회전하면서 공 위에 있는 붉은색 실밥이 붉은 점처럼 보이게 되는 것이다. 물론 이렇게 보이려면 타자의 시력이 매우 좋아야만 한다. 시력이 좋을수록 타자는 붉은 점을 빨리 알아볼 수 있어서, 공에 대처하고 칠 수 있는 시간을 더 많이 벌게 된다.

와이드리시버인 피츠제랄드가 애리조나 카디널스를 이끌고 2009년 슈퍼볼에 출전을 했을 때, 미식축구계는 몹시 흥분했다. 수많은 그의 능력 중에서 마지막 순간에 날아가고 있는 공을 잡는 능력은 아주 유명했다. 경기가 최고조에 이르렀을 때, 미식축구의 리시버들은 쿼터백의 손을 떠나 포물선을 그리며 필드를 날아가는 공을 감상할 수 있는 호사를 누리지 못하는 경우가 종종 있다. 자신의 경로에서 전력질주를 하다가 마지막 순간에 몸을 돌려 공이 있을 만한 곳을 쳐다본다. 아주 짧은 순간에 공이 날아오는 궤적을 파악해 제 때에 잡을 수 있어야 하는 것이다. 피츠제랄드는 이것을 아주 잘했고, 이를 평생의 눈 운동 덕분이라고 생각했다. 이를테면 그는 어린 시절에 한쪽 눈을 감고 감은 눈 쪽의 손으로만 공을 잡는 놀이를 하곤 했다.

지난 20년 동안, 운동선수와 그 외 다른 이들을 위한 눈 운동이 대중화되었다. 이런 운동의 목표는 눈의 움직임을 조절하는 근육을 훈련하고 미세하게 조정하는 것이다. 이 혜택은 어떤 운동선수와도 연관이 있을 수 있다. 운동선수들은 근육을 단련하는 데 많은 시간을 투자한다. 따라서 거의 모든 스포츠에서 가장 중요한 감각인 시각과 밀

접한 연관이 있는 근육의 운동을 왜 소홀히 하겠는가? 만약 당신이
하는 운동이 시속 160킬로미터(야구에서 투수가 던지는 공), 시속
240킬로미터(테니스의 서브 볼), 시속 320킬로미터(스매싱된 배드
민턴의 셔틀콕)가 넘는 속도로 날아오는 공을 쫓아가야 한다면, 눈
의 움직임을 조절하는 근육을 단련하기 위한 노력을 하는 것이 당연
한 일이다.

제6장

화학적 감각

아리스토텔레스의 깔끔한 오감 분류는 여러 면에서 우리에게 골칫거리지만, 이롭거나 해로운 음식을 우리가 어떻게 구별하는지 이해하려는 과정에서 겪는 문제에 비하면 아무 것도 아닐지 모른다.

혀가 감각기관이라는 것은 누구나 알고 있다. 혀에는 우리가 음식을 '맛 볼' 수 있는 수용기가 있다. 혀가 하는 일을 전문적으로는 미각gustation이라고 한다. 맛을 감지할 때 혀가 단독으로 작용하지 않는다는 것도 비교적 잘 알려져 있다. 코도 중요한 역할을 한다. 코가 하는 일을 전문 용어로는 후각olfaction이라고 한다. 우리는 음식의 맛과 냄새를 함께 감지한다. 그러나 이 이야기는 여기서 끝나지 않는다. 공통의 화학적 감각도 있는데, 입과 코의 점막에는 이런 감각과 연관이 있는 다양한 신경 말단이 있다. 이 신경 말단들에서는 고추의 화끈함, 암모니아 증기의 코를 찌르는 지독함, 멘톨의 상쾌함 같은 감각 작용을 담당한다. 이밖에 음식의 질감과 온도도 맛의 중요한 특성이다. 그러나 촉감과 온도는 화학적 감각이 아니므로, 이에 관해서는 제7장에서 다루도록 하겠다. 여기서는 물질의 화학적 특성에 반응하는 감각 수용기가 있는 화학적 감각, 그 중에서도 특히 냄새와 맛에 초점을 맞출 것이다.

그리고 페로몬pheromone이라는 특별한 화학적 감각이 있다. 페로몬 반응은 많은 동물에게 중요한 역할을 하지만, 인간에게는 그 역할이 잘 알려져 있지 않아서 다소 논쟁의 소지가 있다. 페로몬은 일부 식물과 동물에서 만들어내는 화학물질로, 같은 종에 속하는 다른 개체에게 주로 생식과 연관된 특별한 반응을 불러일으킨다.

페로몬 반응을 활용하는 유기체로는 곤충, 쥐, 파충류, 고양이가 있으며 일부 식물까지도 포함된다. 페로몬을 감지하는 동물은 대개 특별한 감각기관을 갖고 있는데, 이 기관은 두 개의 콧구멍을 분리하는 뼈 근처에 있다. 이 감각기관의 수용기는 그 동물의 후각 수용기와 여러 면에서 비슷하다.

최초로 발견된 페로몬은 암컷 나방이 수컷 나방을 성적으로 유인하기 위해 만들어내는 물질인 봄비콜bombykol이라고 하는 알코올이었다. 수컷 나방은 아주 희미하게 존재하는 봄비콜도 감지할 수 있다. 이에 비하면 인간의 코는 훨씬 둔하다. 이 나방은 인간의 코가 그 어떤 화학물질을 감지하는 것보다, 약 10만 배 더 민감하게 봄비콜을 감지할 수 있다. 수컷 나방은 일단 봄비콜을 감지하면, 그 농도가 진해지는 방향으로 날아가서 마침내 짝을 만나게 된다.

인간의 태아도 페로몬 기관을 갖고 있지만 유년기 동안 퇴화해 사라진다. 인간에게 페로몬 활동이란 것이 존재한다면 후각을 통해 일어날 것이다. 이런 페로몬 활동이 될 만한 것이 무엇이 있을까? 인간의 페로몬과 연관이 있을 가능성이 있는 효과 중 가장 널리 알려져 있고 가장 많이 연구된 것은 아마 같은 집에 살고 있는 여성들의 월경 주기일 것이다. 한 집에 사는 여자들이 매달 같은 시기에 월경을 시작하는 경향이 있다는 이야기는 오래 전부터 있어왔다. 이에 관한 과학적 연구의 결과는 다양하다. 1971년에 심리학자인 마사 매클린톡Martha McClintock은 아주 가까이 살고 있는 여자들이 정말 거의 같은 시기에 월경을 시작한다는 것을 요지로 하는 연구 결과를 『네이처Nature』에 발표했다. "매클린톡 효과McClintock Effect"라고 불리게 된 이 현상은 다른 과학자들에 의해 연구되었고, 그 효과가 항상 확인되지는 않았다. 이런 연구에는 수많은 요소들이 복잡하게 얽혀 있는데, 여자들의 월경 기간이 똑같지 않다는 점도 이에 포함된다.

어쨌든 인간에게도 페로몬 활동이 존재할지도 모른다는 데 대한 관심은 지대하다. 이 모든 관심이 순수하게 과학적인 것만은 아니다. 이를테면 향수 산업에서는 소량을 첨가하면 남자나 여자, 혹은 양쪽 모두에게 성적 매력을 느끼게 해줄지도 모를 방향성 물질을 찾기 위해 골몰하고 있다. 향수와 오드콜로뉴에서의 페로몬 활용은 쉽게 이해가 되며, 조금 두렵기도 하다. 마찬가지로 샴푸, 비누, 세탁세제, 그 외 다른 상품의 제조업체에서도 많은 관심이 있을 것이다.

코가 아는 것

젊은 의학도인 스티븐 D.는 어느 날 밤, 코카인과 여러 약물의 남용 때문으로 추측되는 아주 생생한 꿈을 꿨다. "나는 개가 되는 꿈을 꾸었다. 그 꿈은 후각적이었다. 그리고 잠에서 깨어나자, 무한한 냄새의 세계가 열렸다. 다른 모든 감각들도 예전처럼 강했지만, 후각에 비하면 아주 미약했다." 그 후 3주 동안 스티븐의 후각은 과민 상태였고, 이는 그의 삶에 엄청난 영향을 끼쳤다. 병원에 실습을 나갔을 때, 그는 환자의 얼굴보다 냄새를 먼저 알아차렸다. 그는 이 '냄새 얼굴'이 예전에 느꼈던 시각적 얼굴에 비해 더 생생하고 더 많은 것을 연상시킨다는 것을 발견했다. 냄새는 그의 세계를 지배했다. 그는 냄새만으로 자신이 살고 있는 뉴욕시의 동네를 찾아갈 수 있었다.

냄새를 잘 맡을 수 있었던 기간, 스티븐에게는 모든 것이 현실 같지 않았다. 원래는 사려 깊고 관념적인 지성인이었던 그가 이제는 지성과는 별 상관이 없는 '당장 중요한 것'의 세계에 살고 있었다. 그러나 이 감각의 변화는 처음 찾아왔을 때와 마찬가지로 갑자기 사라지고 말았다. 그의 후각은 정상으로 돌아왔고, 그도 사려 깊고 관념적인 삶으로 다시 돌아왔다. 몇 년이 지났고 그런 일은 다시 일어나지 않았다. 그러나 이제 의사로 성공한 스티븐은 그 세계를 또 다시 경험하게 되길 간절히 바라고 있었다. "우리가 문명화되고 인간이 되면서 무엇을 포기했는지, 나는 이제 알게 되었다. 우리에게는 다른 '원시적인 것'도 필요하다…. 만약 과거의 어느 시점으로 돌아갈 수 있다면, 나는 다시 개가 되고 싶다!" 스티븐의 이야기는 올리버 색스의 『아내를 모자로 착각한 남자』에 등장하는 '내 안의 개The Dog Beneath the Skin'라는 일화다. 앞으로도 이 책에 등장하는 인물을 몇 명 더 만나게 될 것이다.

냄새는 가장 신비한 감각일 것이다. 그 신비함은 자극과 감각 작용과 지각의 모든 면에 해당한다. 몇 가지 강력한 가설이 있기는 하지만, 여전히 우리는 서로 다른 냄새를 만드는 공기 중의 분자에 관해 아무 것도 모른다. 우리는 감각기관이 어떻게 작용을 하고, 우리 눈이 제비꽃과 장미꽃을 어떻게 구별하고, 바이올린 소리는 왜 클라리넷 소리와 다른지에 관해서는 기술적인 수준에서 이해를 한다. 그러나 우리 코 속에 있는 후각 수용기가 부엌에서 나는 사과파이 냄새가 썩은 달걀 냄새가 아니라는 것을 어떻게 아는지에 관해서는 정확히 알지 못한다.

1980년 『뉴잉글랜드 의학저널New England Journal of Medicine』에는 후각의 이해를 위한 연구를 고찰한 루이스 토머스Lewis Thomas의 글이 실렸다. 그는 앞으로 수세기 동안은 전반적인 생물학의 발전이 "향에 대한 완벽하고 포괄적인 이해"를 얻는 데 걸리는 시간으로 측정될 수도 있다고 전망하면서, "이것은 생명과학 전체를 지배할 정도로 중요한 문제는 아닐지 모르지만, 하나 하나가 모두 불가사의"라고 지적했다.

발전은 토머스가 그 글을 썼던 1980년부터 이뤄지기 시작했다. 리처드 액슬Richard Axel과 린다 벅Linda Buck은 '방향성 물질 수용체와 후각체계의 구조'에 관한 연구로 2004년에 노벨 생리의학상을 받았다. 후각 기관에 관해 우리가 알고 있는 것의 대부분은 이들이 1991년에 발표한 연구에서 나온 것이다. 후각 기관의 기본적인 기능의 일부를 알아내기까지 인류는 왜 그토록 오랜 시간이 걸렸을까? 다른 감각에 관한 불가사의는 1991년보다 훨씬 이전에 많은 부분이 해결되었다. 게오르크 폰 베케시Georg Von Bekesy는 1961년에 내이에 관한 연구로 노벨상을 수상했고, 시각 연구에 대한 노벨상은 그보다 훨씬 전인 1910년으로 거슬러 올라간다. 그러나 후각에 관해서 만큼은 액슬과 벅의 선구적인 연구 이후에도 근본적인 의문점이 그렇게 많이 남아 있는 이유가 무엇인지 궁금할 것이다.

후각은 공기 중의 분자를 구별하기 위한 장치다. 단세포 생물조차도 주위의 화학물질을 평가하기 위한 일종의 감각 비슷한 것을 지니고 있다. 이런 감각이 없으면 어떤 종도 살아가지 못할 것이다. 인간을 비롯해 동물은 후각을 이용해 먹이를 확인하고, 포식자를 감지하고, 짝을 찾는다.

코로 모든 분자를 확인할 수 있는 것은 아니다. 산소, 질소, 메탄 등은 냄새가 없다. 산소와 질소 같은 경우는 어디에나 존재하기 때문에 이는 무척 다행스러운 일이다. 산소는 공기의 약 21퍼센트, 질소는 공기의 약 78퍼센트를 차지하는 가장 흔한 원소다. 천연가스에 주로 많이 들어 있는 메탄은 가스관을 통해 많은 가정에 공급되고 있기 때문에 냄새가 없는 것이 문제가 될 수 있다. 천연가스의 누출은 상당히 위험할 수도 있기 때문이다. 우리가 이런 누출을 코로 감지할 수 있도록 돕기 위해, 천연가스에는 강한 향을 소량 첨가한다. 이런 첨가물로는 황이 들어 있는 메르캅탄mercaptan이 주로 쓰인다. 나는 수백 갤런의 메르캅탄이 담겨 있는 스테인리스 스틸 용기에서 누출이 일어난 사고를 조사한 적이 있다. 메르캅탄이 담겨 있는 용기는 바퀴가 열여덟 개인 트레일러에 실려 고속도로 위를 달리고 있었다. 용기에서 누출이 일어나고 얼마 지나지 않아, 운전기사는 그 지독한 냄새에 질려서 고속도로를 빠져나와 차를 버렸다. 누출양은 비교적 적었고 메르캅탄은 대부분 용기 속에 남아 있었다. 그럼에도 우리가 조사를 할 수 있도록 방호복을 입은 사람들이 트럭 청소를 마친 뒤에도 메르캅탄 냄새는 참을 수 없을 정도로 지독했다.

비록 메탄 냄새는 감지하지 못하지만, 우리는 무려 약 1만 가지의 다른 분자들을 코로 감지할 수 있다. 아세톤이나 황화수소 같은 물질의 향은 단 한 분자만 있어도 쉽게 확인이 된다. 샤르도네chardonnay 백포도주 한 잔, 쿠바산 시가, 신선한 복숭아의 향기처럼 여러 가지 화합물이 복잡하게 섞여 있는 향도 알아낼 수 있다.

벅과 액슬은 엄청나게 많은 유전자들을 발견함으로써 우리가 후각을 이해하는 데 기여했다. 처음에는 쥐에서, 그 후에는 인간과 다른 동물에서 발견된 이 유전자들에는 후각 수용기의 유전 정보가 암호화되어 있다. 따라서 후각 수용기를 만드는 유전자인 셈이다. 쥐에는 이런 유전자가 1000개가 훌쩍 넘으며, 인간에게도 350개 이상 존재한다. 인간 유전체genome를 구성하는 약 2만5000개의 유전자 중 1퍼센트 이상이 냄새 감각에 할애되고 있는 것이다. 일각에서는 그 비율을 3퍼센트까지 잡고 있다. 인체에는 온갖 기능과 이 기능을 수행하는 고도로 분화된 온갖 다양한 세포들이 있다는 것을 생각할 때, 냄새 감각을 담당하는 유전자의 수가 그렇게 많다는 것은 대단히 놀라운 일이다.

냄새의 심리학

또한 이는 우리가 정말 오래된 생명체라고 자각하는 것을 주저하게 만든다. 어쩌면 이는 우리의 일상적인 의식이 우리가 진화해온 존재의 진정한 본성에 대해 얼마나 무지한지를 보여주는 것일지도 모른다. 우리 역사의 어느 시점에서 후각 수용기를 만드는 이 모든 유전자들이 진화하고 있었고, 그로 인해 우리는 코로 들어오는 온갖 다양한 화합물들을 알게 되었을 것이다. 이 사실은 분명 우리 존재의 의식과 무의식 모두에 깊은 영향을 끼쳤을 것이다. 우리는 그 모든 것의 냄새를 맡을 수 있다. 거기에는 그럴 만한 이유가 있었다.

후각의 심리학적 측면을 깊이 생각했던 인물은 플라톤이다. 그는 일반적으로 후각의 중요성을 경시했으며, 시각과 청각을 후각이나 촉각보다 더 중요하고 고상한 감각이라고 밝혔다. 역사시대 전반에 걸쳐 후각은 다른 철학자들에게도 상대적으로 관심을 덜 받았던 감각이다. 후각에 대한 관심은 종종 부정적일 때가 많았다. 후각은 욕망과 충동적 행동의 감각인 반면, 시각과 청각은 지식과 이성의 원천이었다.

냄새는 우리의 잠재의식과 강하게 결속되어 있는 본능적인 감각이며, 이에 관한 평가는 프로이트를 벗어나지 못하고 있다. 무엇보다도 프로이트가 주목한 것은, 직립보행 때문에 우리 눈이 땅에서 높이 있어서 종종 냄새를 맡기 전에 먼저 눈으로 볼 수 있다는 점이었다. 네발로 땅을 누비는 개의 기다란 주둥이는 그들에게 으뜸인 감각이 후각이라는 것을 암시한다. 개들이 코를 붙이고 있는 땅에는 공기보다 무거운 냄새 입자들이 많이 머물고 있다. 개를 산책시켜 본 사람이라면 알고 있듯이, 개의 감각 세계는 우리와 많이 다르지 않을 것이다. 그러나 올리버 색스가 일깨워준 것처럼 모든 인간의 내면에는 개가 있다. 우리가 지금의 모습으로 진화되기 전의 생명체는 항상 직립보행을 하지는 않았을 것이며, 그들의 감각 세계는 아마 오늘날 개의 그것과 다르지 않았을 것이다.

후각은 모든 감각 중에서 가장 오래된 감각으로 불린다. 뇌에서 후각의 감각 작용을 담당하는 영역은 일반적으로 더 오래 전에 진화된 부분에 존재한다고 알려져 있다. 다른 감각들, 특히 시각과 청각이 발달하면서 후각은 점점 더 그 중요성이 줄어들게 되었을 것이다. 그럼에도 후각 수용기가 우리의 감각과 자극을 담당하는 뇌의 영역과 연관이 있다는 사실은 후각이 우리의 행동을 형성하고 특성을 결정하는 데 중요한 역할을 계속하고 있다는 것을 시사한다.

후각 작용은 어떻게 일어나는가

내이는 두개골에서 상당히 안쪽에 있기는 해도, 외이를 따라 이어져 있다. 마찬가지로 냄새 수용기도 외비外鼻를 따라 이어져 있다. 공기 중의 분자는 두 가지 경로를 통해 콧속으로 들어온다. 코를 정문이라고 할 때, 비후 경로retronasal passage는 그 뒷문이라고 할 수 있다. 비후 경로는 입의 뒤쪽을 통해 후각기관의 중심과 연결된 공기구멍이다. 비후 경로가 있기 때문에, 우리는 음식을 입 안에 넣고 입을 다문 뒤에도 계속 냄새를 맡을 수 있다.

각각의 후각 수용기는 여러 종류의 냄새를 인식할 수 있고, 각각의 냄새는 여러 종류의 수용기를 활성화시킬 수 있다. 이는 우리 대부분이 350여 가지에 불과한 후각 수용기로 1만 가지가 넘는 다양한 향을 구별할 수 있다는 사실을 설명하는 데 도움이 된다. 평균적으로, 각 후각 수용기의 유형에 따라 구별할 수 있는 냄새는 대략 30가지다. 한때는 냄새와 후각 수용기 사이에 일대일 대응이 존재한다는 생각이 지배적이었다. 그러나 현재는 한 종류의 후각 수용기가 상당히 많은 종류의 방향성 분자로부터 자극을 받고, 한 분자가 서로 다른 종류의 수용기를 중복해서 자극하는 경우도 많은 것으로 인식되고 있다. 냄새 분자가 정확히 어떻게 후각 수용기를 활성화하는지는 아직 불분명하지만, 몇 가지 유망한 가설이 있다. 제1부에서 다뤘던 형

777

태와 진동수에 관한 논의를 다시 떠올려보자.

후각 수용기의 수가 이렇게 많은 것과 대조적으로, 망막에서는 단 네 종류의 수용기로 수백만 가지의 서로 다른 색을 구별한다. 후각에서는 왜 그렇게 많은 수용기를 필요로 하는 것일까?

후각 수용기 하나하나의 정확한 메커니즘을 이해하게 된다고 해도, 후각에는 여전히 이해할 수 없는 부분이 많이 남아 있을 것이다. 이를테면 후각 수용기와 연결되어 있는 후각 신경이 냄새를 어떤 식으로 분류해 전달하는지도 잘 모른다. 각각의 후각 수용기와 연결된 신경은 다른 후각 수용기와 연결된 신경들과 완전히 뒤섞여 있기 때문이다. 이는 가끔 사진으로 비유되기도 한다. 각각의 후각 신경은 디지털 사진의 픽셀pixel에 비교할 수 있다. 각각의 픽셀은 전체적인 영상, 아니 이 경우에는 전체적인 냄새의 특징에서 작은 부분을 차지한다. 이 '픽셀들'이 알 수 없는 방식으로 조합되어 전체적인 냄새가 되는데, 이 과정은 뇌의 후각 신경구olfactory bulb에서 일어나는 것으로 추측된다. 그리고 여기에 하나의 불가사의가 더 존재한다. 후각 자극을 포괄적으로 설명할 수 있는 가설이 없기 때문에, 우리는 어떤 분자에서 어떤 냄새가 날지 예측할 수 없고 어떤 후각 수용기에서 그 냄새를 맡을 수 있는지도 전혀 알 수 없다. 후각의 기본적인 메커니즘에 대한 순수한 과학적 의문을 제외하고, 이런 데 관심을 가질 사람이 누구겠는가? 제2장에서 설명했듯이, 향수와 세탁세제 같은 상품의 새로운 향을 개발하면 많은 돈을 벌 수 있다. 냄새 감각을 둘러싼 불가사의는 이런 일을 훨씬 까다롭게 만든다.

후각 수용기는 비강의 윗부분에 위치한 우표 절반 크기의 작은 조직에서 발견된다. 냄새 분자는 콧구멍 입구에서 두개골 뒤쪽으로 둥글게 이어지는 약 7센티미터 길이의 길을 따라 위로 올라가, 대략 눈과 높이가 비슷한 눈의 뒤편에 다다른다. 냄새를 감지하는 약 300만 개의 후각 수용기 세포가 발견되는 이곳은 시각의 망막이나 청각의 코르티 기관에 해당한다.

현미경으로 본 후각 수용기 세포들의 표면은 내게 산호초를 연상시켰다. 각각의 후각 수용기 세포는 세포 아래에서 촉수 같은 것이 돋아나 있는데, 이를 섬모라고 한다. 섬모는 망막의 간상세포와 원추세포에 비유할 수 있다. 각각의 섬모가 그것에 민감한 냄새 물질의 자극을 받으면, 화학 반응 회로가 작동을 시작하고, 그 결과 후각 수용기 세포에서 전압의 변화가 일어난다. 망막에서 시각이 그렇듯이, 이전압의 변화는 후각의 시작에서 지극히 중요하다.

망막에 있는 세 종류의 원추세포는 빛의 파장의 길이에 따라 최적화되어 있지만, 이 세 종류의 원추세포가 흡수할 수 있는 파장은 많이 중복되어 있다. 후각 수용기도 마찬가지다. 각 수용기는 저마다 다수의 방향성 물질로부터 자극을 흡수한다. 어떤 종류의 수용기를 자극하는 방향성 물질은 다른 종류의 수용기를 자극하는 방향성 물질과 다르지만, 중복될 수도 있다. 약 350가지의 서로 다른 후각 수용기가 존재한다는 점은 시각에는 단 네 가지 수용기가 활용된다는 사실과 큰 대조를 이룬다. 주어진 후각 수용기가 일단 자극을 받으면 전기 신호가 발생하고, 그 신호는 냄새를 지각하는 곳인 뇌의 후각령으로 향하는 복잡한 여행을 시작한다.

후각 장애

의학계에서 후각 장애 분야는 대표적인 미개척 분야다. 이 분야의 연구에 종사하는 사람은 시각이나 청각 장애를 연구하는 사람에 비해 그 수가 대단히 적다.

그런 이유에서, 심각한 후각 상실을 비롯한 후각 장애가 한때는 대단히 드물다고 생각했던 것 같다. 사실 미국에서만 수백만 명이 후각 장애를 앓고 있다. 무려 200만 명의 미국인이 냄새 감각이 완전히 사라진 후각상실anosmia로 고통을 겪고 있는 것으로 추정된다.[13] 이는 미국인 150명 중 1명꼴인 셈이다. 노화에 따른 시력 감퇴를 노안presbyopia이라고 하는 것처럼, 노화에 따른 후각 감퇴를 후각노화presbyosmia라고 한다. 지나치게 후각이 예민한 증세는 후각과민hyperosmia이며, 부분적인 후각 상실은 후각감퇴hyposmia라고 한다. 이상후각parosmia은 정상적인 후각을 지닌 사람에게는 거슬리지 않는 냄새를 불쾌한 냄새로 감각하는 왜곡된 후각으로 괴로움을 겪는 장애다. 환후phantosmia는 외적 자극이 전혀 없는데도 어떤 냄새를 맡는 병인데, 주로 불쾌한 냄새가 느껴진다. 이런 장애들 중 어떤 것은 코에 있는 감각 수용기에 발생한 문제와 연관이 있는 반면, 어떤 것은 뇌의 어딘가에서 발생한 문제인 지각과 더 연관이 있다.

많은 시각 장애인이 특수 훈련을 받은 맹인안내견과 지팡이의 도움을 받아 이동을 한다. 또 점자를 읽는 법을 배우기도 한다. 청각 장애인은 독순술과 수화로 의사소통을 하는 법을 배운다. 후각 장애인은 어떤 방법으로 부족한 부분을 채울까? 인류가 시각장애인을 돕기 위

---

[13] 이와 대조적으로, 미국인 중 법적으로 공인된 시각 장애인의 수는 약 1300만 명이다.

해 개를 훈련시키는 법을 알게 된 것은 기이한 일처럼 보인다. 개와 지내본 사람은 누구나 알고 있듯이, 개는 냄새를 잘 맡는다. 왜 맹인 안내견처럼 후각 장애인 안내견은 없는 것일까? 냄새로 폭발물과 마약을 탐지하는 데 놀라운 재주를 보이는 개에게 이는 딱 맞는 일처럼 보인다.

인간이 겪는 온갖 고통 중에서 후각 장애는 어디쯤에 속할까? 후각 장애를 겪는 사람도 청각 장애인이나 시각 장애인과 같은 장애인일까? 아니면 대머리처럼 조금 성가신 것에 불과할까? 오랫동안 의학계에서는 후각 장애를 대체로 무시해왔다. 현대 인류에게 후각이 시각이나 청각처럼 중요한 감각으로 여겨지지 않기 때문일지도 모른다. 그러나 오늘날에는 후각 장애가 점점 더 관심을 받고 있다. 일부 사람들(요리사가 떠오른다)에게는 냄새 감각이 단순히 호사가 아니다.

개의 삶

우리 집 개를 데리고 산책을 나가면, 코를 땅에 대고 쉬지 않고 킁킁거리면서 온갖 흥미로운 냄새를 찾아다닌다. 다른 개들의 냄새를 찾고 있는 것일까? 아니면, 다른 동물이나 사람의 냄새를 맡고 있는 것일까? 우리 인간은 그 냄새들을 사실상 거의 맡을 수 없기 때문에, 끊임없이 킁킁거리는 동안 개들이 어떤 종류의 정보를 처리하는지 알기 어렵다. 개들이 소화전을 킁킁거리면서 수집하는 정보는 우리가 보는 신문의 머리기사처럼 날마다 다를 것이다. 개의 코를 우리의 코보다 훨씬 더 민감하게 만들어주는 것은 무엇일까?

꽤 여러 가지가 있다. 땅에 쉽게 닿는 긴 주둥이를 이용해 개는 냄새를 맡고 싶은 곳의 바로 위에 콧구멍을 가져갈 수 있다. 따라서 관심이 덜한 다른 분자에 비해 그 냄새 물질을 더 많이 받아들이는 것이다. 같은 체중으로 비교할 때 개는 우리 인간보다 더 많은 공기를 코로 들이마시는데, 이는 개들의 후각 수용기가 더 많은 냄새를 맡는 또 다른 방법이다. 게다가 인간은 모두 300만 개의 후각 수용기를 갖고 있는데 반해, 개의 후각 수용기는 무려 2억 개가 넘는다. 이 모든 후각 정보를 처리하려면 엄청난 계산 능력이 필요하므로, 개의 뇌는 인간의 뇌보다 후각 지각에 할애하는 부분의 부피가 훨씬 커서 전체 뇌의 1/3이 넘는다.

개는 이런 탁월한 후각과 함께 쉴 새 없이 킁킁거리는 습성을 겸비했다. 또 수천 년 동안 인간에게 길들여졌기 때문에 이제는 특별한 훈련도 가능하다. 따라서 개는 전쟁지역과 공항에서 폭발물 냄새를 탐지하고, 국경이나 공항이나 범죄 현장의 약물을 탐지하는 데 완벽한 동물이 되었다. 아프가니스탄에서는 한 마리의 군견이 900킬로그램이 넘는 폭발물을 찾아냈으며, 여전히 활발한 활동을 하고 있다. 개의 뛰어난 후각 능력은 오래 전부터 실종자 수색에 활용되어왔다. 뿐만 아니라 비교적 최근에는 심지어 '개-후각 용의자 판별dog-scent lineup'이 법정에 증거를 제출되기도 한다.

개-후각 용의자 판별을 통해 범인을 확인할 때는, 먼저 훈련된 개에게 범죄 현장에서 발견된 물건의 냄새를 맡게 한다. 그 다음 그 개를 용의자의 냄새, 즉 용의자와 다른 여러 사람들로부터 채취한 표본이 들어 있는 용기들 옆을 지나가게 한다. 만약 용기 중 어떤 것의 냄새가 범죄 현장에서 맡은 냄새와 일치하면, 개는 조련사에게 그것을 알릴 것이다. 이런 방식의 용의자 확인은 논란의 여지가 있다. 어떤 법정에서는 증거로 채택되기도 하고, 어떤 법정에서는 그렇지 못하다. 개-후각 용의자 판별로 인해 억울한 구속을 당했다고 주장하는 사람들의 소송이 줄을 잇고 있다. 이 과정에서 엉뚱한 사람이 용의자로 지목된 경우는 대개 그 잘못이 개가 아닌 인간에게 있을 때가 많다. 냄새는 교차 오염이 일어나기가 대단히 쉽고, 개-후각 용의자 판별 과정의 절차는 종종 제대로 통제되지 않곤 한다.

전자 코

개-후각 용의자 판별은 미래가 불투명한 반면, 폭발물, 마약, 실종자 수색에서는 개가 꽤 널리 활용되는 편이다. 그래도 개를 대체할 인공적인 냄새 탐지 기계에 대한 탐구는 계속되고 있다. 마약이나 폭발물을 냄새로 탐지하도록 개를 훈련시키는 데는 막대한 비용과 시간이 들며, 이렇게 훈련된 개가 활동을 하는 기간은 비교적 짧아서 수년에 불과하다. 게다가 개가 아무리 부지런한 일꾼이라 해도 역시 피와 살로 만들어진 이상 쉬지 않고 일할 수는 없다. 냄새 탐지 기계가 시간과 돈을 절감해줄 뿐 아니라, 언젠가는 개의 코보다 더 민감하고 더 빠르고 더 신뢰할 수 있게 되기를 바란다.

탁월한 인공 후각, 즉 '전자 코'라고 불리는 것이 되기 위해서는 세 가지 조건이 필요한데, 이 조건들은 개의 후각을 우월하게 해주는 특징들과 같다. 첫째로 탐지기인 선단부先端部가 있다. 선단부는 냄새가 가득한 공기 중으로 쭉 뻗어 있는 장치를 말한다. 그 다음으로는 공기 중에 있는 분자들 중에서 마약과 폭발물에서 유래한 분자들을 찾아내는 감지 센서가 있다. 마지막으로 자료를 해석하고 장치를 제어하는 컴퓨터가 있다. 인공 후각 연구의 대부분은 감지 센서 기술에 초점이 맞춰져 있다. 다양한 냄새 물질을 감지하는 센서에는 광범위한 과학적 원리가 활용된다. 이를테면 실내 공기 중에 있는 무색무취의 독성 기체인 일산화탄소를 감지하는 일산화탄소 감지기는 값싸고 쉽게 구할 수 있어서 많은 가정에 설치되어 있다. 일산화탄소 감지기는 본질적으로 '전자 코'는 아니지만, 그 감지 센서에는 인공 후각과 동일한 기술이 일부 활용된다.

시판되는 일산화탄소 감지기에는 금속산화물 반도체 센서metal oxide semiconductor sensor, 생체 모방형 센서biomimetic sensor, 전기화학 센서electrochemical sensor라는 세 종류의 센서가 활용된다. 금속산화물 반도체 센서에는 가느다란 산화주석 선이 들어 있는데, 이 선은 섭씨 약 400도로 가열되면 일산화탄소CO에 대단히 민감해진다. 일산화탄소가 있으면 산화주석 선의 저항이 감소해 경보가 울린다. 이런 종류의 센서는 산화주석 선을 섭씨 400도로 가열하기 위해 상당량의 에너지를 소모하므로, 배터리로 작동하기보다는 가정용 전류에 연결하는 경우가 많다. 생체 모방형 센서는 일산화탄소에 노출되면 색이 변하는 겔gel을 이용하는 센서로, 이 색변화가 광학 센서에 감지되면 경보가 울린다.

예전에 비해 가격이 훨씬 저렴해진 전기화학 센서는 일종의 연료 전지를 활용한다. 여기서 연료로 사용되는 것은 일부 시험적인 연료 전지 자동차에서 연료로 사용하는 수소가 아닌 일산화탄소다. 일산화탄소의 농도가 증가하면 작은 연료 전지를 통해 센서에 더 많은 전류가 흐르고, 이 전류가 특정 수준을 초과하면 경보가 울린다. 전기화학 일산화탄소 감지기는 정확하고, 대단히 적은 양의 에너지를 소비하면서 수명도 길다. 이 기술은 이제 세계 여러 곳에서 채택되는 기술이 되었다.

전자 코가 개선을 거듭하면, 언젠가는 그들의 경쟁자인 개의 능력을 능가할 날이 올 것이다. 그러나 장담은 할 수 없다. 어번 대학의 수의학자들은 다양한 마약과 폭발물과 연관된 냄새를 감지하는 개의 후각 능력을 측정했다. 개의 후각은 측정된 대부분의 향에 대해 전형적인 '역치' 반응을 나타낸다. 개는 주어진 화학물질의 농도가 역치 이하일 때는 거의 감지하지 못한다. 역치 이상의 농도일 때는 90퍼센트 이상의 감지율을 보인다. 이런 방식으로 전자 코의 능력을 측정하면, 전자 코는 훈련된 개의 민감도에 대단히 근접하며, 개의 민감도를 능가하는 경우도 있다. 그러나 이런 민감도 연구가 모든 것을 다 설명해주지는 않으며, 전자 코는 시료 채취 방식, 은폐향의 방해를 극복하는 능력, 견고성과 기동력의 한계라는 측면에서 여전히 개선이 필요하다.

의학에서의 후각

의사들은 환자의 질병을 진단할 때 감각을 십분 활용한다. 히포크라테스도 "우리의 기술에서 확실한 것은 우리의 감각뿐"이라고 말했다. 그래서 의사들은 청진기를 통해 심장과 폐의 소리를 듣고, 피부를 살피고, 귀와 눈과 입속을 자세히 관찰한다. 또 종양과 부종과 관절의 문제를 알아내기 위해 촉진, 즉 손가락으로 직접 만져보기도 한다. 의사들은 냄새를 맡기도 한다. 당뇨병성 케톤산증diabetic ketoacidosis

이라는 치명적인 당뇨병 합병증에 걸린 환자의 입김에서 일반적으로 과일 냄새가 난다는 것은 잘 알려져 있다. 이 냄새의 원인은 혈액 속에 형성된 아세톤(매니큐어를 지우는 약의 주성분) 때문이다. 이 아세톤이 방광과 폐를 거체 몸 밖으로 배출되므로 이 증세를 "아세톤 호흡acetone breath"이라고 부르기도 한다. 코가 제대로 작동하는 의사나 간호사는 이 냄새를 알고, 어떻게 대처해야 하는지도 잘 안다.

비타민 C 결핍으로 인한 영양실조의 일종인 괴혈병에 걸리면 고약한 입 냄새가 난다. 단핵구증mononucleosis에 걸리면 입에서 시큼한 냄새가 난다. 다양한 종류의 약물 남용은 특정 입 냄새와 몸 냄새가 나는 원인이 될 수 있다. 그러나 아직 현대 의학에서는 후각을 진지하게 체계적으로 활용하지는 않고 있다. 그 한 가지 이유로 후각은 정량화가 어렵다는 점을 들 수 있다. 당뇨병에서 아세톤 호흡은 하나의 징후일 뿐이다. 당뇨병성 케톤산증은 소변검사를 통해 쉽게 확인된다. MRI 같은 대단히 정교한 분석 기술이 급증하면서, 의학에서는 후각을 포함한 감각 활용의 중요성이 감소하게 되었다.

그러나 후각은 의학에서 오랜 전통을 갖고 있다. 몸에서 나쁜 냄새가 나면 건강이 좋지 않은 것이라는 생각은 꽤 오래 전부터 있었고 지금도 널리 퍼져 있다.[14] 의학에서 후각과 관련된 역사는 무척 다채롭다. 이를테면 말라리아malaria라는 병명은 1740년에 '나쁜 공기'를 뜻하는 이탈리아어인 말라 아리아mala aria에서 유래했다. 1881년이 되어서야 말라리아가 공기가 아닌 모기에 의해 전염된다는 것이 처음으로 제대로 밝혀졌다.

---

[14] '나쁜' 냄새는 적어도 부분적으로는 문화적 현상이다. 어떤 문화에서는 좋아하는 냄새를 다른 문화에서는 혐오하기도 한다.

호흡, 땀, 오줌, 대변, 혈액, 타액을 포함한 인체의 냄새를 토대로 한 포괄적인 진단 체계는 11세기에 개발되었다. 개업의의 시초는 아랍의 내과의사인 이븐 시나Ibn Sīnā(980~1037)였다. 역사적으로 의사들은 후각에 관해 두 가지 생각을 갖고 있었던 것으로 보인다. 한편으로는 몸에서 나는 냄새를 통해 환자에 관해 많은 것을 알 수 있다고 믿었고, 한편으로는 그 해로운 것들이 그들 자신의 건강에 영향을 끼치지 않을까 무척 염려했다. 청진기는 의사가 환자의 심장과 폐에서 나는 소리를 들을 수 있게 도와줄 뿐 아니라, 냄새가 나는 환자의 몸에서 약간의 거리를 유지할 수 있게 해주었다. 방향 요법aromatherapy, 약초와 광천수 목욕, 삼림욕과 같은 향기와 관련된 치료법은 대단히 오랜 역사를 지니고 있다. 그러나 대부분의 서구 문화에서는 이런 치료법을 '진정한' 의학으로 여기지 않는다.

전자 코의 발달 속도로 볼 때, 후각도 먼 길을 돌아 의학에서 제자리로 돌아올 날이 올 것이다. 호흡의 냄새와 다른 몸 냄새에 대한 인공적인 추적 기술이 발달하면 할수록, 후각을 통해 다양한 건강 상태를 정량적으로 탐지하는 일이 일상이 될 것이다. 인공 후각을 활용해서 포도상구균, 연쇄구균, 대장균을 찾아내고, 요로 감염과 요독증과 간경변과 결핵과 다른 질환을 확인하기 위한 연구가 진행되고 있다. 이런 노력들은 전자 코와 관련된 어려움 외에도 많은 어려움에 직면해 있다. 그러나 더 큰 어려움은 사실 의학 자체에 있다. 사람들은 다 다르다. 같은 질병에 걸렸다고 해서 항상 똑같은 냄새를 같은 정도로 풍기지는 않는다. 긍정적인 실수든 부정적인 실수든 오진은 심각한 문제다. 마지막으로, 의학계에서는 '마법의 약magic pill' 찾기와 같은 치료법 연구에 연구 기금이 치중되고, 진단법은 홀대를 받는 경향이 있다.

미각

볼테르Voltaire라는 필명으로 더 유명한 위대한 작가이자 철학자인 프랑수아–마리 아루에François- Marie Arouet는 하루 40잔의 커피를 마셨다고 한다. 그는 "만약 신이 필요성과 함께 즐거움을 주지 않았다면 먹고 마시는 일은 그 무엇보다도 피곤한 일이 되었을 것이다"라는 말을 한 것으로 전해진다. 나의 아버지는 자신이 볼테르와는 전혀 다르다는 것을 순순히 인정하겠지만, 그래도 나는 아버지가 볼테르와 저녁 식탁에서 이런 저런 대화를 나누는 것을 듣게 된다면 정말 행복할 것 같다. 분명히 우리 아버지는 꿋꿋하게 버틸 것이다. 유익한 대화 말고는, 아버지의 삶에서 맛있는 음식보다 다 즐거운 것은 그리 많지 않다. 팔순이 넘은 나의 아버지는 항상 자기 관리가 철저하다. 여전히 날마다 3킬로미터를 활기찬 속도로 걷고 정신도 대단히 총명하다. 그러나 아버지는 파킨슨병 때문에 음식을 삼킬 수 있는 능력을 상실했고, 몇 년 전에 영양 공급용 관을 삽입하는 외과 수술을 받았다. 아버지는 거의 1년 동안 입으로는 아무 것도 받아들이지 않았다. 아버지가 섭취하는 모든 음식과 물과 약은 입과 식도가 아닌, 배에 삽입된 플라스틱 관을 통해 곧바로 위로 들어갔다.

이는 생활방식에 큰 변화를 가져왔다. 나는 우리의 사회생활이 얼마나 먹고 마시는 것과 얽혀 있는지를 새삼 깨달았다. 아버지의 말에 따르면, 가족과 친구들이 먹고 마시며 어울리는 동안 옆에서 가만히 있는 것도 무척 힘들었지만, 무엇보다 힘든 일은 맛이 더 이상은 인생의 일부가 아니라는 사실이었다. 아버지는 미각을 빼앗겼다. 미뢰는 여전히 정상적으로 작동했다. 다만 더 이상 활용할 기회가 없을 뿐이다. 아버지의 미뢰는 아무런 자극도 받지 못했다. 이는 마치 앞을 볼 수 있는 사람을 완전히 캄캄한 방에 가두거나 눈꺼풀을 꿰매 눈을 못 뜨게 하는 것과 비슷하다. 눈은 여전히 작용하겠지만 그것을 자극할 만한 것이 전혀 없다. 내 아버지의 미각에 그런 일이 일어난 것이다. 모든 영양분은 입과 코를 지나지 않고 아무 것도 느끼지 못한 채 위로 들어갔다. 아버지와 어머니는 이 과정을 소박한 놀이로 바꿨다. 어머니가 깡통 속의 액체 영양분을 주입하면서 "이건 칠면조 샌드위치에요" 하고 말하면, 아버지는 "음, 맛있군" 하고 대답하는 것이다.

영양 공급용 관을 삽입하고 얼마 지나지 않아, 아버지는 삼키는 근육의 운동과 반사 작용을 복원하기 위한 강력한 물리치료 프로그램을 시작했다. 치료는 꽤 성공적이어서 아버지는 1년 내에 열량의 절반 이상을 예전 방식으로, 즉 입으로 섭취하게 되었다. 나도 아버지만큼 기뻤다. 아버지가 영양 공급용 관을 삽입하는 수술을 받고 난 뒤에는 나도 입맛이 떨어져서 음식을 앞에 두고 끼적거리곤 했다.

맛의 요소

잘 쓰지는 않지만 미각을 가리키는 정식 용어 중에 gustation라는 단어가 있다. 『아메리칸 헤리티지 사전American Heritage Dictionary』에는 이 단어가 "맛을 보는 행동이나 능력"이라고 정의되어 있다. 문제는 이 특별한 감각을 가리키는 일반적인 용어인 taste에 있다. taste는 '혀의 미뢰에 접촉하는 수용성 물질의 질을 구별하는 감각'일 뿐 아니라 '미학적으로 특별하거나 적합한 것을 판별하는 능력'이라는 의미도 지니고 있다. 이런 이중적 의미는 오랫동안 수많은 광고와 우스갯소리의 소재로 활용되어 왔다.

영어에서 감각기관의 작용을 묘사하는 단어가 일반적인 미학적 문제와 관련된 더 넓은 의미로 사용되는 것은 우연이 아닐 것이다. 미각을 뜻하는 단어인 프랑스의 goût, 에스파냐의 gusto도 똑같은 이중적 의미를 지닌다. 다양한 언어에서 미각은 심미적인 것과 동의어가 될 정도로 중요한 것이 분명하다.

미각의 또 다른 특수성은 음식의 풍미에 대한 지각과 일대일로 일치하지 않는다는 점이다. 음식의 풍미에는 적어도 네 가지 서로 다른 감각이 함께 작용한다. 좀 더 뒤에서, 우리가 직립 자세와 같은 신체의 안정성을 이룰 수 있게 해준 감각을 설명하면서 이와 비슷한 다중 감각 현상에 대해서도 다룰 것이다.

엄밀하게 말해서 미각은 혀의 표면에 있는 미뢰에서 유래한 감각 작용을 말한다. 더 일반적인 용어인 풍미flavor는 우리가 다양한 감각을 통해 식음료에서 이끌어낸 경험을 전체적으로 통합한 것이다. 우리가 경험하는 풍미라는 감각 작용은 거의 항상 일반적인 화학적 감각인 맛(미각)과 냄새(후각), 그리고 촉각과 온도감각이 조합된 것이다. 이 모든 작용에서 코도 혀만큼이나 중요하지만, 코의 기여도를 측정하기는 어렵다.

그러나 불가능하지는 않을 것이다. 중학교 과학 수업 시간에 눈가리개를 하고 빨래집게로 코를 막은 채 얇게 저민 날감자와 사과 조각을 먹어보았던 기억이 난다. 그런 상태에서는 감자와 사과의 차이를 알기 어려웠다. 혀만으로는 둘 사이의 차이를 거의 느끼기 어려웠고, 질감도 비슷했다. 빨래집게로 코가 막혀 있는 상태에서는 날감자와 사과가 별다를 게 없다. 이 간단한 실험에서 한 가지 문제는 공기 중의 입자가 후각 수용기에 접근할 수 있는 방법이 **두** 가지라는 점이다. 콧구멍과 함께 구강 뒤편에 있는 비후 경로를 통해서도 들어갈 수 있다. 음식을 씹을 때 방출되는 향이 이 뒷문을 통해 감지될 가능성도 있는 것이다. 이렇게 냄새와 맛은 대단히 촘촘하게 얽혀 있기 때문에, 진짜 심한 독감에 걸리지 않는 한 냄새가 전혀 없는 맛을 경험하기는 어렵다. 미각을 잃었다고 주장하는 사람들 중에서 가끔 후각에 문제가 있는 경우가 발견되기도 한다.

구강과 비강에 있는 다양한 신경 말단에서 유래하는 공통의 화학적 감각은 고추의 화끈함과 멘톨의 청량함 같은 풍미의 감각을 담당한다. 음식의 질감과 온도도 중요하다. 이런 특성들은 맛에서 그다지 인정을 받지 못하고 있지만, 우리 집에서는 그렇지 않다. 나의 막내 의붓딸은 나무랄 데 없는 아이지만, 음식에 관해서 만큼은 그 애의 말마따나 '질감 문제'가 있다. 그 애는 '과육이 없는' 종류가 아니면 오렌지 주스를 절대 마시지 않는다. 맛과 냄새의 관점에서 볼 때, 보통 오렌지 주스와 과육이 없는 오렌지 주스는 별 차이가 없다. 따라서 그 애가 싫어하는 것은 질감, 즉 촉각과 연관이 있어야만 한다는 결론이 나온다. 내가 과육이 없는 오렌지 주스를 사오기만 한다면 그 애는 별로 신경을 쓰지 않을 것이다. 그것이 무엇이든, 이 효과는 강력하며 오렌지 주스에만 한정되지도 않는다. 그 애는 딸기, 호두, 알갱이가 씹히는 땅콩버터 같은 다양한 질감의 식품들도 좋아하지 않는다. 내 의붓딸의 사례가 극단적일지는 몰라도, 대부분의 사람들도 질감이 풍미의 중요한 일면이라는 것을 알고 있다.

풍미에서 온도의 영향도 저평가되고 있는 경향이 있다. 음식의 온도는 맛과 냄새 면에서 풍미에 영향을 주지만, 그 효과는 대부분 온도 감각 능력에서 유래한다. 음식과 온도의 관계에도 문화적 차이가 존재한다. 영국인들은 토스터에서 구운 빵을 실온으로 식힌 다음에 먹는 것을 선호하지만, 미국인들은 대부분 토스터에서 꺼내서 곧바로 뜨거울 때 먹기를 원한다. 현실적인 수준에서 영국인들은 우리 미국인들을 못 당한다. 토스트는 금방 식기 때문에 뜨거울 때 먹으려면 아주 빨라야 하기 때문이다.

식수의 경우도 특이하다. 미국에서는 거의 항상 물에 얼음을 넣어서 먹는데, 이런 습관은 세계 어디에도 흔치 않다. 어느 날 나는 미국에서 몇 년째 생활하고 있는 프랑스인 친구와 점심을 먹고 있었다. 우리는 미국을 처음 방문한 프랑스인과 함께 식사를 하게 되었다. 우리가 자리에 앉자마자, 웨이터가 얼음이 채워진 커다란 물 잔을 들고 왔다. 우리의 프랑스인 손님은 이 물 잔에 어리둥절해했다. 그는 이렇게 얼음물을 먹는 이유가 무엇인지 물었다. 내가 입을 열기도 전에, 내 프랑스인 친구는 다음과 같이 대답했다. "여기서는 어디서나 물에 얼음을 넣는데, 그래야만 물맛을 느낄 수 없기 때문이죠."

나는 그런 식으로는 한 번도 생각해본 적이 없었지만, 적어도 부분적으로는 그 프랑스인 친구의 말이 옳다는 것을 알게 되었다. 물에 들어 있을지도 모르는 풍미나 다른 것들이 어는점에 가까울 정도의 차가운 물에서는 억제가 된다. 그 지역의 수돗물이 아주 불결하지만 않다면, 식당에서는 어떤 물이든 얼음만 넣으면 대충 넘어갈 수 있을 것이다. 물은 지역마다 맛이 조금씩 다르다. 웨스트버지니아의 버클

리 스프링스에서는 가장 오래된 수돗물 맛 경연대회인 버클리 스프
링스 국제 물 맛 대회Berkeley Springs International Water Tasting가 열린다. 이 대
회는 1991년부터 북아메리카의 수질을 판가름해왔다. 2009년에는
브리티시컬럼비아의 클리어브룩Clearbrook이라는 적절한 이름의 단체
가 금상을 탔다.

나는 프랑스인 친구의 얼음물 이론에 관해 여러 미국인 친구들과 이
야기를 나눴다. 미국인 친구들은 얼음을 넣는 이유에 대한 그 설명이
터무니없다고 생각하는 경우가 많았고, 심지어 무례하다고까지 했
다. 그들은 내 프랑스인 친구와 내가 바보 아니면 멍청이라고 말했
다. 미국인 친구들의 말에 따르면, 미국에서 물에 얼음을 넣는 까닭
은 무더위를 시원하게 날려주기 때문이다. 미국에서는 1년 내내 얼
음물을 먹기 때문에 이 설명은 말이 안 된다는 지적을 해보기도 했
다. 그러나 그런 종류의 논리적 반응은 사람들의 화를 돋울 뿐이기
때문에, 지금은 조용히 입을 다물고 웃기만 한다.

풍미와 관련된 모든 문제에 꼭 빠지지 않는 감각이 있는데, 바로 시
각이다. 음식의 겉모습, 즉 '연출'은 많은 문화에서 음식 준비의 중요
한 요소이며, 고급 식당일수록 특히 더 그렇다. 제3부에서는 요리에
대한 손님의 평가가 시각의 영향을 받지 **않게** 하려고 부단히 노력하
는 식당을 찾아갈 것이다.

초미각자

초미각자supertaster라는 용어는 심리학자인 린다 바터셕Linda Bartoshuk이 1990년대 초에 처음 만들었다. 조금 모호하지만, 초미각자란 보통 사람보다 미각을 훨씬 더 강렬하게 경험하는 사람으로 정의된다. 연구자들의 추정에 따르면, 유럽인 혈통은 4명 중 1명 이상이 초미각자로 추정되며 이런 형질을 가진 사람은 남자보다는 여자가, 다른 곳보다는 아시아와 아프리카에 더 많다. 여러 연구소에서 초미각자를 판별하는 검사법을 고안해왔고, 이런 검사법은 개체군을 초미각자(4명 중 1명)와 일반 미각자(4명 중 2명)와 미맹(4명 중 1명) 이렇게 세 가지 범주로 나눈다.

다소 정성적定性的인 이 검사법 중 비교적 단순한 것으로는 PROP라는 화학물질을 이용한 검사법이 있다. 혀 위에 PROP를 한 방울 떨어뜨렸을 때 쓴맛을 느끼지 못하면 미맹이다. 만약 PROP의 맛이 쓰기는 해도 먹을 만하면 보통 미각자다. 그런데 PROP의 맛이 너무 써서 구역질이 날 정도라면 초미각자인 것이다.

초미각자들은 혀의 끝과 양 옆에 있는 작은 버섯처럼 생긴 돌기의 밀도가 비정상적으로 높은 경우가 많다. 연필심 끝보다도 더 작은 이 돌기에는 보통 3~5개씩의 미뢰가 들어 있다. 혀에는 크기와 형태가 다양하고 이름도 제각각인 다른 유형의 돌기도 이곳저곳에 돋아나 있다. 이 돌기들 중에는 미뢰를 갖고 있는 것도 있지만, 대부분은 그렇지 않다. 이 돌기들은 다른 일을 하는데, 이를테면 음식을 작은 조각으로 쪼개거나 침과 잘 섞이도록 돕는 작용을 한다. 전형적인 인간의 혀에는 약 5000개의 미뢰가 있으며, 그 절반은 혀의 뒤쪽에 있는 깊은 고랑 근처에 있다.

신호의 조절

우리는 물에 녹지 않는 물질은 맛을 볼 수 없다. 자갈 조각에 미뢰가 자극을 받지 못하는 것처럼, 미뢰는 고체 염화나트륨(소금) 덩어리에도 자극을 받지 못한다. 가시광선이 우리 눈의 다양한 시각적 메커니즘에 의해 조절되고 음파가 외이와 중이에 의해 조절되듯이, 미각 자극은 입 속의 기관에 의해 조절된다.

어린 시절에 나는 식탁에서 야단을 많이 맞았다. 나는 버릇없이 굴거나 동생을 괴롭히는 것과 같은 어린 시절에 흔히 저지르는 그런 말썽을 피웠다. 심지어 음식을 먹을 때조차도 어지간히 속을 썩였다. 엄마가 해준 음식을 먹지 않으려고 해서 아버지의 화를 돋우기도 했고, 그래서 음식을 너무 빨리 먹기도 했다. 아버지는 음식을 잘 씹는 것이 소화의 첫 번째 과정이므로 매우 중요하다고 누누이 말했다. 씹는 것은 맛을 감지하는 과정에서도 중요한 요소로 작용한다. 음식은 씹는 동안 분해되어 침과 섞이고, 그로 인해 염분, 당, 산, 그 외 우리가 맛을 느낄 수 있는 물질들이 용해된다. 그리고 그 다음 과정은 미뢰가 맡는다.

인간의 미뢰는 주로 혀에 위치하고 있지만 모두 그런 것은 아니다. 입천장과 입의 뒤쪽, 목구멍 맨 윗부분에서도 소량이 발견된다. 다른 동물들은 다양한 위치에 미뢰가 있다. 많은 어류는 미뢰가 몸의 외부에 있어서 유영을 하는 동안 물맛을 볼 수 있다. 보통 메기는 약 10만 개의 외부 미뢰를 갖고 있는 것으로 추정되는데, 이에 비해 인간의 혀에는 평균적으로 5000개 정도의 미뢰가 있다.

냄새처럼, 혀와 다른 곳에 있는 다양한 미각 수용기들도 특정 화학적 자극에 최적화되어 있다. 짠맛 수용기는 당연히 염화나트륨과 염화칼륨 같은 염류에 반응한다. 단맛에 반응하는 수용기는 천연당과 인공감미료에 반응한다.

'초미각자' 부분에서 지적했듯이, 다양한 맛에 대한 '보통' 사람들의 감도는 천차만별이다. 생리학적인 설명은 간단하다. 어떤 사람들은 다른 사람들에 비해 혀끝의 버섯 모양 돌기에 있는 미뢰가 무려 100배나 더 많다는 것이다. 이는 특정 맛에 대한 역치감도가 100배의 차이를 보인다는 관측 결과와 잘 맞아떨어진다.

미뢰

중학교 생물 시간에, 어쩌면 사과와 감자의 맛을 보는 실험을 했던 그 시간에 나는 혀에서 네 가지 맛을 감지할 수 있다고 배웠다. 이 네 가지 맛은 단맛, 쓴맛, 신맛, 짠맛이었다. 이 네 가지 맛에 더해, 흔히 감칠맛 또는 다소 이국적인 우마미umami라고 불리는 제5의 맛이 존재한다는 사실에 일반적인 합의가 이루어지고 있다. 감칠맛의 수용기는 글루탐산염glutamate이라는 화학물질에 반응한다. 글루탐산염은 토마토, 육류, 치즈 같은 식품에 자연적으로 존재한다. 가장 잘 알려진 감칠맛 식품첨가물은 글루탐산나트륨monosodium glutamate, 즉 MSG다. 일부 연구자들의 보고에 따르면, 어떤 미각 수용기는 지방 같은 다른 종류의 맛에 선택적으로 민감하다. 우리가 이런 맛을 볼 수 있는 데는 중요한 이유가 있다. 이를테면 쓴맛은 초미각자가 아니어도 극도의 불쾌감을 일으키는 경우가 많다. 그리고 거기에는 그럴 만한 이유가 있는데, 종종 맛이 쓰면 독성이 있기 때문이다. 그러나 커피나 맥주처럼 쓴맛이 나는 일부 식품은 꽤 인기가 있다. 맛은 첫 느낌보다 더 복잡한 것이다.

중학교 시절에는 혀가 네 가지 주요 맛을 기반으로 몇 개의 구획으로 나뉜다는 것도 배웠다. 그러나 이 내용은 사실이 아니다. 이런 오해는 수십 년 전에 외국 교재를 영어로 옮기는 과정에서 비롯된 오역으로 추정된다. 혀의 특정 영역이 다른 맛에 비해 한 가지 맛에 더 민감하다는 것이지만(이를테면 혀끝은 단맛), 사실 혀는 전체 영역이 다양한 맛에 모두 민감하다.

인간의 혀는 돌기와 홈으로 뒤덮여 있으며, 이는 거울을 통해 쉽게 확인할 수 있다. 돌기들 사이에 있는 홈 하나에는 그 위치에 따라 미뢰가 250개까지 분포할 수도 있다. 각각의 미뢰에는 약 100개의 미각 수용기 세포가 있다. 인간의 입 속에는 평균적으로 약 5000개의 미뢰가 있기 때문에, 미각 수용기 세포는 약 50만 개(5000×100)가 존재하는 셈이다. 이에 비해 코에는 약 300만 개의 후각 수용기 세포가 있으며, 양쪽 눈의 망막에는 각각 100만 개가 넘는 간상세포와 원추세포가 존재한다.

미각 수용기 세포는 단맛이나 짠맛이나 신맛이나 쓴맛이나 감칠맛을 내는 분자에 반응한다. 이 세포들은 망막의 간상세포와 원추세포와 비슷하다. 자극을 전기 신호로 변환하고, 각각의 맛에 따라 서로 다른 수용기 세포가 있다. 자극은 무엇일까? 자극은 미각 수용기 세포의 종류에 따라 다르다. 미각 수용기 세포가 미각원tastant 분자에 의해 활성화되는 과정은 적어도 일부 경우에 한해서는 꽤 잘 밝혀져 있다.

소금, 즉 염화나트륨에 관해 생각해보자. 염화나트륨은 우리가 '짜다'고 감지하는 미각 수용기를 활성화시킨다. 고체 상태의 염분이 침에 녹아 나트륨 이온이 생성되면, 이 나트륨 이온은 미각 수용기 세포의 말단에 있는 막을 통과할 수 있다. 양전하를 띠는 나트륨 이온의 농도가 높아지면, 수용기 세포는 극성을 띤다. 다시 말해서 전압의 변화가 일어난다. 이 전압의 변화는 시각이나 후각 같은 다른 감각들에서처럼 연쇄반응을 일으켜, 마침내 뇌로 전달되고 짠맛을 지각하게 된다.

다른 미각원에 대한 자극 반응은 일반적으로 소금에 대한 반응보다 더 복잡하다. 산은 신맛을 내지만, 혀의 신맛 수용기는 수영장 물 같은 것의 산도를 측정하는 장치인 pH미터와는 별로 비슷하지 않다. 묽은 아세트산(식초에 들어 있는 산) 용액은 pH가 같은 묽은 염산 용액에 비해 더 신맛이 난다. 이런 결과는 다양한 산이 변환되는 메커니즘의 차이로 설명된다. 단맛과 감칠맛 수용기에서는 더 복잡한 메커니즘이 활용된다.

설탕과 세상의 모든 단것들

연구자들과 식품업계와 음식을 먹는 우리들이 가장 많은 관심을 보이는 맛은 단연 단맛이다. 엄청난 액수의 돈이 저칼로리 설탕 대체품을 찾기 위한 연구에 소비되고 있다. 이미 수크랄로즈sucralose(스플렌다Splenda)나 사카린saccharin(스위트앤로Sweet'N Low)과 같은 설탕 대체품이 막대한 수익을 올리기도 했다.

사탕수수로 만든 설탕은 폴리네시아의 식생활에서 5000년이 넘는 역사를 지니고 있다. 크리스토퍼 콜럼버스Christopher Columbus와 다른 유럽인들에 의해 신대륙에 도입된 이후, 사탕수수는 카리브 해의 기후에서 번성했다. 이 이국적인 산물은 들어오자마자 곧바로 유럽인의 입맛을 사로잡기 시작했다. 1700년의 영국에서는 1인당 연간 약 1.8킬로그램의 설탕을 소비했다. 1800년에는 그 양이 약 8.2킬로그램으로 늘어났고, 1900년이 되자 약 40.8킬로그램으로 증가했다. 그러나 단것에 대한 기호에서 미국을 따라올 나라는 어디에도 없다. 2005년에 미국인 한 명이 소비한 천연당(사탕수수당, 액상과당, 그 외 다른 천연당)의 양은 평균 63.5킬로그램이었다. 이는 독일이나 프랑스의 1인당 소비량에 비해서는 50퍼센트나 더 많고, 중국에 비해서는 아홉 배나 더 많은 양이다. 평균적으로 미국인 한 사람이 대략 하루에 14큰술의 백설탕을 먹고 있는 셈이다.[15] 으웩!

이 수치를 토대로 볼 때, 평균적으로 미국인은 하루에 설탕만으로 약 670킬로칼로리의 열량을 섭취하는 셈이다. 하루 권장 섭취 열량은 성별, 키, 연령, 얼마나 활동적인지에 따라 다양하다. 온라인상에는 참고할 만한 열량 계산기가 수없이 많다. 대체로 하루 권장 섭취 열량은 2500킬로칼로리 정도다. 미국인의 평균 설탕 섭취량에 함유된 열량은 하루 권장 섭취 열량의 1/4이 넘는다. 미국에 비만이 만연한 까닭이 당분 섭취와 밀접한 연관이 있다는 것은 의심의 여지가 없다. 이 모든 열량을 소비하지 않고도 단것에 대한 우리의 기호를 만족시킬 방법은 없을까? 적어도 이론적으로는 인공감미료가 그 대안이다.

---

[15] 큰술은 부피 단위이기 때문에, 질량으로 정확하게 변환하기는 어렵다. 질량이 같을 때 설탕의 부피는 설탕 입자의 크기에 따라 달라진다. 연간 1인당 63.5킬로그램이면 하루에는 1인당 174그램이 된다. 고운 입자의 설탕 1큰술이 12.6그램이라면, 하루 약 14큰술, 또는 2큰술 모자라는 한 컵이 된다.

인공감미료들은 독특한 기원을 갖고 있다. 수크랄로즈는 1975년에 한 연구자가 새로운 살충제를 개발하는 과정에서 발견되었다. 그는 우연히 실수로 그 물질의 맛을 보게 되었고, 엄청나게 달다는 것을 알게 되었다. 그 물질은 살충제로서는 아무 쓸모가 없었지만, 미국에서 가장 인기 있는 인공감미료인 '스플렌다'와 같은 상품이 되었다. 사카린(1879)과 아스파탐aspartame(1965)도 우연히 발견됐다. 이런 설탕 대체품들이 우연히 발견된 데는 적어도 한 가지 합당한 이유가 있다. 주어진 분자가 단맛을 낼지 결정할 수 있는 일반론이 없기 때문이다.

그러나 사람들은 천연당을 대체할 더 나은 인공감미료를 개발하려는 노력을 멈추지 않고 있다. 더 나은 설탕 대체품이란 무엇으로 결정될 수 있을까? 먼저 해로운 부작용이 없어서 미국의 식품의약품국Food and Drug Administration이나 이에 해당하는 다른 나라의 기관으로부터 승인을 받을 정도가 되어야 한다. 그리고 아주, 매우, 대단히 달아야 한다. 2002년에 FDA의 승인을 받은 아스파탐의 새로운 버전인 네오탐neotame은 정신물리학적 실험을 통해 설탕의 약 8000배에 달하는 단맛을 지녔다는 것이 증명되었다. 그러나 달콤해지는 것만으로는 충분하지 않다. 요리에 첨가할 때도 만족스러워야 한다. 설탕은 수많은 요리에 다방면으로 이용되는 대단히 놀라운 첨가물이다. 안타깝게도 아스파탐 같은 일부 설탕 대체품은 조리 온도에서 분해되기 때문에 과자나 사탕, 그 외 다른 음식에 부적합하다. 마지막으로, 천연당은 단순한 단맛 이상의 복합적인 맛을 지니며, 불쾌한 뒷맛을 남기지 않는다. 인공감미료는 이런 특성에 대단히 근접해야 하지만, 이는 쉽지 않은 과제다.

또 오랜 유통기한 동안 인공감미료의 맛을 지속시키기 위한 노력도 필요하다. 많은 인공감미료가 시간이 흐르면 분해가 되어 맛이 달라진다. 오래된 다이어트 탄산음료의 맛을 본 적이 있다면, 내 말이 무슨 뜻인지 잘 알 것이다. 청량음료 업계에서 일하는 한 기술자가 내게 해준 이야기에 따르면, 그의 공장에 있는 맛 감별사들은 설탕 함유 음료와 방금 생산된 인공감미료 함유 음료(다이어트 탄산음료) 사이의 차이를 잘 구별하지 못해 심한 압박을 받는다. 그러나 다이어트 탄산음료는 몇 시간만 지나면 맛이 바뀌어서 맛 감별사들이 설탕 함유 탄산음료와 충분히 구별할 수 있게 된다.

네오탐은 뉴트라스위트NutraSweet사가 아스파탐을 대체하기 위해 20년에 걸쳐 연구한 결과물이다. 대서양 양쪽의 연구진은 이 과제에 도전하기 위해 서로 다른 작전을 적용했다. 미국의 연구진은 컴퓨터 분자 모형으로 실험을 했다. 알려져 있는 감미료 분자에서 출발해, 여기에 몇 개의 원자를 첨가하거나 제거했다. 컴퓨터 모형의 합성 결과를 먼저 생쥐들에게 실험해서 치명적인 화합물을 배제한 다음, 인간 맛 감별사가 맛을 보았다. 반면 프랑스 연구진은 옛 방식의 기술로 접근했다. 컴퓨터 모형 없이 연구를 하고 모든 화합물의 맛을 직접 봄으로써, 마침내 클로드 노프리Claude Nofri와 장 마리 틴티Jean-Marie Tinti가 네오탐을 내놓았다. 이름에서 알 수 있듯이, 네오탐의 분자 구조는 아스파탐과 비슷하다. 네오탐은 아스파탐보다 더 달고 다른 장점들도 있다. 이를테면 네오탐은 요리에 넣을 수 있다. 네오탐의 웹사이트 (www.neotame.com)에 따르면, 현재 "전세계적으로 1만 가지가 넘는 상품"이 시중에 나와 있다.

네오탐을 찾는 과정은 과학과 직관과 운의 결합으로 특징지을 수 있다. 그러나 이제 이런 경향은 점점 더 정통적인 과학적 접근으로 대체되고 있다. 어느 정도 이런 변화는 미각 수용기의 작용에 대한 이해가 더 깊어진 덕분이기도 하다.

1998년부터 다양한 미각 수용기를 만드는 유전자를 추적한 찰스 주커Charles Zuker는 단맛, 신맛, 쓴맛, 감칠맛 수용기의 유전자를 알아냈다. 이 지식을 토대로 주커와 그의 연구진은 이 다양한 유전자들을 하나 또는 여러 개 제거한 일명 '녹아웃knokout' 생쥐를 만들어냈다. 쓴맛이나 단맛이 나는 물질을 구별하는 능력이 없는 생쥐를 만들어낼 수도 있고, 심지어 유전자 교환을 통해서 쓴맛이 나는 것을 '달다'고 감지하거나 단맛이 나는 것을 '쓰다'고 감지하는 생쥐를 만드는 것도 가능해졌다.

이 연구는 맛이 어떻게 작용하는지를 더 잘 이해할 수 있게 해주었을 뿐 아니라, 상대적으로 미개척 분야였던 인공감미료 개발에 한 줄기 빛을 드리우기도 했다. 더 나아가 향미증진제taste potentiator 산업이라는 새로운 산업을 창조하는 결과를 가져오기도 했다. 향미증진제는 음식에 소량을 첨가해서 주어진 맛의 특성을 강화하도록 세심하게 조작된 화학물질이다. 짠맛의 향미증진제를 수프에 몇 피피엠ppm만 넣으면, 수프 제조업자는 수프에서 느껴지는 짠맛을 전혀 줄이지 않고도 소금의 함량을 대폭 줄일 수 있다. 향미증진제는 그것이 강화하도록 설계된 맛과 함께 작용한다. 보청기가 이미 존재하는 소리의 크기를 키워주기만 하는 것처럼, 향미증진제는 특정 성분이 주어진 농도에서 얻을 수 있는 미각을 증대시키는 역할을 한다.

향미증진제의 장점 중 하나는 워낙 소량만 첨가되기 때문에 수프 깡통 같은 식품의 포장지에 성분 표시를 하지 않아도 된다는 점이다.

일부 식품의 성분 표시에서 향미증진제는 '천연 및 인공 향미료'의 '기타' 항목에 들어간다. 향미증진제가 이런 방식으로 몰래 첨가된다는 사실을 모두가 기쁘게 받아들이는 것은 아니지만, 향미증진제로 쓰이는 물질들은 식품에 사용되기 전에 FDA의 승인을 받아야만 한다.

샌디에이고에 위치한 세노믹스Senomyx는 이 분야를 선도하고 있다. 세노믹스 사는 수 세기 동안 이어져온 맛 감별사의 역할을 유전공학을 이용한 자동화 체계로 대체했다. 이 혁신적인 체계는 주어진 화학 물질에 어떤 종류의 미각 수용기 세포가 자극을 받는지에 관해 엄청난 양의 정확한 자료를 내놓는 능력을 지니고 있다. 이 체계에는 '인공 미뢰'라는 것이 활용되는데, 인공 미뢰는 인간의 미각 수용기 세포 하나를 인공적으로 배양한 세포들이 들어 있는 아주 작은 콘센트 같은 것이다. 이 콘센트에는 형광 염료도 들어 있어서 미각 수용기 세포가 뭔가에 반응을 할 때마다 빛이 난다. 가령 단맛 수용기 세포가 들어 있는 콘센트에 뭔가 단 것을 한 방울 떨어뜨리면, 형광 염료에서 빛이 나는 것이다. 그러면 그 빛이 광전지에 기록되고 그 결과는 컴퓨터에 입력된다. 이런 고도로 자동화된 방식을 통해, 세노믹스 사는 연간 수백 가지의 표본을 시험한다. 구식 검사 방식으로는 절대 따라갈 수 없는 속도다.

세노믹스 사는 몇 가지의 감칠맛 증진제를 시중에 내놓았고, 업계의 성배라 할 수 있는 단맛 증진제 연구에 열중하고 있다. 세노믹스 사는 인공감미료인 수크랄로즈의 효과를 증대시키는 단맛 증진제와 천연당에 효과가 있다고 주장한 몇 가지 단맛 증진제를 판매했지만, 이 가운데 이 글을 쓰고 있는 현재 시판되고 있는 것은 없다.

설탕과 그 외 단것들에 대한 이야기를 끝내기에 앞서 다음을 지적하고자 한다. 2005년에 미국인이 소비한 인공감미료의 양은 1인당 약 11킬로그램이었고, 이는 25년 전에 비해 두 배 증가한 양이다. 같은 기간 동안 설탕 소비량도 25퍼센트 증가했다. 먹을거리가 더 달아질수록 단 것에 대한 우리의 열망도 더 높아지는 것 같다.

제7장

기계적 감각

기계적 감각은 그 자극이 전자기 에너지나 화학적 에너지가 아닌, 역학적 에너지와 연관이 있는 감각이다. 역학적 에너지에는 다양한 형태가 있지만, 기계적 감각은 일반적으로 운동 에너지의 자극을 받는다.

진동하는 공기 분자에는 운동 에너지가 있다. 정확하게 말하면 진동을 하고 있기 때문이다. 진동하고 있는 공기 분자의 운동 에너지는 귓속에 있는 근사한 하드웨어에서 전기 신호로 변환된다. 특히 머리의 운동 에너지와 나머지 신체 부위의 운동 에너지는 우리의 균형 감각 체계와 고유 감각 체계에 의해 감지된다. 마지막으로 촉각은 점자책 위에서 움직이는 시각 장애인의 손가락 끝처럼, 일반적으로 한 표면에 대한 다른 표면의 운동과 연관이 있다.

청각

청각은 감각의 로드니 데인저필드Rodney Dangerfield라고 할 수 있을 것이다. 고인이 된 이 코미디언은 '아무런 존경도 받지 못했고' 어떤 면에서 보면 청각도 그렇다. 특히 시각과 비교했을 때 청각은 홀대를 받는다. 몇 년 전에 눈 검사를 하러 갔던 기억이 난다. 대기실 벽에는 눈 관리 전문가가 고객들에게 지키고자 하는 일종의 서약 같은 것이 자랑스럽게 붙어 있었다. 그들은 "대부분의 사람들이 탄생과 동시에 받는 두 번째로 고귀한 선물인 시력을 최선을 다해 보호하겠다"고 엄숙하게 약속했다(대강 이런 의미였다). 나중에 알아낸 바로는, 가장 고귀한 선물은 생명 그 자체였다. 확실히 청각은 아니었다. 아마 청각은 고귀한 선물 항목의 아래쪽 언저리, 예쁜 손글씨 다음쯤에 있지 않을까 싶다.

청각이라는 주제 전체에 대해 뒤틀려 있는 내 심사가 조금 불편하더라도, 부디 용서를 바란다. 오늘은 토요일 오후이고, 나는 친구인 밥Bob의 집에서 테니스를 치고 방금 돌아왔다. 내가 시합에 졌다고 이러는 것은 절대 아니다. 밥은 근사한 테니스 코트가 딸린 멋진 집에 살고 있다. 우리는 오전 10시에 시합을 시작했고, 정확히 10시 5분에 밥의 옆집에서 잔디 깎는 기계에 시동을 걸었다. 15미터 정도 떨어진 거리였지만, 엔진 소리가 무척 신경에 거슬렸다.

테니스를 칠 때는 눈만큼 귀도 중요하다. 상대 선수가 공을 칠 때, 우리는 귀를 통해 그 공이 얼마나 잘 맞았는지 혹은 잘못 맞았는지에 대한 귀중한 단서를 얻고, 그에 따라 반응한다. 내 말을 못 믿겠다면 귀마개를 하고 테니스를 쳐보라. 청각적 단서가 제거되면 테니스는 훨씬 더 까다로운 운동이 된다. 미국의 테니스 스타인 지미 코너스는 뉴욕 플러싱 메도스에서 열리는 U.S. 오픈 대회를 특별히 좋아했다. 그곳에서는 소란한 관중이 유난히 말썽이 많았던 그의 애칭인 "짐보 Jimbo"를 항상 외쳐댔고, 관중의 열광적인 응원은 그가 여러 번 우승을 거두는 데 큰 힘이 되었다(그는 U.S. 오픈 대회에서 다섯 번 우승을 차지했다). 그러나 코너스는 그 대회와 함께, 근처의 라구아디아 공항을 오가기 위해 아서 애쉬 스타디움 위를 낮게 나는 제트기의 소리도 각별히 좋아했다고 전해진다. 제트기의 소음은 밥의 옆집에서 나던 잔디 깎는 기계의 요란한 소리처럼 라켓에 부딪히는 공의 소리를 듣기 어렵게 만든다. 코너스는 시력이 좋기로 유명한 선수였다. 그는 상대 선수가 하듯이 귀를 통해 추가의 감각을 받아들일 필요가 없다고 느꼈기 때문에, 머리 위로 제트기가 굉음을 내며 날아가는 것을 좋아한 것이다.

밥의 이웃은 11시 경에 잔디 깎기를 끝냈다. 그때 나는 첫 세트를 지고 있었다. 마침내 테니스 코트에 고요가 찾아왔다. 이제부터는 내 실력을 발휘할 수 있을 것 같았다. 그러나 섣부른 판단이었다. 잔디를 깎은 후에는 뒷정리를 해야 하므로, 밥의 이웃은 낙엽 날리는 기계를 들고 나왔다. 내게는 정말 큰 골칫거리였다. 시합에는 지고 있었고, 공 치는 소리는 여전히 들리지 않았다. 낙엽 날리는 기계는 잔디 깎는 기계보다 소리가 더 컸다. 게다가 낙엽 날리는 기계의 소음은 데시벨로 측정했을 때 '시끄러울' 뿐 아니라, 낮은 진동수의 소음(엔진에서 난다)과 높은 진동수의 소음(송풍구에서 난다)이 결합되어 대다수의 사람들이 특별히 더 불쾌하게 여기는 소리가 났다. 그리고 나도 그 대다수의 사람 중 하나다. 그래서 나는 시합에는 지고 있었고, 공 치는 소리는 들리지 않았고, 손톱으로 칠판을 긁는 소리만큼 불쾌한 기계 소리에 괴롭힘을 당했다. 시합은 끝났고 밥이 이겼다. 뭐, 어쩔 수 없다. 어쩌면 다음 주에는 밥의 이웃이 여행을 갈지도 모른다.

기운을 차리고 내 자신의 문제를 넓은 안목으로 봐야할 것 같다. 헬렌 켈러는 다음과 같이 썼다. "나는 보이지 않는 것처럼 들리지도 않는다……. 들리지 않는다는 것은 훨씬 불행한 일이다. 들리지 않는다는 것은 가장 중요한 자극인 목소리의 상실을 의미하기 때문이다. 목소리는 언어가 되고, 생각에 활기를 불어넣고, 우리를 지적인 인간이 되게 한다." 이 글은 날 때부터 청각 장애인이었거나 너무 어렸을 때 청각을 잃어 전혀 청각에 대한 기억이 전혀 없는 여성이 쓴 것이다.

인간의 귀는 경이로운 전기기계 공학 작품이다. 공대 교수인 나는 가끔 학생들에게 자동차 같은 것을 중심으로 하나의 공학 교육과정 전체를 구성할 수 있다고 말하곤 한다. 공학 교육과정에 포함되는 모든 수학과 과학 과목은 꽤 많은 부분에서 오늘날 자동차의 이런 저런 측면에 비유된다. 그런데 인간의 귀를 중심으로도 공학 교육과정을 구성할 수 있다. 고체역학, 유체역학, 진동, 수리학, 제어, 전기회로, 전기화학, 물질의 특성 등은 모두 인간의 귀를 통해 잘 표현되는 과목들이다.

에너지 변화를 다루는 과학인 열역학도 중요한 관련이 있다. 소리의 본질이라고 할 수 있는 진동하는 공기 분자에 포함된 에너지는 매우 작다. 청각의 최저 한계에서 음파의 일률은 1제곱미터 당 100만 분의 1와트 정도다. 이에 비해 지표면에 도달하는 태양광선의 일률은

10억 배 더 강력해서, 1제곱미터 당 1000와트가 넘는다. 진동하는 공기 분자 속에 들어 있는 이 소량의 역학적 에너지는 귓속의 다양한 역학적, 전기역학적, 전기적 메커니즘에 의해 전기 신호로 변환되어 뇌로 전해진다. 이 전기 신호에는 대단히 상세한 정보가 담겨 있다. 그래서 우리는 플루트, 오보에, 클라리넷, 트럼펫, 프렌치호른 같은 다양한 악기들이 모두 동시에 같은 음을 연주해도 그 차이를 곧바로 구별할 수 있다. 전화기 너머에서 어떤 목소리가 "여보세요"라고 말하면, 우리는 전기적으로 재생된 이 알 수 없는 목소리의 주인공이 수십 명의 서로 다른 사람들 중 누구인지를 금방 가려낸다.

만약 우리가 멋진 신형 로봇을 위한 청각 장비를 만들어야 하는 엔지니어라면, 그리고 그 장비에 인간의 귀와 같은 수준의 성능이 요구된다면, 우리는 어디에서부터 시작해야 할까? 귀가 하는 일을 이해하기 위해 먼저 그 설계명세서부터 살펴봐야 할 것이다. 우선 귀는 광범위한 진동수의 소리를 전달해야 한다. 인간의 가청 범위는 약 20헤르츠에서 2만 헤르츠에 이른다.

다른 동물들은 가청 범위가 대단히 다양하다. 개와 고양이는 대단히 높은 소리를 들을 수 있는데, 개는 4만5000헤르츠, 고양이는 6만 헤르츠 이상의 소리를 들을 수 있다. 그래서 개를 부르는 호루라기 중에는 그 소리가 인간의 귀에는 들리지 않는 것도 있다. 생쥐는 9만 헤르츠가 넘는 소리를 들을 수 있지만, 1000헤르츠보다 낮은 소리는 듣지 못한다. 박쥐는 10만 헤르츠가 훨씬 넘는 소리를 들을 수 있다. 박쥐는 1초에 200회 이상 초음파를 발사한다. 이 초음파는 박쥐가 날고 있는 공간에 있는 장애물에 부딪혀 다시 박쥐에게로 돌아온다. 박쥐는 반향 위치 결정 능력이라고 알려진 이 기술을 활용해서 날아가는 나방(먹이)과 떨어지는 나뭇잎 사이의 차이도 감지할 수 있다. 인간의 귀도 진동수에 관계없이 다양한 강도의 소리를 전달해야 한다. 음파가 더 강할수록 우리에게는 더 큰 소리로 감지된다. 제1부에서 설명했듯이, 소리의 강도는 데시벨 척도를 이용해 나타내는 경우가 많다. 우리가 그 소음을 얼마나 큰 소리로 감지할지를 나타내는 척도가 데시벨이기는 하지만, 데시벨은 특정 소음에 대한 인간의 호감도를 제대로 나타내지 못한다. 인간의 귀가 감지할 수 있는 소리의 강도는 그 범위가 120데시벨이 넘는다. 별로 대단한 것 같지 않아 보이겠지만, 우리가 들을 수 있는 가장 강한 소리(귀를 심각하게 손상시키거나 파괴하는 소리는 제외)는 가장 약한 소리에 비해 무려 10^{12}배(1조 배)의 에너지를 지니고 있다는 뜻이다. 귀는 희미한 소리에도 대단히 민감하고, 대단히 큰 소리의 충격도 충분히 견딜 수 있을 정도로 강해야 한다.

또한 귀는 기압과 온도의 변화도 보정해야 한다. 공기 중과 물 속 모두에서 작용해야 한다. 소리를 감지할 뿐 아니라 소리가 나는 곳의 위치를 정하는 것도 도와야 한다. 그래서 귀가 두 개 있는 것이다. 마지막으로 그 귀가 장착된 몸이 생존해 있는 동안 기능 저하를 최소화하면서 제 몫을 다해야 한다.

귀의 하드웨어

로봇 귀의 설계 작업을 준비하는 엔지니어인 우리는 귀에 대한 연구를 계속하는 과정에서, 귀가 무엇을 해야 하는지를 이해했고 이제는 귀가 어떻게 작동하는지를 조사할 것이다. 외이와 중이를 지나 내이로 들어갈수록 귀의 기술력은 점점 더 높아진다. 관점에 따라서는 그 기적이 점점 더 신비로워진다고도 할 수 있다. 귀는 이 두 관점을 모두 충분히 포용할 수 있다.

◇ 외이

나이가 많은 사람은 젊은 사람에 비해 귀가 더 클까? 린든 존슨 대통령이나 로스 페로 같은 유명인사는 이를 지지하는 일화를 남겼으며, 연구자들도 일생동안 외이가 정말로 커진다는 결론을 내렸다. 더 정확하게 말하자면, 외이는 나이가 들수록 더 **길어진다**. 반면 귀의 너비는 성장이 끝난 후에는 변하지 않는 것으로 보인다. 귀는 신체의 성숙이 끝난 후에도 1년에 평균 0.22밀리미터씩 길어진다. 별 거 아닌 것처럼 보이지만 계속 누적이 된다는 것을 생각하자. 이런 속도로 자라게 되면, 80세인 남자는 20세였을 때보다 귀가 약 1.3센티미터가 더 길어지는 것이다. 귀가 더 길어지는 것은(남녀 모두) 생리적인 이유보다는 물리적인 이유 때문이다. 구조를 지탱해주는 단단한 뼈가 없는 외이는 그 자체의 무게 때문에 늘어지게 되고, 그로 인해 시간이 흐를수록 조금씩 길어지는 것이다.

크기가 크던 작던, 외이는 피부와 연골이 기묘하게 조합되어 꽤 우스꽝스러운 모습을 하고 있지만 그 이면에는 고도의 기술적 기교가 감추어져 있다. 외이는 우리 눈에 보이는 귀인 귓바퀴와 외이도로 구성되어 있다. 외이도는 길이가 약 2.5센티미터이고 직경이 약 0.6센티미터이며, 고막 쪽으로 휘어져 있다. 외이도의 안쪽 끝을 막고 있는 고막은 eardrum이라는 영어 명칭에서 알 수 있듯이[16], 북의 가죽막처

---

[16] 학술적으로는 고막을 tympanic membrane이라고 한다.

럼 작용해 공기 분자의 기계적 진동을 중이와 내이로 전달한다. 그리고 이곳에서는 정말 흥미로운 일이 벌어진다.

◇ 중이

고막에서는 양쪽의 압력을 같게 유지하는 일이 중요하다. 그래서 이를 위해 고막의 뒤쪽에는 공기가 통하는 구멍인 유스타키오관이 있다. 1563년에 이탈리아의 해부학자인 바르톨로메오 유스타키오 Bartolommeo Eustachio가 발견한 유스타키오관은 고막의 뒤쪽, 즉 중이에서 기관氣管으로 연결되어 있다. 따라서 중이에는 거의 항상 공기가 통한다. 날씨가 달라지거나 산을 올라가는 동안 기압이 서서히 변하면, 유스타키오관이 제 역할을 잘 해서 고막 양 쪽의 압력이 같은 상태를 유지한다. 그러나 자동차로 산을 오르거나 상승이나 하강을 하는 비행기에 타고 있는 경우처럼 기압이 빠르게 변할 때는, 유스타키오관이 기압의 변화를 따라가지 못하기도 한다. 애초에 유스타키오관은 이런 첨단 수송 장치를 위해 설계된 게 아니었다. 감기에 걸리거나 비행기 여행을 할 때처럼, 유스타키오관이 일부 또는 전부 차단될 때 나타나는 결과를 우리 대부분이 알고 있다. 머리가 깨질 듯이 아프고 청력이 크게 감퇴된다. 내게 이런 일이 일어났을 때, 나는 수족관 속에 들어와 있는 것 같은 느낌을 받았다. 물 밖을 쳐다보면서 바깥에 있는 사람들이 무슨 말을 하고 있는지를 이해하려고 애쓰고 있는 기분이었다. 입 모양을 읽을 수만 있으면 좋겠다는 생각을 했다.

현대의 여객기는 객실의 기압을 일정하게 유지하고 있지만, 항공기가 순항고도인 3만5000피트(약 10킬로미터) 정도까지 상승하는 동안에는 객실 내부의 압력이 일정하지 않다. 순항고도에 도달하는 데 걸리는 시간인 10~15분 내에, 항공기 내부의 압력은 (해수면의) 대기압에서 약 8000피트(2.4킬로미터) 고도의 기압으로 크게 감소한다. 만약 당신이 「스타 트렉」에서처럼 마이애미의 바닷가에서 콜로라도 베일의 해발 2.4 킬로미터 상공으로 15분 만에 전송될 수 있다고 상상해보자. 비행기 여행은 우리의 귀를 바로 이런 상황에 처하게 하는 것이고, 코감기에 걸린 채 여행을 할 때 머리가 깨질 듯이 아픈 것도 이 때문이다.

유스타키오관이 고막 양쪽의 압력을 같게 유지하는 데는 두통 예방 외에 다른 목적도 있다. 고막이 가장 민감한 상태를 유지해 효과적으로 작용할 수 있게 하는 것이다. 압력의 균형이 맞지 않으면 중이로 진동을 전달하는 고막의 능력이 감소하고, 순식간에 다시 수족관 속에 있는 것처럼 소리를 알아듣기 힘들어질 것이다.

그래서 외이와 중이 사이의 경계에 고막이 있는 것이다. 양쪽의 압력이 같을 때 고막의 표면에 음파가 부딪히면, 고막은 아주 작은 북의 가죽막처럼 진동한다. 그러나 북을 활용한 비유가 맞지 않는 부분이 있는데, 고막의 뒤쪽에는 고막에 단단히 고정된 뼈가 있다는 점이다. 누군가 그런 제안을 하는 설계 회의가 있다면 참석해보고 싶다. 사실 이는 대단히 위대한 발상이다. 고막 뒤쪽에 부착된 뼈는 대개 망치뼈hammer bone라고 불리지만, 정식 명칭은 추골malleus이다. 중이에 있는 세 개의 뼈 중에는 '우리 몸에서 가장 작은 뼈는 무엇인가'라는 잡학상식 문제의 답이 있다. 바로 등자뼈stirrup bone 또는 등골stapes이라고 불리는 뼈로, 세 개의 뼈 중에서 가장 작은 뼈다. 셋 중 가장 큰 뼈인 망치뼈는 길이가 10밀리미터 정도다. 망치뼈의 한 쪽 끝은 고막과 연결되어 있고, 다른 쪽 끝은 크기가 좀 더 작은 모루뼈anvil bone(침골

incus)에 연결되어 있으며, 모루뼈는 크기가 훨씬 더 작은 등자뼈(등골)와 연결되어 있다. 길이가 수 밀리미터에 불과한 등자뼈는 크기가 쌀알의 절반만 하다. 이 세 개의 뼈를 이소골ossicle이라고 부른다.

이소골의 한쪽에는 고막이, 한쪽에는 달팽이관이 연결되어 있다. 이소골은 고막에 충돌하는 모든 진동을 증폭시킨 다음, 그 진동수와 세기를 그대로 내이에 전달하는 일을 맡고 있다. 이소골은 기계적 증폭기로서 중요한 역할을 수행하고 있다. 음파 속에 들어 있는 에너지는 그 양이 아주 적기 때문에, 그로 인해 발생하는 고막의 움직임 역시 대단히 미세하다. 진동수가 높을수록 고막의 움직임은 더 작아진다. 젊은 사람만 들을 수 있는 대단히 높은 진동수의 소리에는 겨우 0.05나노미터만 움직인다. 다른 말로 하면, 수소 원자 하나의 지름에 해당하는 미세한 움직임이다. 그러나 이 움직임이 내이로 전달되어야 하는 것이다. 그 움직임은 오로지 내이에서만 전기 신호로 바뀌어 뇌로 전달될 수 있다. 가장 엄밀한 의미에서의 '청각'은 내이에서만 일어난다. 외이와 중이는 단순히 신호를 조절하는 역할을 할 뿐이다.

따라서 공기의 진동은 고막과 이소골을 거쳐 체액이 가득 채워진 달팽이관으로 전달되고, 달팽이관에서 체액의 진동으로 바뀌어야 한다. 이는 간단한 일이 아니다. 고막을 진동시키는 미세한 힘이 달팽이관 속의 체액에서 똑같은 진동으로 재생되기 위해 몇 배로 증가하는(증폭되는) 것이다. 이런 위업의 달성은 중이에 있는 이소골 덕분에 가능하다. 중이가 없었다면, 적어도 육상동물은 소리를 들을 수 없었을 것이다.

고막에 부착되어 있는 세 개의 뼈인 이소골에서는 당초에 설계되었던 체계에서 나중에 야기된 문제를 바로잡기 위해 실행된 것 같은 해결

책의 모습이 언뜻 드러난다. 이런 것을 엔지니어들은 보완 또는 땜빵이라고 부른다. 이 경우 당초에 설계되었던 체계는 물을 기반으로 한 청각 메커니즘이었고, 훗날 해양생물이 육상으로 올라오는 과정에서 예기치 못한 문제가 발생한 것이다.

청각은 해양생물에서 처음 진화되었다. 수중에서는 필요한 청각 장비가 공기 중에서보다 훨씬 덜 복잡하다. 물속에서는 내이 속에 있는 체액이 가득한 기관에 음파가 훨씬 쉽게 전달되기 때문이다. 공기는 대단히 가볍고 압축이 아주 잘 되는 유체. 반면 물은 공기보다 밀도가 800배 더 크고, 압축이 되지 않는다. 물속에서의 청각은 더 단순하다. 물을 매개로 이동하는 음파는 중이를 통해 증폭될 필요 없이 달팽이관 속의 체액에 직접 전달될 수 있을 것이다. 따라서 중이는 해양생물이 육상생물로 진화하는 과정에서 생겼을 것으로 추정된다.

포유류의 중이, 특히 이소골의 진화는 진화론의 훌륭한 본보기로 여겨진다. 화석기록에는 이와 관련된 수많은 과도 단계의 증거들이 보존되어 있다. 고막과 중이를 기계적으로 연결하는 역할을 하는 이소골의 진화는 굴절적응exaptation의 한 사례다. 굴절적응은 어떤 목적을 위해 발달한 해부학적 특징이 다른 역할을 하는 방향으로 진화될 때 나타난다. 굴절적응의 대표적인 예로는 깃털을 들 수 있다. 원래는 날 수 없는 동물의 체온 조절을 도왔던 깃털은 훗날 조류에서 오늘날의 공기역학적 구실을 하는 방향으로 진화되었다.

중이의 이소골도 마찬가지다. 일부 파충류의 중이에는 이 변화 과정의 단서가 남아 있다. 파충류의 중이에서 고막과 내이를 연결하는 뼈는 등자뼈 하나뿐이다. 파충류의 위턱뼈와 아래턱뼈에는 여분의 뼈가 각각 하나씩 더 있는데, 이 뼈들이 포유류의 중이에 있는 다른 두 개의 뼈로 진화되었다.

중이가 없으면 공기 중의 음파는 체액이 채워진 중이에 곧바로 충돌할 것이다. 압축성이 있는 물질인 공기가 압축성이 없는 달팽이관의 체액에 에너지를 전달하려는 시도를 하는 것이다. 엔지니어들은 이런 현상을 '임피던스 부정합impedance mismatch'이라고 한다. 내이에 부딪힌 공기의 진동은 대부분 그냥 반사되어 이리저리 흩어지고, 극히 미미한 양의 진동만 내이로 전달될 것이다. 공기와 물 사이의 임피던스 부정합은 대단히 커서 진동하는 공기의 음향 에너지가 물의 진동으로 전달되는 비율은 0에 가깝다.

청각을 단절시키는 문제는 바로 이것이다. 이 문제를 해결하지 못했다면, 공기 중에서는 거의 아무 것도 들을 수 없었을 것이다. 어렸을 때 친구들과 물놀이를 하러 가면, 우리는 물속에 들어가서 서로에게 소리를 지르는 놀이를 많이 했었다. 우리가 무슨 말을 하려고 할 때마다 입술에서 우스꽝스러운 공기방울이 터져나오면서 청각을 간섭했지만, 물속에서는 서로의 말을 꽤 쉽게 이해할 수 있었다. 하지만 우리가 물속에 있는 동안에는 밖(공기 중)에서 누군가 떠드는 소리는 들리지 않았다. 정말 아무 것도 들리지 않았다. 공기 중에서 전파되는 음파는 액체와 맞지 않는다.

바로 여기서 중이와 이소골이 관여한다. 기계공학자의 이상과도 같은 장치인 이소골은 고막에 당도한 음향 에너지를 두 가지 방식으로 증폭시킨다. 먼저 지레의 효과를 이용한 방식이 있다. 아르키메데스는 "내게 서 있을 자리를 준다면, 지구를 움직일 수 있다"는 말로 지레의 원리를 설명했다고 전해진다. 더 없이 정교한 작용으로 고막을 미는 공기의 힘을 증폭시키는 이소골이 얻는 힘의 이득은 얼마나 될까? 아르키메데스가 생각했던 단순 지레의 경우, 힘의 이득은 받침점을 중심으로 지레의 양쪽 길이의 비율에 따라 정해진다. 마당에 있는 100킬로그램의 바위를 옮겨야 하는데, 당신에게 주어진 것은 길이가 180센티미터인 쇠막대 하나와 콘크리트 벽돌 하나라고 해보자. 콘크리트 벽돌을 바위에서 30센티미터 떨어진 곳에 놓고 쇠막대를 그 위에 놓는다. 그 다음 쇠막대의 한쪽 끝을 바위 밑에 밀어 넣고 다른 쪽 끝을 힘껏 누른다. 그러면 5:1의 비율로 힘의 이득을 볼 수 있어서, 쇠막대의 다른 쪽 끝에 20킬로그램의 힘을 가하면 바위를 움직일 수 있다. 30센티미터 곱하기 100킬로그램은 150센티미터 곱하기 20킬로그램과 같기 때문이다.

이소골에서 얻는 힘의 이득은 그보다 훨씬 작다. 계산 과정도 아주 복잡한데, 하나의 단순 지레가 아니라 세 개의 뼈가 연결된 복잡한 구조이기 때문이다. 고막에 부딪히는 공기의 진동에 의해 발생한 힘은 고막에 부착된 망치뼈를 통해 이소골로 이루어진 지레 복합체에 가해진다. 이 외부의 힘은 세 개의 뼈로 연결된 이소골에서 약 1.3배 증폭된 다음 난원창oval window을 지나 달팽이관에 전달된다. 그러나 난원창을 통과할 때는 단위 면적당 힘이 고막에서보다 1.3배만 증가하는 게 아니다. 단위면적당 힘, 다시 말해서 압력은 난원창에 도달하면 고막에서보다 무려 22배 더 증가한다. 여기에는 지레 효과와 함께 완전히 다른 힘의 증폭 효과가 작용한다.

난원창은 내이로 통하는 관자놀이뼈에 나 있는 작은 구멍이다. 두개골을 통해 내이로 전달되는 소리를 제외하면, 사실상 모든 청각 자극, 즉 우리가 듣는 소리는 전부 난원창을 통해 전달된다. 난원창은 쌀알의 절반 크기만 한 등자뼈가 꽉 찰 정도로 작다.

이렇게 작다는 점은 난원창의 역할에서 결정적인 작용을 한다. 고막은 난원창보다 표면적이 17배 더 크다. 거대한 고막(난원창과 비교했을 때) 표면에 분산되어 있던 힘은 아주 작은 난원창의 표면에 그대로 집중된다. 압정이 어떻게 작용하는지 생각해보자. 압정의 둥근 머리 부분은 지름이 0.9센티미터쯤 될 것이다. 우리가 5킬로그램의 무게에 해당하는 힘으로 압정의 머리를 세게 누른다고 해보자. 그러면 압정 머리에 가해지는 압력은 1제곱센티미터 당 약 2.0킬로그램이 된다 (5킬로그램을 압정 머리의 넓이로 나눈 것이다). 그러나 압정의 뾰족한 끝에 가해지는 압력은 이 힘의 500배가 된다. 압정의 머리는 압정의 뾰족한 끝에 비해 넓이가 500배 더 넓기 때문이다. 따라서 압정의 끝에는 1제곱센티미터 당 약 1000킬로그램의 압력이 가해지게 된다. 단단한 나무에 압정이 쉽게 들어가는 것은 당연한 일이다.

압력은 넓이에 반비례하기 때문에, 난원창에 가해지는 압력은 고막에 비해 17배 더 크다. 여기에 이소골의 지레 효과로 증폭된 1.3배가 곱해진다. 1.3 곱하기 17은 약 22이므로, 고막에서 난원창에 이르는 동안에 압력이 22배 증가하는 것이다. 중이의 가장 멋진 숨은 재주는 아마 이것일 것이다. 그러나 이는 단순히 잔재주가 아니다. 압력이 22배 증폭되면 공기 중의 음파에 담겨 있는 미약한 에너지가 내이 속에 있는 체액에 충분히 전달될 수 있다. 그 결과 주로 육상에서 생활하는 우리가 소리를 들을 수 있게 된 것이다.

지금 이 시점에서 우리는 어디쯤에 있는 것일까? 고막은 진동하고, 그 힘은 이소골로 전달된다. 이소골의 미세한 등자뼈는 난원창을 통해 내이로 충격파를 전달한다. 내이에서는 사정이 정말 복잡해진다. 내이로 전달된 충격파는 체액이 채워진 달팽이관을 통과하는데, 달팽이관에서는 이 충격파가 전기 신호로 전환되어 청신경을 통해 뇌로 전달된다. 외이와 중이의 엄격한 기계적 작용이 달팽이관에서는 전기화학적 작용으로 바뀌는 것이다.

시각, 후각, 미각을 다루면서 봤듯이, 한 형태의 에너지를 다른 형태의 에너지로 변환하는 장치를 에너지 변환기라고 한다. 에너지 변환기는 생물학적인 것도 있고 인공적인 것도 있다. 자동차의 경적이나 스피커는 전기에너지를 음향에너지로 변환한다. 반대로 마이크는 음향에너지를 전기에너지로 바꾼다. 달팽이관은 단순히 마이크에 불과할까? 체액 속 음향의 진동을 전기 신호로 변환하는 달팽이관은 엄밀히 따지면 마이크와 같을지도 모르지만, 이런 맥빠진 묘사로는 인체에서 가장 위대한 기관 중 하나인 달팽이관을 정확하게 설명하지 못한다.

◇ **내이**

달팽이관은 둥글게 말아놓은 관이나 달팽이의 껍데기와 비교되곤 한다. 관을 둥글게 말아 부피를 압축하면, 관의 내부는 두개골의 내부보다 더 단단해진다. 달팽이관이 어떻게 작용하는지를 이해하기 위해, 먼저 그 관을 펼쳐보기로 하자. 하지만 우리는 완전히 다른 관에서부터 시작할 것이다. 이 관은 헝가리의 물리학자인 게오르크 폰 베케시 Georg von Békésy(1899~1972)가 1961년에 내이에 관한 연구로 노벨상을 수상했을 때 사용했던 관이었다. 사실 베케시도 달팽이관의 작용을 이해하기 위한 노력을 하는 과정에서 다른 관들을 꽤 많이 연구했다.

그의 가장 놀라운 실험 중 하나는 [그림 10]과 같이 인간의 팔과 길이와 너비가 비슷한 관에 물을 가득 채운 장치를 이용한 실험이었다. 베케시는 관의 길이를 따라 얇고 유연한 막을 관의 내부에 삽입해, 관을 두 부분으로 나누었다. 이 막은 단단한 관의 아랫부분과 달리 유연한 관의 윗부분에 부착되었다. 그 다음 그는 관의 한쪽 끝을 향해 단속적인 음파를 보냈다. 그러면 관 윗부분의 유연한 부분에 직접 팔을 올리고 있는 관찰자는 피부의 한 지점에서 부드러운 압력을 감지했다. 압력이 감지되는 지점은 음파의 강도가 증가하거나 진동수가 변화할 때마다 달라졌다. 이 실험은 달팽이관에 작용하는 진행파traveling wave에 관한 베케시의 학설을 검증하는 실험 중 하나다. 정리하자면, 액체를 통과하는 음파는 유연한 막의 변형을 일으켰고 가장 많이 변형된 지점은 관찰자가 압력을 느낀 지점과 일치했다.

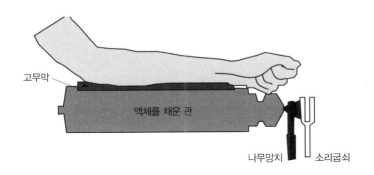

[그림 10] 달팽이관의 작용을 설명하는 베케시의 모형
(베케시의 『청각 실험Experiments in Hearing』에서 인용)

관의 윗부분을 따라 부착된 막이 있는 베케시의 실험은 달팽이관 속에 있는 유연한 막의 어떤 특성을 흉내 낸 것이다. 바로 달팽이관 속에 있는 막에 부착된 수천 개의 미세한 털과 같은 유모세포다. 막의

형태가 바뀔 때, 관을 따라 길게 진행파가 통과할 때, 유모세포도 함께 움직인다. 각각의 유모세포의 한쪽 끝은 움직이는 유연한 막에 파묻혀 있고, 다른 쪽 끝은 단단히 고정되어 있어서 움직일 수 없다. 따라서 유연한 막을 따라 진행하는 파동은 유모세포를 밀거나 당기게 될 것이다. 바로 이것이 내이의 에너지 변환 기능에서 결정적 단계다.

이 과정에서 오랫동안 궁금증을 자아냈던 한 가지 측면은 청각의 정확성을 설명할 방법이었다. 즉 소리의 진동수와 강도의 미세한 차이로 이루어진 청각이 어떻게 이런 메커니즘을 통해 설명될 수 있는지에 관한 것이었다. 베케시의 실험은 이를 잘 설명하는 데 큰 도움이 되었다. 그의 실험에서 관의 윗부분에 놓인 팔의 피부는 유모세포를 나타낸다. 유모세포는 대단히 민감한 코르티 기관 속에 들어 있는 감각 수용기다. 이런 방법을 통해 베케시는 청각 작용의 한 가지 측면을 증명했을 뿐 아니라, 청각과 촉각 사이에 어떤 공통점이 있다는 것도 밝혀냈다. 두 감각 사이의 공통점은 베케시 연구의 또 다른 주제였다.

달팽이관 속에 있는 유연한 막은 베케시의 실험에 쓰인 단순히 휘어지는 막보다 훨씬 복잡하다. 달팽이관 속의 막은 달팽이관의 한 쪽 끝에서 다른 쪽 끝으로 가면서 두께와 팽팽한 정도가 변한다. 난원창과 가까운 쪽이 가장 얇고 팽팽하며, 난원창과 먼 쪽은 두껍고 느슨하다. 얇고 팽팽한 쪽은 높은 진동수의 소리를 가장 잘 전달하는 반면, 두껍고 헐렁한 쪽은 낮은 진동수에 최적화되어 있다.

베케시가 실험한 관은 한 가지 면에서 달팽이관과 다른데, 실험에서는 관이 유연한 막에 의해 두 부분으로 나뉘지만 달팽이관에서는 체액이 채워진 세 개의 구역으로 나뉜다. 압력파가 달팽이관으로 들어오는 길과 나가는 길이 있고, 마지막 세 번째 구역에는 청각 수용기인 유모세포가 있는 코르티 기관이 포함된다.

압력파는 난원창을 지나 달팽이관 속으로 들어와 유연한 막을 따라 진행하는데([그림 11]을 보라), 이 유연한 막에서 에너지의 변환 과정이 시작된다. 그러나 그 과정이 끝나면 체액 속에 있는 이 압력파의 에너지는 다른 어딘가로 가야만 한다. 압력파는 난원창에서 가장 멀리 떨어진 막의 한 쪽 끝에서 U턴을 한 다음, 체액이 가득한 다른 경로를 통해 달팽이관이 시작되는 곳으로 다시 돌아온다. 이 회귀 여행이 끝

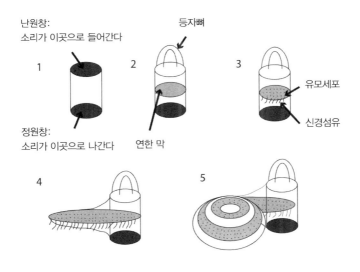

[그림 11] 달팽이관이 형성되는 방식

(1) 위와 아래가 막으로 싸인 관에서 시작한다.
(2) 관의 내부로 음파를 보내는 등자뼈를 추가하고, 가운데에 유연한 막을 넣는다.
(3) 유연한 막에 유모세포와 신경 섬유를 추가한다.
(4) 유연한 막을 옆으로 늘인다.
(5) 돌돌 감아서 공간을 줄인다.
(놀테의 『인간의 뇌The Human Brain』에서 인용해 수정)

날 무렵에, 압력파는 정원창이라고 하는 얇은 막을 통해 소멸된다. 이 같은 효과적인 방법으로 잇따라 유입되는 압력파를 계속 소멸시킴으로써, 달팽이관은 이전 파동의 반향으로 인해 다음 파동의 음향이 오염되지 않도록 방지한다. 눈에도 이와 비슷한 작용이 있다. 망막의 뒤쪽 표면에서는 간상세포와 원추세포를 통과하는 모든 빛을 흡수해, 망막 내부로 빛이 다시 반사되면 일어날 수 있는 혼란을 방지한다.

유연한 막에 한쪽 끝이 고정되어 있는 유모세포는 달팽이관 내부의 코르티 기관 속에 있다. 코르티 기관은 대단히 복잡한 기관이 믿을 수 없을 정도로 작은 공간 속에 압축되어 있다. "청각의 중심"이라고 불리기도 하는 코르티 기관은 유연한 막의 기계적 진동이 전기 신호로 변환되는 곳이다. 돌돌 감긴 달팽이관 전체는 새끼손가락 끝과 크기가 비슷하며, 그 내부에는 한 찻숟가락도 안 되는 체액이 들어 있다. 그 다음으로는 달팽이 세관cochlear duct이 있다. 차지하는 부피는 달팽이관 전체의 약 1/6에 불과하지만, 달팽이 세관에는 각각 따로 움직이는 약 7만5000개의 작동부가 있다. 섬세함의 극치인 코르티 기관을 보호하기 위해서는 신체가 제공할 수 있는 최고의 보호책이 필요하다. 코르티 기관이 들어 있는 달팽이관의 돌돌 말려 있는 모양 자체도 완충 역할을 하며, 달팽이관은 인체에서 가장 단단한 뼈인 관자놀이뼈 속 깊숙한 곳에 파묻혀 있다.

코르티 기관은 청각 과정에서 에너지 변환기로 작용한다. 코르티 기관 이전의 에너지는 모두 역학적 에너지다. 공기 중의 음파가 고막의 진동으로 전환되고, 다시 미세한 이소골의 움직임으로 바뀐 다음, 체액의 충격파라는 형태를 거쳐, 마지막으로 정교한 막을 미세하게 변형시킨다. 코르티 기관에서 안쪽으로, 신호가 뇌 속 깊숙한 곳으로 점점 더 이동하는 동안에는 모든 에너지와 모든 과정이 전기화학적이다. 이렇게 역학적 에너지가 전기 에너지로 전환되는 과정은 놀라운 유모세포에서 일어난다.

◇ 유모세포

내가 어렸을 때는 레코드판으로 음악을 들었다.[17] 레코드판과 그 플레이어에서 음이 재생되는 방식은 코르티 기관에서 유모세포의 변환 과정을 연상시킨다(우리의 균형 감각을 담당하는 전정계의 기관에도 이와 대단히 유사한 유모세포가 있는데, 이는 뒤에서 다룰 것이다). 레코드판에서는 다이아몬드로 된 바늘 끝이 레코드판의 홈을 따라 움직인다. 홈의 양 옆에는 굴곡 진 경사면이 있다. 이 굴곡 진 경사면 때문에, 바늘은 회전하고 있는 레코드판의 홈을 지나가는 동안 앞뒤로 움직이게 된다. 이 같은 바늘의 기계적 움직임은 전기 신호로 변환되어 앰프로 보내지고, 다시 스테레오 스피커에서 나오는 소리로 변환된다.

달팽이관 내부의 압력파는 유연한 막을 움직이게 한다는 면에서 레코드판의 홈에 비유할 수 있다. 막의 움직임은 유모세포의 운동을 일으킨다. 길이가 30마이크로미터이고 직경이 5마이크로미터인 각각의 유모세포는 두꺼운 기둥과 이 기둥에서부터 뻗어 나온 부동섬모 stereocilia라는 작은 섬유들로 이루어져 있다. 유모세포의 모양은 미술용 붓에 비유할 수 있다. 손으로 잡는 부분인 붓대는 유모세포의 기둥에 해당하고, 물감이 닿는 부분인 붓끝은 부동섬모인 셈이다. 유모세포가 움직이면, 그 끝에 있는 미세한 섬유 다발도 함께 움직인다. 이 모양은 밀밭에 촘촘하게 심어져 있는 밀들이 바람에 흔들리는 모습과

---

[17] 학생들의 이야기에 따르면 최근 몇 년 사이에 레코드판이 되살아나고 있다.

비슷하지만 중대한 차이가 있다.

각각의 부동섬유는 이웃한 다른 부동섬유와 대단히 작고 가느다란 섬유로 연결되어 있는데, 이 섬유를 말단 연결부tip link라고 한다. 바람에 흔들리고 있는 밀 한 포기가 옆에 있는 다른 밀과 가느다란 거미줄로 이어져 있는 모습을 상상해보자. 귓속에서는 유연한 막의 움직임에 대한 반응으로 유모세포가 기울어지면, 말단 연결부가 늘어나면서 섬유에 있는 작은 문이 열린다. 이 문이 열리면 달팽이관의 체액 속에 들어 있는 양이온(주로 칼륨 이온이다)이 유모세포 안으로 흘러들어와 유모세포의 전압이 바뀐다.

따라서 충격파는 막을 구부리고, 이어 유모세포 끝에 있는 작은 섬유를 구부린다. 이 운동은 그 섬유의 말단 연결부에까지 미친다. 그로 인해 전기화학적 과정이 시작되는 통로가 기계적으로 열려, 마침내 전기 신호가 뇌로 전달된다.

청각 과정의 수용기 세포인 유모세포는 망막의 간상세포와 원추세포, 코의 후각 수용기 세포에 비유할 수 있다. 망막에는 1억 개 이상의 수용기 세포가 있는 반면, 달팽이관에 있는 유모세포의 수는 약 2만 개에 불과하다. 그 중 3500개는 내內유모세포이고, 나머지는 외外유모세포다. 이 두 종류의 유모세포는 모두 코르티 기관 속에 있지만, 위치가 다르고 청각 과정에서 하는 역할이 다르다.

3500개의 내유모세포는 우리가 청각이라고 부르는 일을 담당한다. 내유모세포는 감각세포다. 수가 훨씬 더 많은 외유모세포는 주로 증폭기 역할을 한다. 내유모세포에는 뇌로 연결되는 신경이 꽉 들어차 있다. 이 신경을 따라 귀를 통해 들어온 소리의 진동수와 진폭에 관한 정보가 전달된다. 그러나 내유모세포 자체는 정상적인 가청 범위 내에 있는 대부분의 소리에 반응할 수 있을 정도로 민감하지 않다. 유연한 막에서 발생한 신호는 증폭이 되어야만 내유모세포가 감지할 수 있으며, 그 일에 관여하는 것이 외유모세포다.

외유모세포는 아무 것도 '듣지' 못한다. 즉 외유모세포는 청각 정보를 뇌로 전달하지 않는다. 대신 외유모세포는 자극을 받으면 순간적으로 **길이가 더 길어지는** 반응을 보인다. 이런 길이 변화는 유연한 막의 움직임을 증폭시키고, 이어 내유모세포의 자극을 증가시켜 내유모세포가 제 역할을 할 수 있게 해준다. 이런 증폭 메커니즘은 적절한 청각 작용에서 중요한 역할을 한다. 가령 달팽이관의 외유모세포가 약물에 의해 파괴되어 이 과정이 일어나지 않으면, 그 귀에서는 60~80데시벨의 심각한 청력 상실이 일어날 것이다.

외유모세포의 움직임은 실제로 유연한 막을 움직이게 하므로, 그 움직임 자체가 달팽이관의 체액에 미세한 압력파를 일으킬 것이다. 따라서 고막의 바깥쪽에 충분히 민감한 장비를 설치하면 그 파동을 감지할 수 있다. 실제로 이 방법은 청각 장애가 의심되는 신생아의 청력 검사에서 중요한 기본 원리가 된다. 대단히 민감한 마이크를 고막의 바로 바깥쪽에 삽입한 다음, 커다란 "딸깍" 소리를 낸다. 만약 소리가 무사히 고막을 통해 중이와 달팽이관으로 전달되면, 외유모세포의 증폭 메커니즘으로 인해 짧고 희미한 '메아리'가 일어나 고막 바깥쪽에 설치된 마이크에 감지될 것이다. 만약 마이크에 메아리가 전혀 녹음되지 않으면, 중이나 내이에 뭔가 이상이 있는 것이다.

청력을 잃으면

청력 상실은 노화로 인해 나타나기도 하며, 큰 소리에 과도하게 노출되었거나 특정 약물을 사용했을 때 일어나기도 한다. 또 여러 가지 질병에 의해 유발될 수도 있다. 일반적으로 청력 상실은 코르티 기관에 있는 감각 수용기인 유모세포가 소멸되면서 일어난다. 일반적으로 포유류의 유모세포는 재생이 되지 않는다. 한 번 죽으면 끝이다. 그러나 모든 동물이 다 그런 것은 아니다. 민물 수족관에서 종종 볼 수 있는 작은 열대어인 제브라피시zebra fish는 체외에 있는 유모세포를 재생할 수 있다. 제브라피시는 이 유모세포를 이용해 수중의 진동을 감지해 소리를 듣는다. 연작류Passeriformes에 속하는 일부 조류도 귓속에 있는 유모세포를 재생하는 비슷한 능력이 있다. 연구자들은 인간의 청각 장애 치료에 도움이 될 만한 단서를 찾기 위해 이런 동물들을 연구하고 있다.

상당수의 유모세포를 잃어 부분적으로 청력을 상실한 사람들은 대부분 보청기에 의지하게 된다. 보청기는 청각이 손상된 사람을 위한 증폭 기술이다. 시각이나 다른 감각에는 보청기에 해당하는 것이 없다. 안경은 빛의 초점을 다시 맞추지만 빛의 양을 증폭시키지는 않는다. 외이에 장착하는 보청기는 음파를 증폭시켜 고막과 이소골의 운동을 증대시키고 달팽이관으로 들어오는 충격파를 강화한다. 남아 있는 유모세포는 이 증강된 자극을 이용해 충분한 양의 정보를 뇌로 전달할 수 있다.

인공 달팽이관

청각이 부분적으로 소실되었을 때는 보청기가 실용적인 해결책이 된다. 그러나 청각이 완전히 소실된 경우는 어떨까? 코르티 기관 속의 유모세포를 모두 잃은 사람을 위해서는 무엇을 할 수 있을까? 이런 사람들은 소리의 기계적 에너지를 전기 에너지로 변환하는 메커니즘을 완전히 잃었기 때문에 아무리 소리를 증폭시켜도 도움이 되지 않는다. 그러나 이런 사람들도 다시 들을 수 있게 된 사례가 많다. 이런 사례의 해결책이 인공 달팽이관인데, 이 장치는 외이와 중이와 내이를 구성하는 복잡한 장치들을 모두 우회하여 뇌와 곧바로 소통을 한다.

인공 달팽이관은 다섯 개의 주요 부품으로 이루어져 있다. 세 개는 몸밖에 있지만, 두 개는 환자의 두개골에 외과적으로 이식을 해야 한다. 인공 달팽이관은 환자의 귀 바로 위에 부착하는 외부 장치에 있는 마이크(1)를 통해 소리를 받아들인다. 이 마이크는 다른 마이크처럼 소리를 전기 신호로 변환한다. 이렇게 변환된 신호는 음향 처리기(2)를 따라 전달된다. 음향 처리기는 정교한 소프트웨어를 활용해 마이크에서 들어온 신호를 분석하고, 다른 종류의 전기 신호로 전환한다. 전환된 신호는 다시 외부 장치로 보내지고, 라디오 주파수를 이용한 송신기(3)를 통해 두개골 내부로 전달된다. 이 신호는 외과적으로 삽입된 달팽이관 자극기라는 체내 전기장치(4)에 수신되고, 달팽이세관과 코르티 기관에 바로 연결되어 있는 전극 배열(5)을 통해 전기 신호로 변환된다. 전극 배열에서 발생한 이 전기 신호는 청신경에 감지되어 뇌로 전달된다.

음향 처리기는 허리띠 위에 찰 수도 있고, 일반적인 보청기처럼 귀 뒤에 장착할 수도 있다. 어떤 경우든 인공 달팽이관의 기능 전반에서 음향 처리기의 역할은 대단히 중요하다. 음향 처리기가 마이크로 입력된 전기 신호를 변환하는 방식은 그 사람이 무엇을 듣게 될지를 결정한다. 이 지각 과정에서 음향 처리기에 내장된 소프트웨어가 결정적 역할을 한다. 몇 가지 종류의 소프트웨어가 있는데, 인공 달팽이관을 이식한 사람들의 말에 따르면 어떤 소프트웨어를 적용하는지에 따라 들리는 것과 들리지 않는 것의 차이가 대단히 크다.

인공 달팽이관은 수많은 중증 청각 장애인에게 청력을 되찾아주었다. 그러나 이들이 인공 달팽이관을 통해 듣는 것은 청각 장애가 생기기 전에 들었던 것과는 아주 많이 다르다. 인공 달팽이관은 음파를 전기 신호로 바꾸고, 중추 신경계가 이 신호를 뇌로 전달한다. 제2부의 도입부에서 만났던 마이클 코로스트처럼 인공 달팽이관을 이식받은 사람들의 이야기를 들어보면, 인공 달팽이관이 처음 작동할 때 그들에게 들리는 것과 그들의 뇌가 감지하는 것은 알 수 없는 불협화음에 지나지 않는다. 이는 음향 처리기에 어떤 소프트웨어를 활용하든 마찬가지라고 한다. 이 낯설고 새로운 신호를 해석하는 법을 뇌가 어떻게 배우는지에 관한 이야기는 제3부에서 다룰 것이다.

소리 좀 줄여!

청력 상실을 일으키는 주요인 중 하나는 대체로 확실히 예방이 가능하다. 이어폰으로 음악을 듣는 사람, 록음악을 하는 사람, 잔디를 관리하는 사람들의 공통점은 무엇일까? 모두 청력 손상을 일으킬 정도로 유해한 수준의 소음에 노출되어 있다는 점이다.

원치 않는 소음, 다시 말해서 소음 공해는 자극과 감각과 지각의 측면이 결합되어 있다. 어떤 종류의 소리도 **소음**이 될 수 있지만, 『아메리칸 헤리티지 사전』에 따르면 대체로 "크고 불쾌하고 예기치 못한, 또는 원치 않는" 소리라는 뜻으로 쓰인다. 어떤 소리가 원치 않는 소리인지는 그 소리를 듣는 사람이 누구인가에 달려 있다. 한밤중에 들리는 큰 음악 소리는 그 음악을 연주하고 있는 사람과 잠자리에 들려고 하는 이웃사람에게 서로 다르게 지각된다. 이런 사례에서 알 수 있듯이, 소음은 심리적인 측면과 상관이 있다. 그러나 감각적인 측면에서 보면, 청각 기관의 손상을 일으킬 수 있다.

다양한 수준의 소음에 지속적으로 노출되었을 때 나타나는 효과에 대해서는 그 이해의 폭이 꾸준히 넓어지고 있다. 귀의 손상에서는 소음의 크기도 중요하지만, 그 소음이 얼마나 **오랫동안** 고막을 두드렸는지도 대단히 중요하다. 특별히 엄청나게 큰 소음이 아니라면, 지속적인 소음이 고막과 유모세포에 더 해롭다. 지속적인 소음으로 인한 유모세포의 퇴화는 본질적으로 기계적인 효과 때문일 것이라고 생각되어 왔다. 오랜 세월에 걸쳐 지속적으로 부딪치는 파도에 결국 바위가 깎여나가는 것처럼, 수백 시간 동안 나뭇잎 날리는 기계를 작동시키거나 굉음을 내는 모터사이클을 타거나 소리를 최대로 올린 상태에서 이어폰을 꽂고 음악을 들으면 유모세포가 기계적으로 파괴된다고 여겨졌었다. 그러나 지속적인 소음에 의한 유모세포의 퇴화는 기계적인 것이 아니라 생화학적 메커니즘에 의한 것이라는 사실이 알려졌다. 지속적인 소음은 유모세포에서 다소 연속적인 전기화학적 반응을 일으킨다. 그리고 이 전기화학적 반응은 결국 유모세포를 퇴화와 죽음으로 이끈다. 마이클 크로스트는 유모세포가 "자살을 감행한다"고 말한다. 이 표현이 얼마나 적절한 것인지는 잘 모르겠다. 유모세포의 죽음을 부르는 지속적인 소음이 무엇이든, 유모세포가 스스로 그 소음에 노출되려고 한 것은 아니기 때문이다.

만약 어떤 소음이 충분히 크면, 지속 시간이 짧아도 단 한 번의 노출로 청각이 손상될 수 있다. 1회 노출로 일어나는 청각 손상의 역치는 어떤 자료를 참고하는지에 따라 다르다. 그래도 140데시벨 이상의 소리는 무조건 피해야 한다. 그렇게 큰 소리로는 무엇이 있을까? 이륙 추력을 받고 있는 비행기의 제트 엔진 소리가 있다. 엔진의 종류에 따라, 엔진에서 30미터 이내의 거리에서는 140데시벨 이상의 소음이 발생할 수도 있다. 불꽃놀이 연출 전문가도 비슷한 수준의 소음에 노출된다. 그리고 많은 자동차 오디오가 140데시벨 수준의 음향을 출력할 수 있다.

대단히 큰 자동차 오디오 소리를 피하는 것은 어렵지 않지만, 일을 할 때는 늘 뜻대로만 되지는 않는다. 수많은 작업장이 청각에 손상을 입을 정도로 시끄럽다. 엔지니어인 나는 그런 곳에서 일을 해 본 적도 있고, 그런 곳을 방문한 적도 많다. 정유 장치의 압력 강하 밸브에서 나는 날카로운 소음은 특히 고통스럽고 불쾌하다. 못을 만드는 기계를 사용하던 한 공장에서는 기계에 강선을 넣으면 강선이 싹둑싹둑 잘리면서 엄청나게 빠른 속도로 못이 만들어졌는데, 정말 지독한 소음이 동반되었다.

오래 전부터 소음이 심한 작업장의 위험을 인식하고 있던 미 연방 직업 안전 보건국Occupational Safety and Health Administration(OSHA)에서는 미국의 고용주들이 반드시 따라야 하는 조례를 발표했다. OSHA의 1910.95

조례(a)항에는 최대 허용 소음 기준을 데시벨 단위로 명시한 표가 포함되어 있다. 평균 소음 수준이 90데시벨 이하일 때는 청각 보호 장비 없이 8시간 노동을 할 수 있다. 95데시벨에서는 1일 최대 4시간까지 노출될 수 있다. 100데시벨에서는 최대 노출 시간이 2시간으로 줄어들고, 105데시벨에서는 1시간, 110데시벨에서는 30분, 115데시벨에서는 15분이 된다. 115데시벨은 얼마나 큰 소리일까? 록 콘서트에 가서 무대 근처에 있으면, 음악 소리가 115데시벨이나 그 이상의 크기로 들릴 수 있다.

OSHA의 8시간 연속 노출 한계인 90데시벨은 꽤 큰 소리다. 다른 단체에서는 85데시벨로 잡고 있다. 흔히 사용하는 수많은 가정용품도 이 정도의 소음을 내거나 더 큰 소음을 내기도 한다. 사실상 드릴이나 톱이나 그라인더 같은 전동 공구를 사용하면, 사용자는 90데시벨 이상의 소음에 노출된다. 잔디 깎는 기계나 나뭇잎 날리는 기계도 마찬가지다. 심지어 믹서나 커피 그라인더 같은 주방 기구도 소리가 크다. 만약 이런 도구들을 사용한다면 귀마개 착용을 고려해야 할 것이다.

자그마한 이어폰을 귀에 꽂고 분주하게 일상생활을 하는 사람의 수가 수백만 명에 이른다. 종종 위험할 정도로 소음 수준이 높은 디지털 음악을 우리 뇌에 퍼붓기도 한다. 최근 난청을 호소하는 10대 청소년의 비율이 크게 증가하고 있는데, 오랜 시간 동안 이어폰을 꽂고 큰 소리로 음악을 듣는 것이 그 원인의 상당 비중을 차지한다.

내가 대학을 졸업할 무렵에는 조금씩 수집해온 LP레코드가 700여 장에 이르렀다. 그 레코드판들을 이리 저리 옮기는 일은 여간 힘든 게 아니었다. 오늘날에는 그 음악들 전부, 그리고 그보다 훨씬 더 많은 곡들을 성냥갑보다도 작은 장비에 쉽게 저장할 수 있다. 디지털 음악에서 가장 눈부신 발전은 녹음된 음악을 디지털 신호로 변환하는 MP3 같은 압축 기술이다. 음악 파일의 크기가 작아져 관리가 쉬워지고, 덕분에 컴퓨터에서 내려받아 아이팟 같은 휴대용 플레이어에 저장을 할 수도 있다. 한때는 원음의 충실한 재생을 추구했다면, 이제는 편리함이 우선이다. 그러나 MP3의 장점은 편리함 정도로 끝나지 않는다. MP3 방식으로 압축된 음악은 재생 음질이 크게 저하되지 않고 효과적으로 저장할 수 있다.

오늘날에는 어디를 가든 자신이 소장하고 있는 모든 음악을 휴대한다는 개념이 일반화되어 있다. 그러나 모든 음악을 휴대하고 듣는 것이 좋기만 한 것은 아니다. 이어폰을 사용하는 아이팟 같은 휴대용 플레이어는 최대 음량이 대개 100데시벨 이상이다. OSHA 규정에 따르면, 소음이 100데시벨 이상인 작업장에 청각 보호 장비 없이 하루 2시간 이상 노출되어서는 안 된다. 따라서 이어폰으로 음악을 듣는 많은 사람들이 해로운 수준의 소음에 노출되고 있을 것이라는 점을 어렵지 않게 짐작할 수 있다.

유럽에서는 다양한 규정을 통해 휴대용 음악 플레이어의 음량을 제한한다. 프랑스에서 팔리는 제품은 최대 음량이 100데시벨로 제한되어 있다. 유럽연합 조례의 요구 사항에 따르면, 사용자가 음량을 조절할 수는 있지만 플레이어를 켤 때의 초기 음량은 항상 85데시벨로 맞춰져 있어야 한다.

OSHA 규정보다 낮은 수준의 소음 공해가 미치는 효과와 다른 역치들에 관해서는 잘 알려져 있지 않으며, 따라서 논란의 여지도 더 많다. 그러나 소음은 청각 메커니즘을 손상시키지 않고도 충분히 위험할 수 있다. 이에 관해서는 제3부에서 알아볼 것이다.

촉각

지구상에서 가장 괴상하게 생긴 동물들을 뽑는다면, 여러 막강한 경쟁자들이 있겠지만 나는 별코두더지star-nosed mole를 후보로 선택하겠다. 별코두더지의 별모양 코는 일각고래의 뿔 다음으로 동물계의 가장 기묘한 감각기관으로 충분히 찬사를 받을 만하다. 캐나다 동부와 미국 북서부의 축축한 땅 속에 사는 별코두더지는 벌레나 지렁이를 찾기 위해 진흙을 헤집고 다니면서 대부분의 시간을 보낸다. 별코두더지도 다른 두더지들처럼 강력하지만 우스꽝스럽게 생긴 앞발이 효과적인 불도저 역할을 한다. 별모양 코는 거의 퇴화한 작은 눈 사이에 뻗어 있는데, 〔그림 12〕에 나타난 것처럼 11개의 분홍색 촉수가 각각의 콧구멍을 둘러싸고 있다. 이 촉수들의 길이는 0.3센티미터

[그림 12] 별코두더지. 11개의 촉수가 각각의 콧구멍을 둘러싸고 있다.
별모양 코의 양 옆에 있는 작은 눈은 이 사진에서는 거의 보이지 않는다.
(메리 홀랜드Mary Holland 사진: 허가를 얻어 사용)

에 불과하지만, 별코두더지는 몸무게가 50그램 정도인 아주 작은 두더지다. 몸길이는 20센티미터 정도인데, 그 중 꼬리 길이가 7.5센티미터에 이른다. 이렇게 작은 동물에 이 별모양 코는 실로 엄청난 크기다.

이 촉수는 코를 둘러싸고 있기 때문에 뭔가 미각이나 후각과 연관이 있을 것이라고 추측하기 쉽다. 그러나 전혀 그렇지 않다. 감각기관으로서 이 촉수들은 손가락에 더 가깝다. 별코두더지가 파고 있는 흙의 냄새를 맡거나 맛을 보는 게 아니라 **만져보기** 위한 것이다. 그렇다고 물건을 잡는다거나 손가락이 하는 다른 기능을 수행하는 것은 아니다. 다만 고도로 전문화된 촉각 기관으로, 두더지가 찾고 있는 먹이가 일으키는 10헤르츠 정도의 흙의 진동을 감지한다. 별코두더지의 콧구멍을 둘러싸고 있는 11개씩의 촉수에는 약 5만 개의 촉각 신경 종말이 분포하고 있다. 반면 상대적으로 훨씬 큰 인간의 손에는 촉각을 감지하는 신경 섬유가 1만7000개뿐이다.

2억 개 정도의 후각 수용기를 갖고 있는 개는 인간보다 후각이 훨씬 뛰어나다. 별코두더지의 촉수에 분포하는 신경 종말의 수로 볼 때, 별코두더지도 대단히 월등한 촉각 능력을 갖고 있다는 결론을 내릴 수 있지 않을까? 그럴 수도 있지만, 아직 과학적으로 확인이 되지는 않았다. 이를 밝혀내기 위해서는 누군가 별코두더지 촉수의 공간 분석 능력에 대한 실험을 해야만 한다.

이런 실험이 인간을 대상으로 수행된 적은 있다. 이미 짐작했겠지만, 이 실험은 손가락 끝이 우리 손에서 가장 촉각이 민감한 부위라는 것을 확인하기 위한 실험이었다. 촉각의 민감도는 두 자극점 사이의 거리가 얼마나 떨어져 있어야 두 점이 분리되어 있다는 것을 인식하는

지를 이용해 측정할 수 있다. 이 실험은 비교적 재연이 쉬우며, 측정 결과를 통해 최소한 대략적인 개념을 파악할 수 있다. 엄지손가락과 집게손가락으로 이쑤시개 두 개를 잡고 두 이쑤시개 사이의 거리를 조절해보자. 두 이쑤시개의 끝을 2센티미터 정도 떨어지게 한 다음, 다른 손의 손바닥 한가운데를 살짝 찔러본다. 아마 서로 다른 두 개의 자극점이 느껴질 것이다. 즉 두 개의 이쑤시개가 있다는 것을 확실히 아는 것이다. 이번에는 실험을 하는 동안 딴 곳을 보고 있거나 다른 사람에게 이쑤시개를 찔러달라고 해서, 실험 과정을 볼 수 없게 해보자. 그 다음 두 이쑤시개의 끝을 좀 더 붙여서 다시 실험을 한다. 가령 두 이쑤시개 끝의 간격이 1밀리미터라고 해보자. 손바닥은 그렇게 가까운 두 자극점을 구별할 수 있을 정도로 민감하지 않게 때문에, 두 점은 한 점으로 감지될 것이다. 이쑤시개 끝의 간격을 점차 벌리면서 실험을 계속하면, 이쑤시개 끝이 하나가 아니라 둘이라는 것을 감지할 수 있는 거리에 도달하게 될 것이다.

연구자들이 밝힌 바에 따르면, 보통 사람들이 손바닥에서 두 자극점이 떨어져 있다는 것을 감지할 수 있는 최소 간격은 약 8밀리미터다. 손가락 끝은 훨씬 더 민감해서, 분리를 감지할 수 있는 최소 간격이 2밀리미터 이하다. 이쑤시개 두 개를 3~4밀리미터 정도 떨어지게 잡고 먼저 손바닥을, 그 다음에는 손가락 끝을 찔러보자. 손바닥에서는 하나의 자극처럼 느껴지지만 손가락 끝에서는 둘로 느껴질 것이다.

촉각 수용기

이러한 촉각 민감도 실험 결과는 피부에 있는 촉각 수용기의 분포와 잘 맞아 떨어진다. 손가락 끝에는 1제곱센티미터 당 200개가 넘는 촉각 수용기가 있으며, 이는 손바닥의 중심에 비해 약 4배 정도 많은 양이다.

1제곱센티미터 당 200개가 있다는 것은, 손가락 끝에는 시침핀 머리만 한 넓이에 약 여섯 개의 촉각 수용기가 있다는 뜻이다. 촉각, 온도 감각, 통각처럼 피부와 연관된 감각은 피부 전체에 걸쳐 다 이어져 있는 것처럼 보이기 때문에, 이런 감각을 담당하는 수용기도 뭔가 균일하게 분포되어 있을 것이라고 생각하기 쉽다. 이쑤시개 실험은 그렇지 않다는 것을 보여준다. 이런 수용기들은 피부에 균일하게 분포하고 있는 게 아니라 불연속적으로 분포하고 있다. 이 점들이 멀리 떨어져 있을수록, 점과 점 사이의 영역에서는 감각이 덜 느껴진다. 가느다란 탐침을 냉각시킨 다음 피부에 접촉시키면 차가운 기운이 느껴질 것이다. 단 피부의 온도 수용기와 충분히 가까이 있을 때만 그렇다. 만약 이 차가운 탐침이 가장 가까운 온도 수용기와 너무 멀리 떨어져 있다면, 접촉만 감지하게 될 가능성이 크다.

로봇에서의 촉각, 그리고 다른 것들

로봇의 미래에 관해 생각할 때, 우리는 종종 지능을 떠올린다. 언젠가 로봇은 그렇게 **똑똑해**질 것이다. 갑자기 스탠리 큐브릭의 「2001 스페이스 오디세이」에 나오는 로봇인 HAL이 떠오른다. 로봇의 지능은 눈부신 발전을 하고 있지만, 로봇에서 진보하고 있는 것은 그것만이 아니다. 일부 로봇의 감각 능력은 오늘날에도 대단히 놀랍다.

놀라운 손놀림과 민첩성과 촉각을 지닌 세 손가락의 로봇 손들이 개발되었고, 이들이 부리는 온갖 재주는 실로 놀랍다. 어떤 로봇 손은 휴대전화기를 집어 공중에 던졌다가 가볍게 다시 잡을 수 있다. 이를 위해서는 낙하하고 있는 물체의 위치를 감지하는 시각과 전화기를 망가뜨리지 않고 잘 잡기 위한 고유 감각과 촉각이 조합되어야만 한다. 이 로봇 손은 가느다란 끈으로 매듭을 묶을 수도 있고, 핀셋으로 쌀알을 집어 작은 컵 속에 집어넣을 수도 있다.

내가 지금 설명한 로봇의 동영상을 아내에게 보여주었을 때, 내 아내역시 깊은 인상을 받았다. 정말 멋진 동영상이었다. 아내는 내게 "이런 재주 부리기 말고 로봇 손으로 할 수 있는 게 무엇이냐"고 물었다. 그 해답의 하나가 로봇 수술이다.

로봇 수술이 완전히 새로운 것은 아니다. 로봇 수술이 처음 시행된 것은 1965년이었다. 자주 언급되는 로봇 수술의 장점은 의사들이 지구 반대편에서도 로봇을 조절하며 원격 수술을 할 수 있다는 점과 전통 방식의 수술에 비해 절개를 최소화한다는 점이다. '절개의 최소화'는 일반적으로 복강경 수술 기술을 말하는데, 로봇과 다른 기구를 대단히 작은 절개부에 넣어 시술하는 것이다.

로봇 수술은 항상 의사가 관장한다. 로봇의 독자적인 수술은 공상과학 영화에서나 가능한 것이다. 로봇이 제공하는 것은 말단장치end effector다. 말단장치는 수술 장비를 다루고 내시경 카메라의 위치를 정하는 기계의 일부로, 인간의 관절보다 훨씬 넓은 범위를 움직일 수 있다. 또 로봇은 외과의사에 비해 수술 장비를 떨림 없이 정밀하게 다룰 수 있다. 그러나 수술용 로봇은 가격이 수백만 달러에 이르며, 연간 수십만 달러의 유지비용이 든다. 전통적인 내시경 수술과 로봇 수술에 대한 비교 연구도 항상 로봇 수술의 손을 들어주지는 않는다. 감각의 측면에서 볼 때, 로봇 수술은 완전히 시각적이다. 누군가의 생사가 걸려있을 수도 있지만, 로봇 수술은 고도로 정교한 비디오게임과 다를 바 없다. 촉각 같은 다른 감각 능력을 가진 로봇이 등장해서 이 비디오게임이 더 정교해질 수 있을지는 시간이 지나봐야 알 수 있을 것이다.

통증 반응

피부와 그 바로 아래 있는 층에는 수많은 감각 수용기들이 밀집해 있다. 바로 앞에서 우리는 촉각에 대해 알아보았다. 촉각은 압력과 진동과 그 외 다른 자극을 감지하는 능력인데, 가려움을 유발하는 자극도 여기에 속한다. 피부와 그 바로 아래, 그리고 몸속 깊은 곳에 있는 조직에서 일어나는 감각 작용은 눈과 귀 같은 특화된 감각기관의 작용과는 다른 별개의 범주로 구분되기도 한다. 따라서 이런 감각 작용에는 근육이 얼마나 수축되었는지를 나타내는 수용기 혹은 배가 부른지를 알려주는 수용기들이 포함된다.

통각 개념은 제1부에서 소개했고, 통각을 담당하는 수용기는 다른 감각 작용의 수용기와는 다르다는 것도 지적했다. 손가락을 뜨거운 물과 따뜻한 물에 담그는 실험을 떠올려보자. 둘 다 온도 감각 작용을 유발하지만, 통증을 일으키는 것은 뜨거운 물뿐이다.

통각 수용기는 적어도 한 가지 면에서는 다른 수용기들과 다르다. 평소에는 통증을 느끼지 않던 자극이라도 그 부위가 어떤 식으로 손상을 입으면 확실히 고통스럽게 느껴진다. 이를테면 키보드를 치는 일은 대개 고통을 동반하지 않지만, 손가락 끝에 살짝 화상을 입었거나 손끝을 베였을 경우에는 그렇지 않다. 다친 손가락이 자판을 건드릴 때마다 날카로운 통증이 파고들 것이다. 통각 수용기에는 손상을 입은 신체 영역에 대한 일종의 기억이 있는 것으로 추정된다. 실제로 통각 수용기는 뇌로 정보를 보낼 수도 있고 뇌로부터 정보를 받을 수도 있다.

정보는 전기 신호의 형태로 신체의 여러 부분을 드나든다. 근육은 그 좋은 본보기다. 우리가 뭔가를 들어 올리려고 할 때, 우리 뇌는 팔과 손의 근육에 정보를 보낸다. 그러나 들어 올리는 동작을 하기 위해서는 이들 근육에서 뇌로 보내는 정보도 필요하다. 뇌는 이 임무를 완수하기 위해 끊임없이 피드백을 해야 하며, 그 이유에 관해서는 고유감각, 즉 신체에 대한 인식에서 다룰 것이다.

대부분의 감각 수용기는 중추 신경계에 정보를 보내기만 하고 받지는 않는다. 통각 수용기는 다르다. 신체가 손상을 입으면 다양한 과정이 실행되면서 치유가 시작되는데, 통각 수용기도 한 몫을 한다. 처음 통증 신호를 뇌에 전달했던 그 수용기가 이제는 손상을 입은 조직의 회복을 돕는 것이다. 약한 화상의 경우는 연구가 잘 되어 있다. 화상으로 손상된 세포는 화학물질을 방출해 화상을 입은 부위의 주변에 있는 통각 수용기들이 과민반응을 일으키게 한다. 그래서 화상을 입으면 그 주변부가 그렇게 아픈 것이다. 통각 수용기는 화상을 입은 부분이 붉어지고 부어오르는 과정과도 연관이 있다.

망막의 간상세포와 원추세포, 또는 내이의 유모세포 같은 대부분의 감각 수용기는 고도로 분화된 해부학적 구조를 갖고 있다. 그러나 통각 수용기와 온도 수용기는 본질적으로 자유 신경 종말free nerve ending 이다. 두 종류의 수용기는 서로 다른 자극에 반응하지만, 어떤 구조가 다른 반응을 일으키게 하는지는 명확하지 않다.

통각 수용기가 반응할 수 있는 자극은 고통스러울 정도의 냉기와 온기, 베임이나 찔림이나 조임 같은 고통스러운 기계적 자극, 피부의 손상을 일으킬 수 있는 여러 다양한 화학물질이다. 어떤 통각 수용기는 이 모든 자극에 반응하며, 어떤 것은 이 중 한두 가지에만 반응한다. 통각 수용기의 유형을 구별하는 요소는 또 있다. 혈액 표본을 채취하기 위해 간호사가 손가락을 찌를 때, 처음에는 따끔한 통증이 느껴지다가 곧바로 둔한 통증이 이어진다. 이 두 종류의 통증은 서로 다른 종류의 통각 수용기에서 유래하는데, 이들 수용기의 작용은 정교한 실험을 통해 확인되었다. 특별한 마취제로 둔한 통증이나 따끔한 통증을 느끼는 수용기를 차단하면, 손가락을 찔린 사람은 차단되지 않은 한 가지 유형의 통증만 느끼게 된다.

대부분의 사람들이 살아가면서 한 번쯤은 고통을 느끼지 않았으면 하고 바란다. 나도 심한 치아농양이 왔을 때 그런 생각을 했던 기억이 난다. 그러나 통증이 존재해야 할 이유는 충분하다. 드물지만 고통을 느끼지 못하는 사람도 있다. 이런 사람들은 신체의 경고 체계가 결여되어 있을 뿐 아니라, 다른 사람들에 비해 상처도 더 많이 입는다. 게다가 상처가 잘 아물지 않는 편이며 전혀 낫지 않는 경우도 있다. 결국 통각 수용기는 통증 신호를 뇌로 전달하는 일과 치유 과정을 돕는 일에 모두 관여한다.

온도 수용기

온도 수용기, 또는 열 수용기는 통각 수용기처럼 뚜렷하게 특화된 구조가 없는 자유 신경 종말이다. 온도 수용기도 앞서 다뤘던 다른 다양한 수용기들처럼, 신경에서 양이온이 이동하는 통로를 열거나 닫음으로써 온도 변화에 반응한다. 연구를 통해 밝혀진 바에 따르면, 인간에게는 활성화되는 온도 범위에 따라 최소 여섯 종류의 서로 다른 온도 수용기가 있다. 이 온도 수용기들이 가장 민감한 온도는 섭씨 10, 15, 35, 40, 45, 60도다. 처음 두 가지 수용기는 '차가운' 감각, 그 다음 두 가지는 '따뜻한' 감각, 마지막 두 가지는 '뜨거운' 감각을 수용한다. 온도에 대한 보통사람의 통증 역치는 섭씨 45도 정도다. 앞서 우리는 온도 감각과 음식의 풍미 사이의 관계를 다뤘다. 온도 변화에 의해 열리는 통로는 우리가 "화끈하다" 또는 "화하다"라고 말하는 고추나 멘톨 같은 특정 식품에 의해서도 열린다. 따라서 이런 식품에 대한 감각 작용을 묘사하는 단어가 온도로 인한 효과를 나타내는 단어와 같은 것은 단순한 우연이 아니다. 모두 같은 감각 수용기가 관여하는 것이다.

제3부에서는 시각의 맹점과 지각 완성의 다른 사례를 알아볼 것이다. 감각은 이런 방식으로 속아 넘어갈 수 있는데, 우리의 온도 감각도 예외는 아니다. 25센트짜리 동전 세 개를 준비해 그 중 두 개를 5분 동안 냉동실에 넣어보자. 그 다음 세 개의 동전을 탁자 위에 일렬로 늘어놓는데, 실온에 두었던 동전을 가운데에 놓는다. 이 세 동전을 검지, 중지, 약지를 이용해 동시에 만져보자. 지각은 놀랍게도 동전 **세 개가 모두** 차갑다고 인식한다. 가운데에 있는 동전**만** 만지면, 차

갑지 않을 것이다. 그러나 세 개를 동시에 만지면 모두 차갑게 느껴진다.

균형 감각

나는 영화 관람을 좋아한다. 그렇다고 아무 영화나 다 좋아하는 것은 아니다. 적어도 요즘 영화의 한 가지 추세는 집에서 유익한 책이나 보고 싶게 만든다는 점이다. 아카데미 시상식에서 작품상을 받은 2009년 작 「허트 로커」는 이라크에서 사제 폭발물을 색출해 제거하는 미군 폭발물 제거반의 이야기를 다룬 수작이다. 그러나 나는 이 영화를 거의 볼 수가 없었다. 영화가 너무 잔혹해서가 아니라, 여기저기서 정신없이 등장하는 핸드 헬드 카메라 기법 때문이었다. 영화 제작자들은 관객들이 진짜 그곳에 있는 것 같은 느낌을 받으라고 그런 기법을 쓰는 것 같다. 「허트 로커」는 정확히 그랬다. 자동차나 쓰레기 더미 속에 폭탄이 들어 있는지 알지 못한 채, 또는 어느 지붕 밑에 저격수가 숨어 있는지몰라 조심스럽게 몸을 낮추고 바그다드 골목을 돌아다니고 있는 것 같았다. 카메라가 고정되어 있으면, 관객은 좀 더 분리된 느낌을 받을 것이다. 그러나 카메라가 마구 흔들리면, 먼지가 자욱한 거리에 그 군인들과 함께 있는 것 같은 느낌을 받는다. 그러나 나는 그렇지 않았다. 나는 화장실로 달려가 토하고 싶은 느낌을 받았다. 카메라의 흔들림이 5분 이상 계속되자, 나는 배 멀미와 비슷한 매스꺼움을 극복할 수 있었다. 미국 영화 협회에서는 관객의 나이에 따른 영화 등급(G, PG, R 따위)을 결정한다. 나 같은 관객을 위해 흔들림Wobbly을 나타내는 W 등급을 추가하면 어떨까?

배 멀미 같은 멀미는 시각적 자극(오르락내리락 하는 갑판, 흔들리는 돛대)이 기계적 자극과 결합되어 나타난다. 기계적 자극은 배 위에서 파도의 작용으로 몸이 흔들리는 현상 같은 것이다. 시각적 자극과 기계적 자극인 신체의 가속은 우리의 균형 감각과 연관이 있다. 어떤 사람들은 시각적 자극만으로도 멀미를 하는데, 영화 관람 이야기에서 알 수 있듯이 내가 그런 사람이다. 멀미는 별로 유쾌한 경험이 아니다. 아이작 아시모프는 『인체The Human Body』라는 책에서 항해하는 동안 배 멀미를 하는 승객의 경험담을 소개한다. 한 남자 승무원은 배 멀미로 죽은 사람은 아무도 없다는 이야기로 그 승객을 안심시키고자 했다. 그러자 그 불쌍한 승객은 "이렇게 살아야 한다면, 내 유일한 소망은 죽는 것이오"라고 말했다. 멀미는 우리 균형 감각의 불편한 표현이다. 그러나 균형 감각은 없어서는 안 되는 중요한 감각이며, 시각이나 청각 기관 못지않게 정교하게 분화된 감각기관이다.

우리는 어떻게 위치와 속도 변화를 감지할까?

만약 투표를 한다면, 전정계는 '가장 덜 알려지고 가장 저평가된 감각기관'으로 뽑힐 것이다. 우리 대부분은 '균형 감각'이라고 부르는 뭔가가 있다는 것을 알고 있다. 그 감각이 내이와 연관이 있다는 것도 알고 있을지 모르지만, 많은 사람들이 그 이상의 사실에 대해서는 거의 무지하다. 적어도 내 비공식적 여론 조사 결과로 봤을 때는 그렇다.

한 가지 문제점은 머리의 직선 운동과 회전 운동을 감지하는 전정계라는 이 독특한 감각기관이 완전히 체내에 있다는 점이다. 눈, 코,

귀, 피부, 혀는 모두 겉으로 드러난다. '보이지 않으면 마음도 멀어지는' 경우라고 볼 수 있지 않을까? 어린아이에게 감각기관을 가르쳐 줄 때, 다른 감각기관들은 모두 손으로 가리킬 수 있다. 그렇게 손으로 하나씩 가리켜가며 감각기관에 관해 이야기는 하는 동안, 나는 다음과 같이 말하는 사람을 본 적이 없다. "아, 샐리, 하나가 더 있단다. 이 모든 멋진 감각기관들과 함께, 내이 속에는 반고리관과 이석도 있지. 네가 서 있거나 걸어 다닐 때 넘어지지 않게 해주는 것이 바로 그것들이란다."

그러나 어쨌든 그 기관들은 거기에 있고 그런 일들을 한다. 그 기관들이 없었다면 우리가 알고 있는 생명은 존재하지 못했을 것이다. 우리의 균형과 위치 감각을 담당하는 이 감각기관들을 통틀어 전정계라고 부른다. 전정계에는 양쪽 내이에 5개씩, 모두 10개의 독립된 가속도계가 있다. 이 중 6개는 머리의 회전을 감지하고, 나머지 4개는 머리의 위치와 직선 운동을 감지한다.

머리의 회전 감지

6개의 회전 감지 장치는 가운데 체액이 채워진 속이 빈 고리의 형태를 취하고 있으며, 이를 반고리관이라고 한다. 아기들의 치아 발육기처럼 생긴 반고리관은 한쪽 귀에 각각 3개씩 들어 있는데, [그림 13]처럼 서로 대략 수직을 이루고 있다.

반고리관 중 하나는 수평에서 30도 정도 아래로 기울어진 평면에 있다. 인간의 머리를 측면에서 볼 때, 이 평면은 눈높이에서 시작해 뒤쪽으로 갈수록 낮아진다. 다른 두 개의 반고리관은 수직 평면에 있

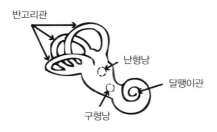

[그림 13] 전정계

3개의 반고리관과 난형낭utricle과 구형낭saccule이 내이의 달팽이관과
연결되어 있다.

다. 내 왼쪽 내이에 있는 두 개의 반고리관 중 하나는 왼쪽 정면에서
볼 때 'O' 자로 보이지만, 다른 반고리관은 왼쪽 후면에서 볼 때 'O'
자로 보인다.

이미 짐작 했겠지만, 이렇게 서로 수직을 이루는 세 개의 반고리관은
몸이 각 축을 따라 회전하는 것을 감지할 수 있다. 수평면에 가장 가
까운 관은 '아니다'라는 뜻으로 머리를 가로젓는 운동을 할 때와 같
은 머리의 회전을 감지한다. 머리가 어떤 방향으로 회전하든, 양쪽
귀에 있는 세 개의 반고리관 중 적어도 하나는 그것을 감지하기 좋은
방향에 있다.

반고리관의 작동 방식은 이렇다. 가령 머리의 왼쪽에서 뭔가가 눈에
보였다고 생각해보자. 아마 재빨리 그 방향으로 머리를 돌리게 될 것
이고, 단단한 반고리관도 머리의 다른 부분과 함께 움직이게 된다.
더 단순하게, 반고리관이 하나뿐이라고 생각해보자. 이 반고리관이
움직여도 그 안에 들어 있는 체액은 움직이지 **않는다**. 최소한 바로 움
직이지는 않는다. 이는 손에 커피 잔을 들고 갑자기 몸을 움직일 때

나타나는 현상과도 비슷하다. 고체인 커피 잔은 손의 움직임을 따라 움직이지만, 그 커피 잔 속에 담긴 액체 상태의 커피는 그렇지 않다. 출렁거리다가 결국 흰 셔츠에 커피 얼룩을 남기게 될 것이다. 단단한 관의 내부에서 출렁이는 액체의 움직임, 이것이 바로 반고리관이 머리의 운동을 감지하는 능력의 핵심이다.

반고리관 안에서 일어나는 체액의 움직임은 어떤 달걀이 삶은 것인지 알아보기 위해 요리사들이 사용하는 방법을 떠오르게 한다. 달걀을 평평한 표면에 놓고 팽이처럼 돌려보자. 만약 그 달걀이 빠른 속도로 잘 돌아간다면 삶은 달걀이다. 그런데 도는 둥 마는 둥 하다가 천천히 멈춘다면, 그 달걀은 날달걀이다. 날달걀의 내부, 반고리관의 내부, 손에 들고 있는 커피 잔에는 대략 같은 원리가 작용한다. 달걀을 돌릴 때에는 큰 각가속도가 주어진다. 전혀 회전하지 않는 상태에서 빠르게 회전하는 상태로 갑자기 상태가 변하는 것이다. 달걀이 날 것이라면, 그 안에 들어 있는 걸쭉한 액체는 방금 단단한 껍데기에 가해진 운동을 따라잡지 못할 것이다. 달걀 껍데기가 한 방향으로 회전하기 시작하면, 그 내부의 액체는 반대 방향으로 출렁이다가 달걀 껍데기에 부딪힐 것이다. 달걀의 내부에서 출렁이는 액체에 의한 이 모든 추가의 운동은 달걀을 회전시키기 위해 가해진 에너지의 대부분을 흡수하고, 몇 번 돌아가던 날달걀은 슬슬 느려지다가 결국 멈추게 된다. 반면 삶은 달걀의 내부에는 액체가 없다. 삶은 달걀을 돌리면 껍데기와 고체 상태의 내용물이 한 덩어리가 되어 처음 주어진 회전 운동을 따라 잘 돌아간다.

그러므로 체액이 차 있는 반고리관도 돌아가고 있는 날달걀처럼 작동한다. 머리를 돌리면 반고리관도 돌아가지만, 그 안의 체액은 그 움직임을 바로 따라잡지 못한다. 만약 반고리관이 반시계방향으로 회전한다면, 내부의 체액은 시계방향으로 출렁인다. 이제 드디어 이 모든 것의 핵심에 이르렀다. 반고리관 내부에서 체액은 360도 모든 방향으로 자유롭게 움직일 수 있지만, 한 지점만은 예외다. 반고리관에는 팽대부ampulla라고 하는 부분이 있는데, 팽대부에는 유연한 막이 가로막고 있어서 체액이 통과하지 못한다. 머리를 돌리면 반고리관이 돌아가고, 그 내부의 체액은 반대 방향으로 출렁인다. 그와 거의 동시에 체액이 팽대부의 유연한 막에 부딪혀 막의 형태가 바뀐다. 우리가 감지하는 것은 바로 이 막의 변형이다. 이 막에는 달팽이관의 유모세포와 비슷한 방식으로 작용하는 털 세포가 포함되어 있다. 머리가 회전하기 시작하면, 이와 같은 반고리관 속 체액의 '역류'를 통해 그 정보가 뇌에 전달된다. 머리가 30도만 회전하다가 갑자기 멈췄다고 해보자. 반고리관 속의 체액은 이를 잘 감지할 수 있게 해준다. 역류하는 체액은 막에 부딪혔다가 반고리관과 같은 방향으로 움직이기 시작한다. 그러나 머리와 반고리관이 움직임을 멈추면, 체액은 계속 움직이다가 결국 반대 방향에서 막에 부딪히게 된다. 이를 통해 뇌는 머리가 움직임을 멈췄다는 것을 알게 된다.

항상 반고리관의 움직임보다 조금 느린 이런 체액의 움직임은 머리 운동의 시작과 정지에 관한 신호를 뇌에 전달한다. 따라서 우리는 반고리관이 잘 감지하는 것이 운동의 **변화**, 즉 시작과 정지라는 것을 알 수 있다. 어쨌든 우리의 머리가 주로 하는 운동은 이런 종류의 시작과 정지 운동이다. 반면 반고리관은 놀이동산에서 놀이기구를 탈 때 경험하는 것과 같은 **연속적인** 회전 운동을 잘 감지하지 못한다. 그렇기 때문에 이런 놀이기구를 타면 속이 메슥거리고 방향감각을 상실하는 것이다.

이런 설명은 전정계가 꽤 느리게 반응하는 것 같은 인상을 줄 수도 있다. 그러나 전혀 그렇지 않다. 균형 반사는 우리 몸의 반사 중에서 가장 빠른 축에 속한다. 이 글을 읽으면서 머리를 좌우로 움직여보자. 머리를 움직여도 눈의 초점을 계속 글에 맞추는 것이 별로 어렵지 않다는 사실을 알게 될 것이다. 이처럼 전정계와 눈 근육의 협력으로 일어나는 반사 작용을 전정-안구 반사vestibulo-ocular reflex라고 한다. 이 반사 작용이 최대한 빨리 일어나게 하기 위해서, 관련 신경들은 단순하고 직접적으로 연결되어 있다. 그 결과 머리의 운동에 이어 일어나는 안구의 운동은 10밀리초밖에 뒤처지지 않는다. 이 글을 읽으면서 "아니"라고 할 때처럼 머리를 좌우로 움직여보자. 책장에 있는 글자들은 그냥 책을 읽을 때와 다름없이 그 자리에 있을 것이다. 이제 최대한 머리를 빠르게 흔들어보자. 만약 당신이 나와 비슷하다면, 여전히 글을 읽을 수 있지만 조금 '흔들림'이 있을 것이다. 이는 전정-안구 반사가 일어나는 시간보다 조금 더 빨리 머리를 움직인 것이고, 그래서 눈의 움직임이 머리의 움직임보다 조금 늦어진 것이다.

우리 눈과 귀가 두 개씩 있는 것처럼, 전정계도 각각의 내이에 하나씩 들어 있다. 전정계마다 반고리관이 세 개씩 있는데, 눈과 귀의 경우와 마찬가지로 이 역시 단순한 과잉이 아니다. 좌우 한 쌍의 반고리관은 추진-견인 배치push-pull arrangement라는 방식으로 작동한다. 한쪽, 이를테면 왼쪽 반고리관이 머리의 움직임에 의해 자극을 받으면 반대편에 있는 오른쪽 반고리관의 작용은 억제된다. 의사들은 이 성질을 이용해 균형과 관련된 환자의 문제를 검사한다. '급속 두부 자극 검사rapid head impulse test'라는 이 검사에서, 의사는 환자에게 의사의 코를 쳐다보라고 지시한다. 그 다음 의사는 환자의 머리를 신중하면서도 빠른 속도로 20도 정도 회전시킨다. 만약 환자가 의사의 코에 계속 초점을 맞출 수 있다면, 아무 문제도 없다는 것을 나타낸다. 만약 환자의 머리가 왼쪽으로 돌려졌을 때는 눈이 정상적으로 반응했지만 오른쪽으로 돌려졌을 때는 그렇지 않았다면, 사고나 질병으로 인해 오른쪽 전정계에 문제가 생겼다는 것을 나타낸다.

세그웨이

현재 시판 중인 세그웨이Segway를 발명한 DEKA사의 소유주인 딘 카멘Dean Kamen은 최고의 엔지니어다. 그의 탁월한 기술력과 창의성은 대단히 유명하며, 그는 이 능력에 타고난 사업 수완을 결합시켰다. 그는 성공을 통해 얻은 수익을 사회에 환원해왔으며, 이 과정에서 보기 드물게 넓은 도량을 보였다. 아무리 생각해도 내게 세그웨이는 아무도 묻지 않은 질문에 대한 답에 불과하지만, 대단히 정교하고 멋진 기계라는 점은 의심의 여지가 없다. 카멘은 세그웨이를 발명할 때 인체의 균형 조절 체계에서 영감을 받았다고 말했다. 두 발로 걷는 대신, 세그웨이는 나란히 놓인 두 개의 바퀴로 굴러간다. 그러나 세그웨이가 넘어지지 않게 자가 제어를 하는 방식은 우리가 걸을 때 항상 똑바로 서 있는 방식과 어딘가 공통점이 있다. 세그웨이는 균형 감각과 고유 감각을 모두 갖고 있다.

세그웨이의 동력은 각 바퀴에 하나씩 연결된 두 개의 독립된 전기 모터다. 이 모터들은 각각의 바퀴를 전후로 움직일 수 있고 브레이크로도 작동한다. 모터를 조절하는 컴퓨터에는 인체의 전정계를 모방

한 감지기들이 연결되어 있다. 이 감지기들, 특히 소형 자이로스코프 gyroscope와 가속도계는 세그웨이 프레임 각각의 위치와 가속도를 측정한다.

세그웨이 운전자가 몸을 앞으로 기울이면, 자이로스코프 센서는 그 방향에 있는 프레임의 회전을 감지한다. 세그웨이(그리고 운전자)가 넘어지는 것을 방지하기 위해 컴퓨터는 바퀴를 앞으로 움직이라는 신호를 모터에 전달하고, 세그웨이는 움직이기 시작한다. 몸을 이리 저리 기울여 앞뒤로 움직이는 것, 이것이 세그웨이를 조절하는 방법이다. 바퀴는 세그웨이가 똑바로 서서 균형을 잡는 데 딱 맞는 속도로 회전한다. 세그웨이에서는 센서와 컴퓨터와 모터 사이에 1초에 수백 번씩 끊임없이 피드백이 이루어진다.

걷기도 이와 방식이 비슷하다. 우리는 걸을 때 머리를 앞으로 기울인다. 머리를 앞으로 기울이면 자동적으로 다리가 하나씩 움직여서, 우리는 걷는 동안 똑바로 선 자세를 유지한다. 우리의 전정계는 머리의 위치와 가속도을 감지해 그에 해당하는 신호를 뇌로 보내고, 뇌에서는 다리를 움직이라는 명령을 내린다. 머리를 많이 기울일수록 다리는 더 빨리 움직인다. 머리를 더 많이 기울이면, 우리는 자세를 유지하기 위해 걷기에서 달리기로 바꿔야 한다. 세그웨이도 같은 방식으로 작동한다. 운전자가 많이 기울일수록 바퀴는 더 빠르게 회전한다.

자이로스코프

회전하고 있는 팽이가 쓰러지지 않고 회전할 수 있는 까닭은 바로 회전하기 때문이다. 회전하는 물체는 행성처럼 큰 것이든 팽이처럼 작은 것이든 일정한 방향을 유지하려는 경향이 있으며, 이 성질을 활용한 것이 자이로스코프다. 자이로스코프는 비행기 같은 물체의 안정성을 유지하는 데 주로 이용된다. 1800년대 초에 등장한 최초의 자이로스코프는 완전히 기계적이었고, 팽이를 연상시키는 회전 요소가 활용되었다. 1900년대 초반에는 자이로스코프가 실용화되어 항해에 이용되었다.

현대의 자이로스코프는 진동 구조로 된 것이 많다. 이런 자이로스코프는 세그웨이, 아이폰 4, 다양한 비디오게임 컨트롤러, 여러 카메라의 영상 안정화 장치image-stabilization system에 활용된다. 진동 구조 자이로스코프는 회전 메커니즘 대신 진동 요소를 기반으로 하며, 휴대전화 같은 장치에 이용되기 시작하면서 눈에 띄게 소형화되었다.

진동 구조 자이로스코프는 파리와 모기를 포함해 많은 종류의 날 수 있는 곤충에서 발견되는 특별한 감각기관인 평형곤haltere과 대단히 흡사하다. 각각의 평형곤(평형곤은 여러 개 존재한다)은 고양이 수염처럼 뻗어나와 끝이 둥글게 맺혀 있는 일종의 부속지다. 〔그림 14〕에 나타난 것처럼, 평형곤은 곤충의 양쪽 날개 바로 뒤에 하나씩 달려 있다. 곤충이 비행을 하면 평형곤이 진동한다. 비행을 하던 곤충이 방향을 바꾸면, 진동하는 평형곤은 방향의 변화에 저항하는 경향을 보인다. 회전하고 있는 팽이가 그 방향을 유지하려고 하는 것처럼, 진동하고 있는 물체도 방향 전환을 억제한다. 평형곤이 있는 곤충이 방향을 바꾸면, 곤충의 몸에 부착되어 진동하는 평형곤의 끝에는 방향의 변화로 인한 저항력이 생긴다. 이 힘은 감각 수용기에 감지되고 그 신호가 뇌로 전달되어, 일종의 유도 장치처럼 작동한다. 따라서 진동 구조 자이로스코프는 작동 원리와 일부 적용 방식이 평형곤

[그림 14] 각다귀. 날개 바로 뒤에 배 양쪽으로 각각 하나씩 달려 있는
두 개의 평형곤이 뚜렷이 보인다.(저자 사진)

과 비슷하다. 인간이 설계한 진동 구조 자이로스코프는 형태가 대단
히 다양하며 형태가 평형곤과 물리적으로 비슷할 필요는 없다.

머리의 직선 운동 감지하기

전정계에는 반고리관 외에 난형낭과 구형낭이라고 하는 다른 두 개
의 감각기관이 있다. 난형낭과 구형낭은 머리의 위치와 함께 직선 방
향의 가속을 감지한다. 난형낭과 구형낭을 합쳐 이석기관otolithic organ
이라고도 하는데, 그 이유는 뒤에서 알아볼 것이다. 이 작고 정교한

장치는 반고리관과 공통된 성질도 있지만, 결정적인 방식에서 차이가 난다. 난형낭과 구형낭은 몇 방울의 체액이 담겨 있는 아주 작은 주머니인데, 각각의 주머니에는 약간의 유모세포도 들어 있다. 이 유모세포가 체액의 움직임으로 인해 자극을 받으면(움직이면) 신호가 전달된다. 난형낭과 구형낭에 들어 있는 소량의 유모세포는 서로 수직인 평면 위에 존재한다. 우리의 머리가 전형적인 직립 자세로 있을 때, 난형낭의 유모세포는 마치 작은 풀잎들처럼 수평인 평면 위에 수직으로 뻗어 있다. 따라서 난형낭은 전후나 좌우의 움직임에 가장 민감하다. 구형낭에 들어 있는 유모세포는 난형낭의 유모세포와 90도 각도를 이루고 있어서, 전후나 상하의 운동에 가장 민감하다. 난형낭과 구형낭이 반고리관과 결정적으로 다른 점은 속도 변화만 감지하는 게 아니라 위치도 감지할 수 있다는 점이다. 머리를 앞으로 구부려 발을 내려다보면, 난형낭과 구형낭은(반고리관과 함께) 그 움직임을 감지한다. 그러나 일단 새로운 위치에서 멈추고 가능한 한 오래 그 자세를 유지하면, 반고리관은 아무 것도 감지하지 못한다. 반고리관은 다음 회전 운동을 감지하기 위해 단순히 기다리고 있다. 그러나 난형낭과 구형낭은 그 구성 방식 때문에 머리의 새로운 위치를 '기억'할 수 있다. 이 기관들은 그 위치에 있게 해준 속도 변화를 추적할 뿐 아니라 최종적인 머리의 위치도 계속 감지한다.

감각의 세계에는 오랫동안 변함없이 지속되는 '유지 자극maintained stimulus'이란 문제가 있다. 하나의 영상을 오랫동안 응시하면, 뇌에 일종의 각인이 되어 다른 곳을 쳐다볼 때도 그 잔상이 남아 있다. 대부분의 감각 수용기는 유지 자극에 적응하는 방법이 있으며, 난형낭과 구형낭도 마찬가지다.

난형낭과 구형낭의 내부에 있는 체액은 반고리관의 내부에 있는 체액과 같다. 그러나 난형낭과 구형낭 속의 유모세포가 있는 막은 반고리관 속에 있는 막과 다르다. 반고리관의 막은 고무 밴드처럼 거의 완벽한 탄성을 지닌다. 반고리관 내부의 막은 체액에 의해 밀리면 형태가 고무 밴드처럼 변한다. 하지만 체액이 더 이상 밀지 않으면, 고무 밴드가 그렇듯이 원래의 모양으로 되돌아간다.

난형낭과 구형낭의 내부에 있는 막은 완전한 탄성을 나타내지 않는다. 이 막들도 반고리관 내부의 막처럼 젤리 같은 물질로 채워져 있다. 그러나 난형낭과 구형낭 내부의 젤리 같은 물질 속에는 otoconia(그리스어로 귓속의 모래라는 뜻) 또는 otolith(귓속의 돌이라는 뜻)라고 부르는 작은 고체 알갱이인 이석도 들어 있다는 차이가 있다.

난형낭이나 구형낭 속의 막이 시냇물 바닥에 놓인 인조 잔디 조각이라고 상상해보자. 물이 어느 방향으로 흐르면 인조 잔디는 그 방향으로 기울어졌다가, 물의 흐름이 멈추면 원래 위치로 되돌아와 똑바로 서게 될 것이다. 이 경우, 유모세포를 나타내는 인조 잔디는 그들의 위치를 전혀 기억하지 못한다. 기억이라는 중요한 특성을 부여하기 위해, 이 인조 잔디에 작은 모래알갱이가 가득하다고 생각해보자. 이제 물이 흐르면, 인조 잔디가 기울어지는 사이에 모래알갱이도 물의 흐름을 따라 조금 움직일 것이다. 이번에는 물의 흐름이 멈추어도 인조 잔디가 원래 위치로 되돌아오지 못한다. 모래알갱이들이 누르고 있기 때문이다. 따라서 인조 잔디는 그 위치를 '기억'하게 된다.

그 결과, 뇌에서 머리의 위치를 추적하는 영역에서는 지속적인 신호를 받게 된다. "좋아, 머리가 발쪽으로 구부러졌다. 아직 구부러져 있다. 아직 구부러져 있다. 이제 다시 되돌아오고 있다….”

난형낭과 구형낭 속에 들어 있는 알갱이가 가득한 젤리 같은 체액은 어떨 때는 액체보다는 고체와 더 비슷하다. 이런 이중적 특성을 지닌 물질을 빙엄 유체Bingham fluid라고 한다. 빙엄 유체에는 ‘항복 강도yield strength’라는 것이 있는데, 액체에서는 비교적 드문 성질이다. 두 장의 유리판 사이의 얇은 액체 막을 가두는 고전적인 유체역학 실험을 생각해보자. 바닥에 있는 유리판은 그대로 둔 채 위에 있는 유리판을 옆으로 밀면, 아주 약한 힘으로 밀어도 위에 있는 유리판이 움직일 것이다. 물보다 점성이 더 큰(더 걸쭉한) 올리브유도 이 유리판 실험에서는 같은 결과가 나온다. 밀자마자 유리판이 움직일 것이다. 그러나 빙엄 유체를 사용하면, 이런 결과가 나오지 않는다. 일상에서 흔히 볼 수 있는 빙엄 유체로는 치약을 들 수 있다. 치약은 특정 크기의 힘(항복 강도)을 줄 때까지 움직이지 않는다. 치약이나 진흙 같은 빙엄 유체는 고농도의 고체 입자가 분산되어 있는 액체인 슬러리slurry의 일종이며, 난형낭과 구형낭 속에 들어 있는 체액도 바로 이 슬러리다.

회전 운동을 측정하는 6개의 반고리관과 직선 운동과 위치를 추적하는 4개의 이석 기관, 이렇게 10개의 특별한 가속도계로 이루어진 전정계는 머리의 위치와 가속도를 대단히 정확하게 추적한다. 전정계는 자연 상태에서 처할 수 있는 어떤 상황에도 대처할 수 있지만, 비행기를 염두에 두고 설계된 것은 아니었다.

비행 중의 감각 착오

비행기를 타고 싶다면, 장비를 신뢰해야 한다. 비행기 조종사들은 기체機體의 완전무결함과 엔진의 확실성과 그 제어의 일관성을 믿어야만 한다. 그러나 조종사들은 장비를 신뢰해야 할뿐 아니라, 결정적으로 장비에 생사까지 맡겨야 한다. 조종사들은 자신의 감각이 주는 느낌보다는 비행기의 감각 장치인 계기를 전적으로 신뢰해야만 한다. 비행이라는 특성 자체가 우리 감각에는 너무 낯선 경험이기 때문에, 우리는 쉽게 속아 넘어간다. 비행기 안에서 우리의 감각, 특히 전정계는 비행기에서 일어나고 있는 일을 실제와 정반대로 느낄 수도 있다.

인간이 몸이 원하는 자세, 즉 직립 자세 같은 '안정'을 유지하려면 세 가지 서로 다른 감각을 복합적으로 통합해야 한다. 안정을 가능하게 하는 세 가지 감각은 눈과 전정계와 팔다리의 고유 감각(고유 감각에 관해서는 뒤에서 다룰 것이다)이다. 이를테면 우리가 거친 풍랑에 마구 흔들리고 있는 배의 갑판 위에 있다고 상상해보자. 이때 우리가 넘어지지 않도록 해주는 것은 무엇일까? 전정계는 갑판이 오르락내리락하는 동안 머리에서 일어나고 있는 다양한 회전운동과 직선운동을 모두 감지한다. 뇌에서는 이런 균형에 관한 자료를 분석해 눈과 손과 발을 조절하는 데 활용한다. 시각은 흔들리는 갑판과 밀려오는 파도를 살피면서 이에 대한 대비를 하게 한다. 뇌는 이 모든 입력 정보를 통합해, 우리가 똑바로 서 있는 자세를 유지하기 위한 전체적인 전략을 구성한다. 어쩌면 우리의 생각과는 달리, 이 세 가지 감각 중 가장 중요성이 떨어지는 감각은 시각일지도 모른다. 왜냐하면 우리는 어둠 속에서도 완벽하게 직립 자세를 유지할 수 있기 때문이다. 그러나 파킨슨병 환자처럼 고유 감각이나 전정계에 문제가 생기면 똑바로 서 있지 못할 것이다.

비행기 조종사들의 전정계는 대체로 완벽하게 작동한다. 문제는 이 전정계가 날아가고 있는 비행기 안에서 정보를 받아들이기 위해 설계되지 않았다는 점이다. 특히 밤이나 궂은 날씨로 인해 앞을 볼 수 없을 때는 그로 인해 사고가 날 가능성도 있다. 게다가 비행기 조종사가 비행기의 장비를 신뢰하는 법을 제대로 배우지 못했다면, 문제는 더 심각해진다.

비행 중에는 일일이 열거하기 힘들 정도로 수많은 종류의 감각 착오가 일어난다. 이런 감각 착오 중에 '기울기' 착오라는 것이 있다. 비행기가 아주 느리게 조금씩 회전하다가 갑자기 날개가 수평이 되면, 조종사의 감각은 이제 비행기가 반대 방향으로 회전하고 있다고 느낀다. 그 결과, 조종사는 원래 회전하던 방향으로 비행기를 다시 '기울일' 가능성이 있다. 조종사의 감각은 조종사에게 비행기를 수평으로 유지해야 할 필요가 있다고 말하고 있는 것이다. 이처럼 점진적이고 느린 회전은 두 종류의 감각 착오를 일으킨다. 먼저 반고리관은 머리의 회전을 감지하기 위해 설계되었지만, 머리가 아주 느린 속도로 회전하면 그것을 감지하지 못한다. 반고리관은 초당 각속도가 2도 이하인 회전은 감지하지 못하는데, 지상에서 일상생활을 할 때 우리의 머리가 이렇게 천천히 회전하는 일은 극히 드물다.[18] 따라서 평소에는 전혀 문제가 되지 않지만, 비행기 조종사의 경우는 사정이 다르다.

---

[18] 완전히 한 바퀴 도는 데 족히 3분은 걸리는 셈이다.

나는 반고리관이 감지할 수 있는 한계가 초당 2도라는 사실을 처음 알았을 때, 어떤 실험을 해보기로 했다. 내가 처음 시도한 실험은, 눈을 감고 가능한 한 천천히 한쪽으로 고개를 돌리는 것이었다. 그 전에 먼저 눈을 감고 평소에 하던 대로 고개를 돌려보았다. 나는 내 머리가 어디쯤에서 멈추는지 비교적 쉽게 감지할 수 있다는 것을 알았다. 이를테면 컴퓨터 화면을 쳐다보고 있다가 눈을 감고 문 쪽으로 고개를 돌리면, 눈을 떴을 때 정말 문을 정면으로 쳐다보고 있는 것이다. 이번에는 최대한 천천히 고개를 돌리면서 같은 실험을 해보았다. 내 기대와는 달리 실험이 잘 되지 않았다. 이런 방식으로 뇌를 속이는 것은 쉽지 않다. 여기에는 **세 가지** 감각이 함께 작용하고 있기 때문이다. 눈을 감아 시각을 차단함으로써 전정계를 속이려 해보지만, 고유 감각이 여전히 제 역할을 하고 있기 때문에 아무리 천천히 고개를 돌려도 목 근육의 변화를 감지할 수 있다. 그래서 내 목이 움직이고 있다는 것을 알게 된다. 그러나 이 간단한 즉석실험을 하는 동안에도, 설명하기는 어렵지만 떠다니는 것 같은 기이한 느낌을 경험했다. 그래서 나는 좀 더 정교한 실험을 시도해보기로 했다.

나는 대학원생 한 명을 발걸이가 있는 회전의자에 앉힌 다음, 눈을 가리고 의자가 얼마나 회전했는지를 맞춰보라고 했다. 처음에는 정상적인 머리 운동의 속도대로 의자를 돌려보았다. 나는 그 학생에게 0도에서 180도 사이에서 0, 30, 60, 90, 120, 150, 180도 중 한 각도로 의자를 돌릴 것이라고 말해주었다. 눈을 가리기 전에, 우리는 벽에 30도 간격으로 표시를 하고 연습을 반복했다. 눈을 가리고 실험을 하자, 이 대학원생은 의자가 얼마나 회전했는지를 아주 잘 맞췄다. 적어도 내가 보통 속도로 회전을 했을 때는 그랬다. 그 다음에는 의자를 매우 천천히, 초당 2도 정도로 회전시키는 실험을 했다. 이는 180도를 회전하는 데 최소한 1분 30초가 걸린다는 뜻이다. 그래서 나는 의자를 아주 천천히 1분 30초 동안 회전시킬 것이라고 말한 다음, 의자가 얼마나 돌아갔는지 맞춰보라고 말했다. 그 학생은 맞추지 못했다. 역할을 바꿔 실험을 했을 때, 나 역시 의자가 얼마나 회전했는지 감지할 수 없었다.

그리 놀라운 결과는 아니다. 우리의 감각에는 모두 감지 한계라는 것이 있다. 평균적인 사람들은 아주 희미한 소리는 듣지 못한다. 진동수 3000헤르츠에서의 가청 역치는 대개 음압 수준이 0데시벨일 때 나타난다. 후각과 희미한 빛에 대한 시각에도 이와 비슷한 감지 한계가 존재한다.

다시 기울기 착오를 해결해야 하는 비행기 조종사의 문제로 돌아가자. 앞서 나는 오랜 시간에 걸쳐 아주 느리게 일어나는 회전의 감지에는 두 가지 문제가 있다고 말했다. 첫 번째 문제는 바로 위에서 다뤘던 것처럼, 감지 한계 이하의 느린 회전은 반고리관이 감지하지 못한다는 점이다. 두 번째 문제는 우리가 주목했듯이, 반고리관이 감지할 수 있는 것인 계속적인 회전이 아니라 회전의 **변화**라는 점이다. 즉 오랜 시간에 걸친 느린 회전을 감지할 때의 두 가지 문제점은 **길다**는 것과 **느리다**는 것이다.

길고 연속적인(그러나 느리지는 않은) 회전을 감지하는 문제는 다양한 방식으로 증명될 수 있다. 신생아의 전정계가 잘 작동하는지를 알아보기 위해 가끔 활용되는 실험이 있다. 회전의자에 앉아 있는 부모의 무릎에 신생아를 앉히고 의자를 열 바퀴 돌린 후 정지시킨 다음, 곧바로 아기의 눈에 나타난 반응을 살피는 것이다. 전정계가 정상인 건강한 아기는 '회전 후 안구진탕post-rotary nystagmus'이라는 반응을 보인다. 안구진탕은 안구가 이리저리 움직이는 현상을 뜻하는 용어로, 이 경우와 같은 지속적인 회전이나 질병을 포함한 몇 가지 원인에 의해 발생한다. 지속적인 회전을 한 직후에는, 눈이 반복적으로 한 방향을 빠르게 응시한 다음에 천천히 다른 방향을 쳐다보는 안구진탕이 나타나야 한다. 이런 반응이 일어나는 까닭은 아직도 계속 회전하고 있다고 정전계가 잠시 착각을 하기 때문이다. 그러면 눈은 회전 방향과 반대 방향을 빠르게 응시했다가 천천히 제자리로 되돌아오고, 다시 응시하기를 반복한다.

신체 인식

이제 마지막 남은 기계적 감각은 고유 감각이다. 균형 감각이 과소평가된 감각이라면, 고유 감각은 알려지지 않은 감각이라고 할 수 있다. 자기 자신이라는 뜻의 라틴어 proprius에 지각을 뜻하는 영어 perception을 합성해서 말 그대로 '자신에 대한 지각'이라는 의미를 지닌 고유 감각proprioception은 몸의 다양한 부위의 운동과 위치에 대한 감각이다. 고유 감각은 간단히 '신체 인식'으로 정의되기도 한다. 팔을 베고 자다가 팔이 '저려' 본 적이 있는가? 잠에서 깬 당신은 깜짝 놀라 이렇게 말할 것이다. "내가 베고 있는 게 뭐지? 팔이잖아! 아이구, **내** 팔이네!" 아마 당신은 불편하게 팔을 베고 잠이 들었고, 팔에 가해지는 압력 때문에 마치 의사가 마취를 한 것처럼 팔이 마비되었을 것이다. 글자그대로 '감각이 없다'는 뜻인 마취anesthesia라는 단어는 당신의 팔에 일어난 일을 아주 적절하게 묘사한다. 고유 감각, 즉 신체 인식을 일시적으로 상실했을 뿐 아니라 근육을 조절할 수 있는 능력도 상실해 팔을 움직일 수 없게 되는 것이다. 그러나 이런 신체 인식의 상실이 진짜 고유 감각의 상실로는 결코 이어지지 않기를 희망하자.

고유 감각이 없다는 것은 대단히 심각한 장애다. 어떤 면에서 보면 이런 장애는 시각 장애보다 훨씬 심각할 수 있다. 당신의 팔이 영구적으로 '저리다'고 상상해보자. 다만 움직일 수 있는 능력은 유지하고 있다. 근육을 자극하는 신경은 여전히 작동 명령을 내리고 있지만, 그게 무슨 소용이 있겠는가? 신체 인식이 없으면, 다시 말해서 팔의 위치와 자세를 감지하는 능력이 없으면, 팔과 손과 손가락을 어떻게 움직일 수 있을까? 이제 이 문제를 다른 쪽 팔과 두 다리로 확대해보자. 팔이 저린 것은 몇 분 안에 풀린다. 그런데 만약 온몸이 이렇게 '저리게' 된 다음에 결코 다시 풀리지 않는다면 어떻게 될까?

이런 사람(몇 건의 사례가 알려져 있다)은 침대에서 일어나 앉기, 걷기, 컵을 들어 입으로 가져가기와 같은 일상적인 행동을 수행할 수는 있지만, 이런 일상적인 행동을 하기 위해서 몇 년에 걸쳐 힘겨운 훈련을 해야만 한다. 조너선 콜Jonathon Cole은 『자부심과 일상의 마라톤 Pride and a Daily Marathon』이라는 책에서 이안 워터먼Ian Waterman이라는 청년의 사례를 소개했다. 큰 병을 앓고 회복된 워터먼은 촉각과 함께 고유 감각을 잃었다는 것을 알게 된다. 온도감각과 통각을 비롯한 그의 다른 감각은 손상을 입지 않았다. 이 책에는 워터먼이 어느 정도 정상적인 삶을 사는 법을 다시 배우면서 겪었던 몹시 고통스럽고 답답할 정도로 느린 회복 과정을 자세히 설명되어 있다. 컵을 들고 물을 한 모금 마시는 단순한 동작을 생각해보자. 고유 감각과 촉각이 없으면, 한 동작 한 동작이 고난의 연속이다. 이 동작을 완수하기 위해 근육에 명령을 내리는 데 필요한 피드백을 온전히 시각에만 의존해야 하기 때문이다. 손을 쳐다보면서 근육을 이완시켜 컵 쪽으로 움직이게 해야 한다. 마침내 손가락이 컵의 표면에 닿는다. 이제 어떻게 해야 할까? 성공적으로 컵을 들어올리기 위해서는 적당한 세기의 힘으로 컵을 쥐어야만 한다. 쥐는 힘이 너무 작으면 컵이 손가락 사이에서 미끄러지고, 쥐는 힘이 너무 세면 얇은 플라스틱 컵이나 종이컵 같은 경우에는 찌그러지게 될 것이다. 고유 감각과 촉각이 없는 워터먼은 이런 일상적인 행동을 하는 법을 다시 배운 다음에도 뭔가를 마실 때는 단단하지 않은 음료수 용기는 피하고 있다.

제2부의 시작에서, 나는 신체의 감각 수용기를 광수용기, 화학적 수용기, 온도 수용기, 기계적 수용기 등으로 구분하는 체계를 소개했다. 근육의 길이와 장력, 관절의 위치 따위를 추적하는 고유 감각 수용기는 이 체계에서 기계적 수용기에 속한다.

초기의 감각 수용기 구분 체계에서는 모든 감각 수용기를 내수용기interoceptor, 외수용기exteroceptor, 고유수용기proprioceptor라는 세 개의 범주로 나눴다. 이 체계는 노벨상을 수상한 영국의 신경학자이자 생리학자인 찰스 스콧 셰링턴Charles Scott Sherrington이 1906년에 제안했다. 내수용기는 체내에서 일어나는 사건을 감시하는 감각 수용기다. 위의 포만감을 알려주고, 혈액의 화학적 특성을 측정하는 것이 내수용기가 하는 일이다. 외수용기는 이름에서 알 수 있듯이, 모든 외부 자극에 반응하는 감각 수용기다. 외수용기에 속하는 것으로는 눈의 원추세포와 간상세포, 후각 수용기, 촉각 수용기가 있다. 고유수용기는 신체의 위치 변화에 반응하는데, 근육과 관절에 있는 수용기가 그 좋은 예다. 셰링턴의 수용기 분류 체계는 이 책에서 우리가 사용하고 있는 분류 체계에 비해 오늘날에는 별로 알려져 있지 않지만, 나름의 장점이 있다. 두 체계에는 모두 중복의 문제가 있다. 셰링턴의 체계에서 전정계는 머리의 위치에 대해 반응하는 고유 감각의 일종이지만, 흔들리는 갑판의 운동과 같은 외부 자극에 대해서도 반응한다. 마찬가지로, 일반적으로는 외부 자극에 반응하는 시각도 몸의 위치와 운동을 관찰할 때는 고유수용기의 구실을 한다.

우리 자신도 근육과 관절의 위치와 운동을 감시하는 고유수용기로 여기에 관여를 하고 있다. 워터먼은 고유 감각과 촉각을 상실했지만 온도 감각이나 통각은 잃지 않았기 때문에, 우리는 서로 다른 종류의 감각 수용기가 다양한 자극들을 담당한다는 것을 안다.

근육조직에도 피부처럼 신경종말이 들어차 있다. 이 수많은 수용기들의 역할은 아직 완전히 이해되지 않았다. 어떤 것은 통각 수용기인데 반해, 어떤 것은 근육 속 체액의 화학적 변화를 감시하는 것으로 추정된다. 근육과 힘줄의 고유 감각은 근방추muscle spindle와 골지 힘줄기관Golgi tendon organ이라는 이름의 수용기가 조절한다. 근방추는 근육 이완에 의해 활성화되는 수용기다. 근육이 늘어나면 이 수용기도 함께 늘어나면서, 전압 변화를 일으키는 수용기 내부의 통로가 기계적으로 열리게 된다. 근방추는 근육의 미묘한 차이를 광범위하게 감지한다. 그래서 어떤 근방추는 주어진 근육의 길이가 얼마나 변했는지를 언제든지 측정할 수 있는 자와 같은 역할을 하고, 어떤 근방추는 근육의 길이가 변하는 속도에 민감해서 가속도계와 같은 역할을 한다.

근방추는 근육의 길이와 그 변화량을 감시하는 역할을 대단히 훌륭하게 수행한다. 팔을 들어 옆으로 뻗어보자. 이제 팔꿈치를 구부려 손을 머리 뒤로 가져가보자. 이 동작을 하는 동안, 근방추는 근육에 일어나는 변화를 추적한다. 이번에는 손에 500그램이나 1킬로그램 짜리 물체를 들고 같은 동작을 반복해보자. 느낌이 확실히 다를 것이다. 그러나 근육의 길이와 길이 변화 비율 면에서 볼 때, 근육은 물체를 들고 있을 때나 들고 있지 않을 때나 같은 일을 하고 있다. 다른 점은 근육의 장력이며, 이를 감지하는 것은 근육 자체가 아니라 힘줄에 있는 수용기다. 다른 동작을 해보자. 닫힌 문 손잡이처럼 움직이지 않는 물체를 손에 쥐고, 팔을 완전히 뻗어 그 손잡이를 당겨보자(돌리지는 않는다). 팔 근육에 팽팽한 장력이 느껴질 것이다. 근방추는 이런 작용에는 비교적 둔감하다. 이 동작을 할 때는 근육의 길이가 아주 조금밖에 변하지 않기 때문이다. 여기서 다시 힘줄에 있는 수용기가 작용을 한다.

골지 힘줄 기관은 근육과 힘줄의 연결 지점 근처에 있는 힘줄에 위치하고 있다. 이 수용기들은 근육의 긴장도에 대단히 민감하며, 얇은 종이컵처럼 망가지기 쉬운 물체를 손상시키지 않으려고 할 때와 같은 상황에서 근육의 긴장도를 조절하는 일을 돕는다는 것이 밝혀졌다.

관절에는 관절의 위치와 운동을 감시하는 대단히 다양한 종류의 수용기들이 있다. 이런 관절 수용기들은 고유 감각에서 중요한 역할을 하지만, 한때 생각했던 것만큼 중요하지는 않다. 이를테면 관절 치환 수술을 받은 사람은 더 이상 관절 수용기가 없어도 여전히 관절의 위치를 감지할 수 있다. 따라서 우리 몸의 각 부분이 어디에 있고 무엇을 하는지에 관한 인식인 고유 감각을 느끼기 위해서는 근육, 힘줄,

관절에 있는 수용기들이 함께 작용을 해야 한다. 걷기, 달리기, 운동, 타자 치기, 먹기, 씻기, 신발끈 묶기 등 우리의 일상생활에서 고유 감각에 의존하는 활동의 종류는 한도 끝도 없다.

제3부

지각

자극과 감각 작용은 온전히 지금 여기에 존재한다. 고막을 때리는 음파, 안구를 통과해 망막에 초점을 맺는 빛, 콧속으로 들어오거나 혀 위에 내려앉는 분자, 머리의 가속도나 팔다리의 위치와 같은 자극은 순식간에 지나간다. 이 자극들이 일으키는 감각 작용, 즉 우리 감각 기관의 전기화학적 반응도 아주 짧은 순간만 존재한다.

이와 완전히 대조적으로, 지각은 결코 온전히 현재만 있는 것이 아니다. 지각은 감각 수용기에 포착된 현재의 자극뿐 아니라 그 사람이 노출되었던 과거의 모든 경험에도 의존한다. 같은 자극에 대해, 두 개체가 판이하게 다른 지각을 할 수 있다. 이런 차이 중에는 청년의 귀와 노인의 귀 같은 감각기관의 차이로 인해 나타나는 것도 있다. 그러나 지각의 결정적 차이는 경험에서 우러나온다. 정상적인 청각 을 가진 세 사람이 1927년에 녹음된 루이 암스트롱의 명곡 「포테이 토 헤드 블루스」를 들을 때, 이들은 저마다 각자의 방식으로 이 곡을

즐길 것이다. 그러나 한 사람은 이 곡에서 주선율을 담당하는 악기가 무엇인지 판단하지 못할 수도 있다. 한 사람은 코넷cornet(트럼펫처럼 생긴 작은 금관악기-옮긴이)이라고 생각하고, 한 사람은 빼어난 연주를 하는 루이 암스트롱 자신이라고 생각할지도 모른다. 저마다 그 음악을 감상한 경험과 연관해 자신이 지각한 것들을 이끌어낸다.

지각 역시 문화적이다. 후각과 후각을 담당하는 하드웨어는 세계 어느 나라 사람이나 똑같다. 그러나 냄새에 대한 지각은 문화마다 다르다. 베트남에서 두리안은 "과일의 왕"이라고 불린다. 두리안은 크기와 모양이 럭비공과 비슷하며, 두꺼운 초록색 껍질은 가시로 뒤덮여 있다. 두리안은 껍질이 그대로 있어도 냄새가 꽤 강한 편이다. 많은 베트남 사람들에게 그 냄새는 천상의 향기다. 그러나 다른 문화권의 사람들에게 두리안 냄새는 곧바로 구역질을 유발할 정도는 아니어도 불쾌감을 주는 경우가 많다. 미각과 청각, 심지어 시각에도 이와 유사한 문화적 차이가 나타난다.

감각이 끝나고 지각이 시작되는 지점이 어디인지는 알기 어렵다. 따라서 이 두 과정은 한데 얽혀 있다. 『메리엄-웹스터 사전』에 따르면, 지각은 "신체의 감각 작용을 통한 환경 요소의 인식"이다. 『아메리칸 헤리티지 사전』은 지각을 "주로 기억을 근거로 한 감각 자극의 해석과 인식"이라고 설명한다. 첫 번째 정의에서 핵심이 되는 단어는 '인식awareness'이다. 이를테면 눈이라는 감각기관을 통해 뇌로 전달되는 자극의 일부나 전부를 인식하지 못한다는 것은 두 눈이 멀쩡한 사람에게는 대단히 낯선 일이다. 그 반대 역시 마찬가지다. 망막 질환의 일종인 황반 변성macular degeneration을 앓고 있는 환자는 일반적으로 시각 작용을 감지하는 데는 아무 문제가 없다. 문제는 눈이라는 하드웨어가 더 이상 예전처럼 제 구실을 하지 못한다는 점이다. 루이 암스트롱의 예에서 보았듯이, 인식과 그에 따른 지각에는 무수히 많은 미묘한 차이가 있다.

지각은 온전히 뇌의 작용이다. 그리고 인간의 뇌는 이루 말할 수 없이 복잡한 기관이다. 동물계에서 인간과 견줄 만한 뇌를 가진 동물은 없다는 것이 일반적인 생각이다. 우리의 뇌는 다른 동물에 비해 대단히 뛰어날지 몰라도, 감각 능력은 확실히 그렇지 않다. 다른 동물들은 우리보다(훨씬 정확하게, 훨씬 먼 거리를, 어둠 속에서도) 잘 볼 수 있고,(더 광범위한 음역대에 걸쳐, 더 낮은 음압에서도) 잘 들을 수 있고, 냄새를 더 잘 감지한다. 심지어 우리 인간의 감각 작용으로는 전혀 감지하지 못하는 적외선이나 자외선, 자기장이나 전기장 같은 자극을 감지하는 동물도 있다. 그렇다면 그런 동물들에는 없는 우리만의 능력은 무엇일까? 바로 뇌다. 오즈의 마법사가 허수아비에게 이야기했던 그 두뇌를 갖고 있다는 점이다. 정확히 말해서, 다른 모든 동물도 뇌가 있기는 하다. 다만 우리의 뇌가 다른 동물들의 뇌에 비해 월등하게 뛰어날 뿐이다. 더 뛰어난 뇌를 갖게 됨으로써, 우리는 상대적으로 취약한 감각기관의 작용을 보완할 수 있었다. 다윈주의적 생존 경쟁의 원리에서 볼 때, 호모 사피엔스로 진화하기 위한 전략의 중심에는 뇌의 발달이 있는 것으로 추측된다. 뇌의 발달은 우리를 더 강하고 더 빠르고 더 뛰어난 감각을 지닌 동물로 군림할 수 있게 해주었다.

제8장

현재를 기억하기

지각의 측정

이 책 전체에 걸쳐 지적했듯이, 인류는 꽤 성공적으로 사물을 감지하는 장비를 완전하게 갖추어왔다. 지각을 수행하는 장비는 어떨까? 출처가 분명치 않은 오래된 재즈 음반이 있을 때, 그것이 루이 암스트롱의 연주인지 아닌지를 결정할 수 있을까? 이런 음반을 컴퓨터로 분석하면, 수많은 모방 연주자들과는 다른 암스트롱만의 연주 특징을 정확히 확인할 수 있다.

기계에 대한 지각의 다른 예도 있다. 자동차 이야기를 해보자. 자동차 설계와 엔지니어링 업계에 있는 사람들은 종종 '승차감'의 비법에 관해 이야기를 하곤 한다. 승차감이란 차를 타고 있을 때의 느낌을 일컫는 말이다. 승차감은 시험 주행을 한 다음 그 차를 구매할지 말지를 판가름하는 요인이 되기도 한다. 첫 인상은 데이트나 취업 면접

뿐 아니라, 새 차를 살 때 중요한 구실을 한다. 전시장에서 처음 봤던 모습만큼이나 차를 살 때 결정적 역할을 하는 것은 첫 번째 시험 주행 때의 승차감 밖에는 없을 것이다.

감각 작용은 시각, 촉각, 균형 감각, 고유 감각, 청각, 후각과 연관이 있다. 자동차 제조업자들이 신차를 개발할 때 승차감은 어떻게 평가될까? 전통적인 방식은 도로 주행 시험이다. 이를 통해 예민한 감각을 지닌 노련한 전문 드라이버가 정보를 수집하는데, 이들의 예민한 감각에는 '까칠한 엉덩이sandpaper butt'라는 것도 포함된다. 운전자는 차의 후면, 지면, 엔진부, 차체 어딘가, 좌석으로부터 전달되는 다양한 진동과 소음을 감지할 수 있어야 한다. 자동차 회사에서 승차감을 평가하는 훌륭한 시험 주행 운전자의 역할은 식품 회사의 맛 감별사나 향수의 냄새를 평가하는 전문가가 하는 일과 비슷한 부분이 있다. 이들은 모두 기계로는 측정이 어렵거나 불가능한 제품의 다양한 질을 감지하는 일을 담당한다.

승차감의 경우에는, 자동화된 감각 작용과 지각이 결합된 상당히 정교한 제품들을 통해 시험 주행자를 대체하기 위한 시도가 있다. 먼저, 자동차 전체에 장비를 설치하고 중요한 정보를 수집한다. 좌석과 다른 곳에 가속도계를 설치하고, 운전자와 동승자의 귀와 비슷한 위치에 마이크를 설치한다. 일단 모든 장비를 완벽하게 설치한 후에는, 규격화된 주행 주기에 따라 주행한다. 그러면 엔진의 소음과 진동이 녹음되고, 자동변속기의 기어가 바뀔 때 나타나는 약간의 덜컹거림도 이 장치에 기록된다. 마찬가지로 핸들 조작, 감속, 가속, 도로의 턱과 파인 곳을 주행할 때도 정보도 수집된다.

그 다음, 정교한 컴퓨터 프로그램을 거친 이 자료들을 비슷한 제원의 차를 운전한 수백 명의 주관적 반응, 즉 지각과 비교한다. 그리고 운전자들이 대단히 다양한 측면의 경험을 어떻게 감지했는지에 관해 자세히 조사해 결과를 도출한다.

자동차 제조업체서는 이 결과를 가지고 다양한 작업을 할 수 있는데, 여기에는 차의 전반적인 승차감을 하나의 수치를 산출하는 일도 포함된다. 이 수치는 다른 차의 수치와 비교되거나, 훗날 더 나은 차를 개발하기 위한 자료로 활용되기도 한다. 객관적인 장비를 통한 측정(감각 작용)을 진짜 승객의 주관적인 반응(지각)과 비교하는 것은 인체에서 지각이 작용하는 방식과도 비슷하다. 지각에는 현재 일어나고 있는 일과 예전에 일어났던 일이 복잡하게 뒤얽혀 있다. 어떤 면에서 보면 지각은 현재를 기억하는 것이다.

P 박사

『게놈』(김영사, 2001)이라는 책에서 매트 리들리Matt Ridley가 지적한 바에 따르면, 처음 유전자의 역할을 이해하기 위해 고군분투하던 때에는 유전자를 본래 목적이 아닌 그로 인해 일어날 수 있는 질병에 초점을 맞춰 설명하려는 경향이 있었다. 리들리는 초래하는 질병에 따라 유전자를 정의하는 것은 어처구니없는 짓이라고 결론을 내린다. 마치 신체 기관을 정의하면서, 이자는 당뇨병을 일으킬 수 있는 기관이라고 말하는 것과 같다. 인간 유전체(게놈)에 대한 지식이 점점 축적되어 가면서 이런 경향은 바뀌기 시작하고 있다. 오늘날에도 여전히 '비만 유전자'나 '알코올 중독 유전자'에 관한 보도가 들리기는 하지만, 유전자를 신체의 설계도나 창조의 자물쇠에 들어맞는 열쇠로 보는 개념이 더 건설적이라는 생각이 우세한 것으로 보인다.

이와 마찬가지로, 우리가 지각에 관해 알고 있는 것들의 상당 부분도 지각에 문제가 있는 사람들에 대한 연구에서 나왔다. 우리는 비정상적인 행동에 대한 연구를 통해 정상적인 행동을 추론한다. P 박사의 기묘한 사례를 살펴보자.

P 박사는 재능 있는 음악가이자 음악 교사다. 그는 기이한 시각적 문제가 나타나는 희귀한 신경병에 걸렸다. 안과 의사의 진단에 따르면, 눈에는 아무 이상이 없고 눈에서 오는 자료를 처리하는 뇌의 영역인 시각령에 문제가 있었다. 시각령은 단일 영역으로는 뇌에서 가장 큰 부분으로, 청각을 담당하는 부분에 비해 신경세포가 10배 정도 더 많다. 망막에서 받아들인 신호를 시각령에서 처리하는 과정은 대단히 복잡하지만, 꽤 많이 알려져 있다.

안과 의사는 P 박사에게 신경과 진료를 권했다. 그 진료를 맡은 신경과 의사가 바로 올리버 색스였고, P 박사는 색스의 책 『아내를 모자로 착각한 남자』의 주인공이 되었다. P 박사는 사람을 인식하는 데 어려움을 겪기 시작하고 있었다. 이를 처음 눈치 챈 것은 그의 학생들이었다. 그는 학생을 알아보지 못하고 있다가 그 학생이 말을 하면 목소리 듣고서야 누구인지를 알았다. 색스는 P 박사의 진료 과정을 흥미진진하게 묘사했다. 그의 증세는 신경학자가 아닌 이상 어디에서도 만나기 어려울 것이다.[19]

통상적인 신경학적 검사에서, P 박사는 육면체나 십이면체 같은 규칙적인 형태를 구분할 수 있었다. 또 한 벌의 트럼프 카드에서 마구

---

[19] 색스 자신도 일생동안 사람들의 얼굴을 인식하는 데 어려움을 겪었다. 그는 심지어 자신의 얼굴도 잘 알아보지 못했다.

잡이로 고른 카드에서도 킹이나 퀸이 들어 있는 카드와 조커도 알아
볼 수 있었다. 안과의사의 진단은 옳았다. P 박사의 눈에는 아무 문
제가 없었다. 그러나 가족, 친구와 동료들, 그 자신의 사진을 차례로
보여주었을 때, P 박사는 아무도 알아보지 못했고, 자신의 얼굴조차
알아보지 못했다. 아인슈타인의 사진은 특유의 유명한 머리 모양과
수염에 주목해 알아볼 수 있었다. 그러나 만화 캐릭터 같은 뚜렷한
특징이나 그가 트럼프 카드의 킹이나 조커를 구별할 수 있었던 종류
의 특징이 없다면, 그는 어찌할 바를 몰랐다.

색스는 그의 손에 장미꽃 한 송이를 쥐어주었다. P 박사는 '길이가
약 15센티미터이고, 붉은색 소용돌이 모양에 초록색 직선이 붙어 있
다'는 것에 주목했다. 더 나아가 그가 묘사한 것이 무엇인지 알아맞
혀 보라고 했지만, P 박사는 쉽지 않다고 대답했다. 색스는 냄새를
맡아보라고 했다. 그러자 P 박사는 이렇게 말했다. "아름답군요! 갓
피어난 장미라니. 향기가 참 좋네요."

친숙한 얼굴을 알아보지 못하는 병을 안면실인증prosopagnosia이라고 한
다. 실인증은 특별한 형태의 실인증agnosia인데, 실인증이란 친숙한 물
체를 감각을 통해 인식하는 데 어려움을 겪는 병이다. 색스는 P 박사
의 병을 컴퓨터가 영상을 해석하는 방식과 비교한다. P 박사는 아인
슈타인의 엉클어진 머리 같은 '중요한 특징'을 도구삼아 최선을 다해
자신의 시각적 세계를 구성했지만, 하나의 얼굴이나 한 송이의 장미
같은 총체적인 영상을 파악하지는 못했다. 하나의 얼굴은 특징들의
조합일 뿐이다. P 박사는 이런 특징들이 아인슈타인의 머리 모양처
럼 대단히 독특할 때는 알아볼 수 있었다. 그러나 그는 그가 파악할
수 있는 특징만 보았을 뿐, 얼굴이나 어떤 사물의 **전체**를 보지는 못

했다. 그는 뇌의 시각령에 생긴 엄청난 크기의 종양으로 인해 안면실인증에 걸렸다. P 박사는 시각 문제가 계속 악화되었지만, 만년까지도 공연을 하고 음악을 가르쳤다.

대부분의 사람들은 뇌에는 시각, 청각, 근육 조절, 감정 따위의 다양한 기능을 담당하는 영역이 각각 따로 있다는 것을 막연하게 알고 있다. 그러나 지각의 통합적 측면에 관해서는 잘 알지 못하는 경향이 있다. 이는 뇌의 어떤 영역에서는 P 박사가 감지할 수 있었던 시각의 세세한 부분을 처리하고, 어떤 영역에서는 P 박사가 하지 못했던 일인 그 세세한 부분의 통합이 일어난다는 개념이다. 우리가 잘 알지 못해도 이 개념은 지각을 이해하는 데 기초가 된다.

얼굴 인식

당신이 갖고 있는 암호와 개인 식별 번호personal identification number(PIN) 몇 개 인가? 나와 비슷하다면, 그 답은 "너무 많다"가 될 것이다. 우리는 컴퓨터 시스템, 이메일 계정, 인터넷 뱅킹, 온라인 쇼핑몰 따위에 로그인하기 위한 암호를 갖고 있다. 또 PIN을 이용해 현금인출기에 접속하고 직불카드를 사용한다. 이 모든 암호와 비밀번호들을 일일이 기억하지 않아도 모든 전산 체계가 우리를 알아볼 수 있다면 얼마나 좋을까? 옛날에는 은행에서 창구 직원들이 곧바로 알아보기만 하면, 추가의 다른 확인 없이 기분 좋게 업무를 볼 수 있었다. 왜 컴퓨터는 이런 방식으로 우리를 인식하지 못할까? 대부분의 사람들에게 얼굴 인식은 두 번 생각할 필요도 없는 일상적인 일이지만, 오늘날의 컴퓨터와 소프트웨어에서는 결코 그렇지 않다.

P 박사의 사례에서 드러난 것과 같은 지각의 통합적 측면은 자동 얼굴 인식 기술 개발에 대한 착상을 떠올리게 했다. 대부분의 사람들은 수천 명까지는 아니어도 최소 수백 명의 얼굴을 인식할 수 있다. 나는 예전 제자(수천 명은 된다)를 우연히 만나면 대개 얼굴은 알아본다. 그러나 얼굴과 이름을 연결시키는 것은 훨씬 어려운 일이다.

얼굴을 인식하는 우리의 능력은 IQ 검사 곡선과 비슷하게 생긴 종 모양 곡선을 따라 분포한다. 이 곡선의 위쪽 끝에는 거의 마법에 가까운 무시무시한 얼굴 인식 능력을 가진 사람인 '초超인지 능력자'가 있다. 내 큰 의붓딸이 이런 초인지 능력자다. 그 아이는 수많은 사람들로 붐비는 공항에서 어떤 사람을 보고 그 사람이 몇 년 전에 한 식당에서 식사 시중을 들어준 웨이터라는 것을 기억해낼 수 있다. 얼굴 인식 곡선의 아래쪽 끝에는 심각할 정도로 얼굴을 못 알아보는 사람이 있다. 이런 사람은 때로 가족의 얼굴이나 심지어 자기 자신의 얼굴도 알아보지 못한다. 이런 증세는 P 박사의 사례처럼 후천적인 것일 수도 있고, P 박사에 관한 글을 쓴 올리버 색스의 경우처럼 선천적인 것일 수도 있다.

얼굴 인식이라는 면에서 볼 때, 초인지 능력자와 심각한 얼굴 인식 장애가 있는 사람 사이의 차이는 IQ 150인 사람과 IQ 50인 사람의 지적 능력 차이와 비슷할 것이다. IQ나 다른 것들을 종 모양 곡선으로 묘사할 때, 우리 대부분은 가운데에 모여 있다. 얼굴 인식 장애에 관해 심도 깊은 연구가 시작된 것은 불과 수십 년 전의 일이다. 현재는 미국 인구의 최소 2퍼센트, 적어도 600만 명 이상의 사람들에게 심각한 얼굴 인식 장애가 있는 것으로 여겨진다. 얼굴 인식 장애 연구의 선구자 중 한 사람인 하버드 대학의 켄 나카야마Ken Nakayama 자신도 가벼운 얼굴 인식 장애가 있다. 그의 웹사이트(www.faceblind.org)에서는 얼굴 인식 능력을 결정하는 몇 가지 검사를 해볼 수 있다. 나도 그 검사 중 하나를 했는데, 평균 이하의 점수가 나와서 조금 놀랐다.

그 검사는 오로지 얼굴만 있는 유명인의 사진을 차례로 보여준다. 머리카락도, 목도, 어깨도 없는 그 사진을 보고 그 사람의 이름이나 그에 관한 것을 입력하는 것이다. 가령 영화배우 러셀 크로우의 얼굴은 알아보았지만 그의 이름이 기억나지 않는다면, '영화 「글래디에이터」의 주인공'이라고만 입력해도 맞는 답이 된다. 이 검사는 친숙한 얼굴을 인식하는 능력을 확인하는 것이지 사람의 이름을 기억하는 능력을 확인하는 검사가 아니기 때문이다. 만약 사진 속 유명인을 모른다 해도 걱정할 것은 없다. 가령 내가 저스틴 비버의 이름은 알지만 그의 얼굴은 모른다면, 그의 사진을 알아보지 못하는 것이 감점이 되지는 않는다.

첫 번째 사진은 유명 여배우의 얼굴이었다. 꽤 친숙한 얼굴이었지만 나는 얼굴만 보고는 그녀를 알아볼 수 없었다. 내가 '모른다'고 답하자 그녀의 이름이 화면에 나타났다. 나는 '사진이 그녀랑 조금 다르게 나왔다'고 생각했다. 그러나 곧 내가 이 특별한 여배우를 독특한 머리 모양으로 구별했을 것이라는 사실을 깨달았다. 그 다음부터는 '머리 모양에 구애받지 않고 생각하기' 위해 애썼지만, 쉽지 않았다. 결국 나는 꽤 익숙한 사람의 얼굴 사진 몇 개를 알아보지 못했다. 나는 아내에게도 이 검사를 하게 했고, 내 예상대로 아내는 사람 얼굴을 대단히 잘 알아보았다. 아내는 서른 개의 사진 중 딱 한 사람의 얼굴만 알아보지 못했고, 그 사람은 아내가 잘 모르는 사람이었다.

사람의 얼굴에서 그 얼굴을 알아볼 수 있게 해주는 것은 과연 무엇일까? 얼굴은 전체가 하나인 동시에 세부적인 특징들의 집합체다. P 박사의 사례에서 나타나듯이, 얼굴을 인식하는 것은 단순히 특징들을 잡아내는 게 아니다. 우리는 세부적인 특징들과 함께 얼굴 **전체**를 인식한다. 시간이 흐르면서 얼굴에 나타나는 세부적인 특징들이 변해도, 이를테면 내 예전 학생의 얼굴이 전에는 수염이 텁수룩했는데 이제는 말끔히 면도를 한 얼굴이 되었다고 해도, 대체로 나는 여전히 그 얼굴을 알아본다. 비록 얼굴 인식 검사에서는 형편없는 점수를 받아 내 얼굴 인식 능력을 다시 평가하게 되었지만 말이다.

컴퓨터를 기반으로 한 얼굴 인식 연구는 1960년대에 시작되었다. 그 후 연구자들은 얼굴 사진이나 영상을 데이터베이스에 있는 다른 얼굴들과 비교해 확인할 수 있는 컴퓨터 프로그램을 개발해왔다. 9·11 테러로 인해, 공항과 다른 곳에서 테러 용의자를 식별하기 위한 노력의 일환으로 얼굴 인식 연구가 탄력을 받게 되었다. 당시 컴퓨터의 처리 속도는 이론상으로는 군중 속에서 끊임없이 움직이는 수많은 얼굴들을 탐색하고 데이터베이스의 이미지와 비교해 일치하는 얼굴을 찾아낼 수 있을 정도로 빨라지고 있었다.

비교적 최근까지 얼굴 인식 소프트웨어는 밝은 조명 아래에서 찍은 정면 사진 같은 아주 제한적인 형태의 얼굴 영상을 필요로 했다. 이런 사진을 운전면허증 사진의 데이터베이스 같은 것과 비교해 일치하는 얼굴을 찾아내는 것이다. 그러나 이런 체계는 조명이나 얼굴의 방향이나 표정 따위가 바뀌면 혼란을 일으키기 쉽고, 그로 인해 인식에 실패하거나 인식 오류가 일어난다.

이른바 '3D' 얼굴 인식 능력은 최근 몇 년 사이에 눈에 띄게 발전했다. L-1ID(www.l1id.com) 같은 수많은 회사들은 이 분야에서 상용 서비스를 제공하고 있다. 군중 속에 섞여 있는 얼굴이 운전 면허증 사진처럼 감시 카메라를 정면으로 응시하는 일은 드물다. 3D 소프트 웨어 시스템은 어떤 영상 속의 얼굴들 중에서 하나의 얼굴을 가려내는 것에서부터 얼굴 인식을 시작한다. 일단 하나의 얼굴에 초점이 맞춰지면 여러 가지 측정을 한다. 모든 얼굴은 산의 지형과 마찬가지로 측정 가능한 특징들의 집합체다. 두 눈 사이의 간격, 코의 넓이 따위를 측정하는 것이다. 얼굴의 영상이 카메라에 잡히면 이 영상의 형태로부터 이런 수치를 계산해, 어느 각도에서 얻은 영상이라도 2차원 정면 영상으로 변환한다. 그 결과 얻어진 2D 영상을 사진 데이터베이스에 있는 2D 영상과 무려 80여 가지의 측정치를 비교함으로써 일치하는 사진을 찾는다.

그러나 이런 비교가 항상 만족스러운 것은 아니다. 비교적 최근의 얼굴 인식에서는 지문과 흡사한 '피부문skinprint'이라는 기술을 활용한다. 얼굴 피부의 정밀한 사진 영상인 피부문은 선과 주름과 모공의 구조 등을 토대로 한 여러 가지 변수의 집합으로 변환된다. 피부문을 이용하면 형태 측정만으로는 구별이 불가능했던 일란성 쌍둥이도 구별할 수 있다고 한다. 피부문은 강도 높은 계산이 필요하므로, 대개 형태 측정을 통해 일치할 가능성이 있는 비교적 소수의 후보군을 추려낸 후에 활용된다.

컴퓨터 얼굴 인식 시스템에는 수많은 난관이 있다. 탐지를 피할 방법을 찾고 있는가? 다음과 같이 해보자. 안경을 쓴다. 아니, 안경보다는 선글라스가 더 낫다. 머리를 길게 기르고 최대한 얼굴을 많이 가린다. 모자를 쓴다. 조명이 밝은 곳을 멀리하고 한 곳에 너무 오래 서 있지 않는다. 되도록 그늘에만 있다.

우리 인간이 컴퓨터를 도입해 자동화를 시도한 시각 인식 기술은 얼굴 인식만 있는 게 아니다. 유방 X-선 촬영mammogram 사진의 해석과 같은 의료 분야의 반복적인 시각 인식 업무는 또 다른 좋은 사례다. 이런 업무는 비교적 통상적인 절차에 따라 진행되지만, 오판의 결과는 매우 심각하다. 그러나 얼굴 인식의 경우처럼, 이런 시각 인식 업무를 완전히 자동화하는 시스템을 개발하기는 극히 어렵다.

얼굴 인식이나 다른 시각 인식을 위한 컴퓨터 시스템을 우리 뇌에서 활용하는 체계와 비교하면 어떨까? 컴퓨터와 소프트웨어는 인간의 뇌에 비해 나름의 강점과 약점을 갖고 있다. 컴퓨터의 두드러진 장점은 데이터베이스에 저장할 수 있는, 즉 '기억'할 수 있는 얼굴의 수다. 이 점에서는 인간이 컴퓨터를 결코 따라가지 못한다. 이에 반해, 수많은 서로 다른 요소들을 감안해 얼굴을 인식하는 섬세한 능력은 컴퓨터보다 우리가 훨씬 탁월하며, 이런 인간의 능력 중에는 아직 확인조차 되지 않은 것도 있을 것이다. 우선, 인간은 시각뿐 아니라 다양한 감각을 통해 들어온 정보를 통합해 실생활에서 마주보는 얼굴을 확인한다. 이 능력은 사진 속의 얼굴을 확인할 때는 뚜렷하게 드러나지 않는다. 게다가 우리는 얼굴을 인식하는 데 환경의 도움을 받기도 한다. 나는 학교 안에서 학생들을 보면 다른 곳에서 마주쳤을 때에 비해 얼굴을 훨씬 더 잘 알아본다. 올리버 색스의 경험담에 따르면, 그는 수년 간 근무해온 자신의 조교를 우연히 다른 곳에서 만났는데 얼굴을 알아보지 못했다.

얼굴 인식은 인간에게 대단히 중요한 지각 능력이기 때문에, 다른 시각적 사물 인식 능력과 별개의 특별한 하나의 과정으로 뇌에서 진화되었을 것이다. 이에 관한 증거로, 사람의 얼굴을 다른 종류의 사물보다 훨씬 잘 기억하는 우리의 특별한 능력을 들 수 있다. 다른 증거도 있다. 대부분의 얼굴 인식 장애는 P 박사의 경우와 달리, 별다른 심각한 시각적 증세가 없다. 그러나 뇌 영상 연구 결과가 암시하는 바에 따르면, 얼굴 인식은 다른 종류의 사물 인식과 공통된 부분이 많은 것으로 보인다.

인간이 얼굴을 인식할 때 주로 의존하는 것이, P 박사의 예에서 확연히 드러나는 것처럼 전체적인 평가인지, 아니면 돌출귀나 특이한 웃는 표정과 같은 각각의 특징에서 얻은 자료의 통합인지를 주제로 많은 연구가 진행되었다. 나는 이 책의 서론에서 사진을 뒤집어놓고 그림을 그리라는 베티 에드워즈의 조언을 소개했다. 이 방식을 따르면 우리는 정말 객관적으로 보이는 얼굴을 그리게 된다. 우리 뇌는 뒤집힌 얼굴 모습을 지각하기 위해 수많은 후처리를 하느라 어려움을 겪는다. 유명인의 얼굴 사진을 거꾸로 봐보자. 제대로 된 사진보다 알아보기가 훨씬 어렵다는 것을 깨닫게 될 것이다. 이는 얼굴을 인식할 때 각각의 특징들을 수집하기보다는 전체적으로 평가한다는 것을 나타내는 증거처럼 보인다. 뒤집힌 얼굴 현상에 대한 흥미로운 결과가 있다. 입이나 눈 같은 얼굴의 특징들을 뒤집은 다음 얼굴의 그 자리에 다시 끼워 넣으면 기이한 지각 현상이 일어난다. 똑바로 된 얼굴에 뒤집힌 입을 붙여 넣으면 대단히 기괴하게 보인다.[20] 이번에는 같은 사진을 거꾸로 놓아서, 뒤집힌 얼굴에 똑바로 된 입을 만들면 비교적 정상적인 얼굴로 보인다. 심지어 입이 얼굴에 거꾸로 붙

---

[20] 구글에서 '뒤집힌 얼굴upside down faces'로 이미지 검색을 하면 이런 사진들이 꽤 많이 나온다.

어 있다는 것을 인식조차 하지 못하는 사람도 많다. '대처 착시Thatcher illusion'라고 알려진 이 현상은 1980년에 피터 톰슨Peter Thompson에 의해 처음 연구되었다.

인간의 얼굴 인식은 수많은 측면에서 연구되어 왔다. 캐리커처를 생각해보자. 버락 오바마를 그린 정치 풍자만화를 볼 때, 우리는 사진을 본 것처럼 그의 얼굴을 곧바로 알아볼 수 있다. 앞서 설명했던 것처럼, 사진으로 된 얼굴 영상을 인식하도록 설계된 컴퓨터의 연산 방식으로는 캐리커처를 인식할 수 없다. 형태적 특징이 크게 왜곡되어 있고 피부문을 확인할 수도 없기 때문이다. 인간이 캐리커처를 이렇게 쉽게 알아볼 수 있는 까닭은 무엇일까? 이는 얼굴 인식에서 특징의 중요성을 지지하는 주장이 될 수도 있다. 오바마의 캐리커처는 거의 항상 큰 귀, 큼직한 앞니, 지나치게 돌출된 사각턱으로 묘사된다. 단순하게 선으로 그린 캐리커처도 이런 특징들이 있으면 금방 알아볼 수 있다. 인간의 얼굴 인식은 전체적인 모습과 개별적인 특징에 모두 의존하는 것처럼 보인다.

그러나 우리는 단순히 얼굴만 알아보는 게 아니다. 얼굴은 그 사람의 감정 상태를 나타내는 중요한 단서를 제공하며, 인간은 다른 누군가가 행복한지, 슬픈지, 두려운지, 화가 났는지, 흥분을 했는지를 아주 잘 알아내는 재주가 있다. 사람은 이런 능력을 타고났기 때문에, 전문 도박사들은 자신이 어떤 패를 들고 있는지에 관한 단서를 주지 않기 위해 포커페이스를 유지해야만 한다. 일부 얼굴 인식 장애가 있는 사람들도 얼굴 영상을 토대로 다른 사람의 감정 상태를 인식할 수 있다는 것이 증명되었다. 따라서 인간의 얼굴에 대해 우리는 복잡성을 한층 더해야만 한다.

큰 그림 대 세부 항목. 전체적이고 특징을 통합하는 방식의 얼굴 인식 대 사물의 세부적인 특징을 추출하는 방식의 관찰법. 지각에 대한 이 두 가지 접근 방식은 계속해서 다시 등장한다.

개인의 수준에서 볼 때도, 우리는 이 두 접근법 중 하나에 더 잘 맞아 보인다. 내가 대학원에 막 진학했을 무렵에 지도 교수가 해준 말에 따르면, 연구계에는 두 부류의 사람들이 있다. 바로 헬리콥터 조종사 형 연구자와 블러드하운드 형 연구자다. 드넓은 황무지에서 실종자를 찾고 있다고 상상해보자. 실종자를 수색하는 일이 연구 과정이라고 한다면 헬리콥터 조종사와 사냥개인 블러드하운드 중 어느 쪽이 더 유리할까? 헬리콥터 조종사는 전체 지역을 대단히 빠르게 둘러볼 수 있지만, 실종자의 바로 위를 지날 때도 알아보지 못할 확률이 크다. 블러드하운드는 수색 속도가 훨씬 느리지만, 요행히 실종자 근방에 이른다면 거의 확실하게 실종자를 찾을 수 있다. 헬리콥터 조종사는 전체적인 인상을 보는 것이고, 블러드하운드는 세부적인 특징을 지향하는 것에 비유할 수 있다. 내 지도 교수는 최고의 연구 파트너 궁합은 헬리콥터 조종사와 블러드하운드의 만남이라고 했다. 나는 그의 지적이 정확히 옳다고 생각한다. 연구에서 나는 확실히 헬리콥터 조종사형이다. 그동안 내가 지도한 대학원생들 중에 가장 뛰어난 성과를 거둔 학생들은 블러드하운드 형에 속한다.

뇌의 하드웨어

뇌에 관해 생각하는 것은 우주에 관해 생각하는 것과 조금 비슷하다. 둘 다 복잡하고, 놀라운 창조물이며, 가늠이 잘 되지 않을 정도로 엄청나게 큰 수와 연관이 있다. 이를테면 보통 사람의 뇌에는 약 1000억 개의 뉴런, 즉 신경세포가 들어 있다. 한 사람의 뇌 속에 지구상에 살고 있는 사람의 수보다 15배나 더 많은 신경세포가 들어 있는 셈이다.

뇌는 종종 컴퓨터와 비교되기도 하는데, 어떤 면에서는 유용한 비교다. 포장을 막 뜯어낸 신품 컴퓨터는 어떤 프로그램을 설치하는지에 따라 다양한 일을 할 수 있는 잠재력을 지니고 있다. 포장을 제거한 열 대의 동일한 컴퓨터를 열 명의 사람에게 주고 1년 뒤에 보면, 각각의 컴퓨터는 설치된 소프트웨어와 사용자의 기호에 따라 매우 다양한 역량을 지니고 있을 것이다. 이는 본성 대 양육의 차이라고 할 수 있다. 열 대의 컴퓨터는 모두 동일한 특성을 지니고 있지만, 그 사용자가 어떻게 가꿔왔는지에 따라 판이하게 다른 기계가 된다.

뇌를 '포장에서 꺼내면,' 다시 말해서 우리가 태어나면, 부모의 양육 방식, 학교 교육, 친구의 영향, 문화적 환경과 같은 모든 양육 과정은 뇌가 어떻게 발달할지와 우리가 어떤 사람이 될지에 영향을 미친다.[21]

대개 학자들은 자신의 전문분야가 그 누구도 연구하지 못한 가장 흥미로운 분야라고 믿는다. 그렇게 믿어야만 힘든 대학원 생활을 견디고 박사학위를 딸 수 있다. 그래서 나를 비롯해 자신의 전공 분야가

---

[21] 태교도 중요하다.

가장 흥미롭다고 자부하고 있던 수백 명의 교수들로 이루어진 청중 앞에서 우리가 모두 틀렸다고 말했을 때, 자넷 노든Jeannette Norden은 확실히 주목을 받았다. 노든은 우리의 전공이 무엇이든, 인간의 뇌에 관한 연구보다 흥미로운 것은 없다고 말했다. 노든은 밴더빌트 대학 메디컬 센터의 교수이자, 헌신적이고 혁신적인 교육자이자, 매혹적인 이야기꾼이다. 만약 뇌에 관한 연구가 가장 흥미로운 연구 분야라는 것에 수긍하지 못하겠다면, 노든의 이야기를 듣고 나면 생각이 바뀔 것이라고 확신한다.

인간의 신경계는 크게 두 부분으로 나뉜다. 뇌와 척수로 구성된 중추 신경계와 몸의 거의 모든 부분으로 갈라져나가는 수많은 신경들의 집합인 말초 신경계다. 망막은 중추 신경계의 일부로 분류되는 경우가 많은데, 망막과 시신경은 뇌의 발생과정에서 나온 부산물이기 때문이다.

신경계에는 수천만 개의 세포가 있다. 신경세포는 전기와 화학적 수단을 통해 정보를 처리하고 전달하며, 그 크기와 모양이 다양하다. 그러나 〔그림 15〕에 나타난 것처럼, 신경세포들에는 몇 가지 공통된 특징이 있다. 한쪽 끝에는 일반적으로 수상돌기dendrite(그리스어로 **나뭇가지**라는 뜻)라고 부르는 여러 개의 가지들이 있다. 대단히 크고 복잡한 신경세포에는 이런 수상돌기가 수천 개씩 달려 있기도 하다. 이런 수상돌기로 인해 신경세포의 모습은 촘촘하게 얽혀 있는 나무뿌리와 아주 흡사하다. 수상돌기는 전하의 흐름이라는 형태로 이루어진 정보를 시냅스synapse라는 연접부를 통해 받아들이는데, 시냅스는 다른 신경세포나, 근육이나, 제2부에서 다뤘던 감각 수용기와 관련이 있는 다른 감각 자극과 연결되어 있다.

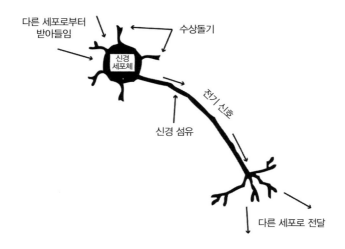

[그림 15] 전형적인 신경세포, 뉴런

뉴런과 **시냅스**라는 용어를 만든 사람은 제7장에서 감각 수용기의 분류 체계를 다룰 때 소개했던 찰스 스콧 셰링턴이다. 시냅스는 서로 연결한다는 뜻의 그리스어 synaptein에서 유래했다. 신경세포들 사이의 시냅스에서는 인접한 신경세포에 전기신호를 전달하기 위해 화학반응이나 더 직접적인 전기적 접속이 일어나기도 한다. 이 신호들은 세포의 길이를 따라 전달되는데, 어떤 신경세포는 길이가 1미터에 이르기도 한다. 이렇게 전달된 신호는 다른 시냅스를 통해 또 다른 신경세포로 전달된다.

감각 수용기들 중에는 신경세포가 많다. 이를테면 촉각과 온도 수용기는 신경세포가 담당하는 자극을 직접 감지한다. 이 신경세포의 한쪽 끝에서는 전기 신호가 만들어지고, 그 신호는 반대편 끝을 통해 다른 뉴런으로 전달된다. 달팽이관 속에 있는 유모세포 같은 다른 감각 수용기는 신경세포로 간주되지 않는다. 유모세포는 감각 자극을 처리해 신경세포로 전달하며, 그 신호는 다른 신경세포로 전달된다. 따라서 감각 수용기로부터 받은 전기 신호는 일반적으로 말단에서 뇌 쪽으로 향하는 한 방향으로만 흘러간다.

그렇다면 지각 과정은 선형으로 이루어지는 게 아닐까라는 생각이 든다. 자극으로부터 시작된 전기 신호가 한 줄로 늘어선 중계국을 연달아 거치면서 뇌로 이동하고, 뇌에서는 그 신호의 다양한 측면을 이끌어내고 더 나아가 신호를 처리한다. 오랫동안 지배적이었던 지각에 대한 이런 관점은 이제는 훨씬 더 복잡하고 대단히 비선형적인 과정이라는 쪽으로 인식이 바뀌어가고 있다.

이 과정이 복잡하다는 사실은 받아들이는 것은 어렵지 않다. 만약 뇌에 1000억 개의 신경세포가 있다면, 그리고 각 신경세포의 말단이 다른 신경세포와 딱 한 개씩만 연결되어 있다면, 이 신경세포들이 상호 연결될 수 있는 경우의 수가 너무 커서 계산할 수 있는 사람은 극히 소수에 불과할 것이다. 아니, 계산할 생각을 하는 사람조차 거의 없을 것이다.[22] 게다가 뇌 속에 있는 대부분의 신경세포가 한둘이 아닌 다수의 상호 연결을 하고 있다는 것을 고려하면, 뇌 속 신경세포들 사이의 가능한 상호 연결 방식은 이루 헤아릴 수 없이 복잡해진다.

이런 수준의 상호 연결은 동시에 여러 가지 작업을 할 수 있는 경이적인 계산 능력을 뇌에 부여한다. 나중에 다중 작업multitasking에 관한

---

[22] 연결을 하지 않거나 양 끝에 하나씩 연결을 해서 4개의 신경세포를 서로 연결할 수 있는 방법의 수는 모두 64가지다. 신경세포가 7개일 때 경우의 수는 200만 가지가 넘으며, 45개가 되면 2×10^{298}보다 큰 수가 된다.

주제가 나오겠지만, 지금 하는 이야기는 다르다. 내 경우, 다중 작업이란 어떤 사람이 의식적으로 여러 가지 일을 한 번에 수행할 수 있는지 여부를 의미한다. 이를테면 전화 통화를 하면서 타자를 친다든지 하는 것이다. 이런 종류의 일을 할 수 있는 능력은 개인차가 있는 것처럼 보이지만, 우리가 특별히 집중을 하지 않아도 우리 뇌에서는 온갖 것들이 끊임없이 처리되고 있다는 것은 일반적으로 사실이다. 뇌는 온몸의 감각 수용기로부터 쉴 새 없이 감각 정보를 받아들이고 있다. 내가 문장을 다듬느라 골머리를 썩이고 있는 동안, 귀에서는 내 주의를 흩트리지 않고 새로운 청각 정보를 끊임없이 뇌로 전달하며 뇌에서는 이런 정보가 1초에 수백 번씩 갱신되고 있다. 전화벨이나 초인종이 울린다면, 내 뇌에서는 신호를 보내 의식적인 사고 과정을 중단시킬 것이다. 마찬가지로 다른 감각도 뇌에서 이와 비슷한 자리를 차지하고 있다. 이것이야말로 진정한 '병렬 처리parallel processing'다. 뇌는 이 모든 것을 단번에 처리하고 있다. 처리 속도가 매우 빨라서 동시에 하는 것처럼 보이기만 하는 컴퓨터와는 다르다. 사실 컴퓨터는 이 작업에서 다른 작업으로 넘나들 뿐, 한 순간에는 하나의 작업만 한다.

마음과 뇌

컴퓨터가 원하는 대로 작동하지 않을 때, 가끔 우리는 이 망할 물건이 "제 마음대로" 한다고 말한다. 컴퓨터에는 마음이 없다. 인간은 자신만의 마음을 갖고 있을까? '마음'은 도대체 무엇이며, 뇌와 어떤 관련이 있을까? 이는 철학적 질문이지만, 지각과도 연관이 있다. 철학의 역사에서 꽤 오랜 기간 동안은 마음과 뇌가 별개의 존재라는 생각이 주류를 이뤘다. 뇌에 관해서는 뉴런이나 시냅스 같은 것들을 고려하지 않고도 꽤 깊이 있게 생각할 수 있다. 그러나 뇌와 뇌의 작용에 관해 알면 알수록, 마음이 물질적인 뇌와는 별개의 비물질적인 것이라는 생각에 회의를 품게 된다.

컴퓨터에는 하드웨어와 소프트웨어가 있다. 컴퓨터의 하드웨어는 모니터, 키보드, 마우스처럼 우리가 만질 수 있는 것들로 구성되어 있다. 컴퓨터 내부에도 하드웨어가 있다. 전원 공급 장치, 1개 이상의 디스크 드라이브(지금은 점점 사라져가고 있다), 임의 접근 기억 장치RAM, 가장 중요한 하드웨어인 중앙 처리 장치CPU가 그것이다. 오늘날 CPU는 트랜지스터 같은 회로 구성요소 수십억 개가 실리콘 칩에 집적된 장치다. 이 회로 구성요소는 뇌의 신경세포와 대체로 비슷하다. 1950년대의 초창기 컴퓨터는 다른 작업을 수행하려면 물리적으로 회로의 배선을 바꿔야만 했다. 실리콘 칩을 기반으로 한 오늘날의 CPU는 가변성이 훨씬 뛰어나다. CPU의 내부 회로는 다른 소프트웨어 프로그램의 실행이 요청될 때마다 회로의 배선이 자동으로 바뀐다. 소프트웨어가 CPU 속에 있는 각각의 회로 구성요소의 상호 작용 방식을 바꾸는 것이다.

뇌도 하드웨어와 소프트웨어로 구성되어 있다. 뇌의 하드웨어는 뇌 속에 들어 있는 1000억 개의 신경세포다. 신경세포는 서로 연결되어 있지만, 이 연결은 바뀔 수 있다. 뉴런들 사이에 새로운 연결이 형성되고 기존의 연결이 바뀌는 것은 뇌의 소프트웨어적 측면을 나타낸다. 이런 연결은 평생토록 변화하는데, 이 과정을 신경 가소성neural plasticity이라고 한다. 신경 가소성은 뇌가 작용하는 방식 중에서 가장 놀랍고도 복잡하면서 중요한 특징으로 꼽힌다.

어떤 종류의 감각으로부터 뭔가를 얻으려고 할 때, 우리 뇌는 쉴 새 없이 무차별적으로 쏟아지는 감각 자극으로 인해 엄청난 양의 작업에 직면하게 된다. 당연히 신생아는 대단히 무력하다. 이 모든 신호들을 걸러내고 가려내고 분류하고 이해하는 방법을 습득하기까지는 몇 년의 시간이 걸린다. 어린 시절에는 많은 시간을 할애해 주위를 둘러싸고 있는 세계를 감지하는 법을 배운다. 블록이나 모빌 같은 유아용 장난감을 통해 유아는 촉각과 시각이 발달한다. 부모들은 유아들이 오랫동안 이해하지 못할 것이라는 사실을 알면서도, 끊임없이 알아듣지도 못할 말을 건넨다. 걸음마를 배우는 것은 뇌의 또 다른 놀라운 작업인 근육 조절과 가장 큰 연관이 있지만, 고유 감각과 균형 감각도 필요하다.

뇌에서 감각 정보가 처리되는 방식은 여러 가지로 생각될 수 있다. 이를테면 '상향식' 처리와 '하향식' 처리 개념이 있다. 뇌에서 유전적으로 오래된 부분에서는 말단에서부터 올라오는 감각 자료의 흐름을 여과하고 분류하는 상향식 처리가 일어난다. 이와 동시에, 뇌에서 유전적으로 새로운 부분에서는 위에서부터 정보를 해석하고 명령을 하달하는하는 하향식 처리가 일어난다. 또 뇌에는 우리에게 친숙한 좌, 우반구의 차이도 있다. 감각 면에서, 우반구는 시시각각 이어지는 감각의 스냅 사진을 끊임없이 제공한다. 좌반구는 이 감각 자극, 다시 말해서 우반구에 의해 창조된 시시각각의 패턴에 대한 반응을 담당한다. 무엇보다도 좌반구는 그것들에 대해 옳고 그름이나 좋고 싫음 같은 가치 판단을 내린다. 마지막으로 신경 가소성이라는 대단히 중요한 개념이 있다. 신경 가소성은 학습을 할 때나 물리적 손상이 일어났을 때, 뇌가 회로를 스스로 다시 연결하는 놀라운 능력이다. 안타깝게도 우리의 신경세포는 몸을 구성하는 다른 대부분의 세포들과 달리 재생이 잘 되지 않는다. 신경세포가 파괴되면 대개는 영원히 잃게 되는 것이다. 그러나 다행히도 신경세포들은 연결이 바뀔 수 있으며 실제로 바뀌기도 한다. 신경 가소성은 시각 장애인이 그렇게 예리한 청각을 갖고 있는 이유와 뇌졸중 환자가 뇌졸중 직후에 잃었던 여러 가지 능력이 몇 달, 또는 몇 년이 지난 후에 회복되는 이유를 설명하는 데 도움이 된다.

뇌의 분화

안면실인증에 관한 올리버 색스의 글이 『뉴요커』에 소개되고 몇 주가 지난 후, 이 잡지에는 출산을 하면서 가벼운 뇌졸중을 일으켰던 한 여성으로부터 온 편지가 소개되었다. 그 후 그녀는 소리 실인증 phonagnosia이라는 병을 앓게 되었는데, 소리 실인증은 청각과 관련된 안면실인증이라고 생각하면 될 것이다. 이 여성은 누군가로부터 전화가 오면 그 목소리의 모든 특징을 자세하게 감지할 수 있다. 성별과 연령대를 알 수 있고, 그 사람이 하는 말을 이해하는 것도 아무 문제가 없다. 하지만 그 목소리의 주인공이 그녀가 알고 있는 사람들 중에서 누구인지를 알지 못한다. 심지어 자신의 남편이나 다른 가족, 또는 친구의 목소리도 알아듣지 못한다. 뇌졸중으로 인해 그녀는 가까운 사람들의 목소리를 분류하는 뇌의 영역에 손상을 입은 것으로 추정된다.

뇌에서 각각의 영역마다 서로 다른 기능을 담당한다는 개념이 처음 등장한 시기는 최소 수백 년 전으로 거슬러 올라간다. 오스트리아의 해부학자인 프란츠 요제프 갈Franz Joseph Gall(1758~1828)은 뇌가 27개의 구역으로 나뉘어 있다는 학설을 내놓았다. 각 구역은 저마다 다른 기능을 담당했다. 어떤 곳은 지각을 담당했고, 어떤 곳은 기억이나 언어 같은 인지를 담당했고, 어떤 곳은 우정이나 자존감 같은 것과 연관이 있었다. 갈의 연구는 가톨릭교회와 마찰을 빚었지만, 그의 발상은 대부분 실험적 증거가 결여되어 있었기 때문에 과학계에서도 잘 받아들여지지는 않았다.

세부적인 부분에서는 갈의 연구에 오류가 있었는지 몰라도, 뇌의 기능이 분화되어 있다는 증거는 있었다. 프랑스의 의사인 피에르 폴 브로카Pierre Paul Broca의 1860년대 연구는 뇌 연구 분야에서 하나의 이정표가 되었다. 브로카는 뇌의 앞쪽에서 언어를 담당하는 '브로카 영역'을 발견했다. 브로카 영역은 일종의 언어 장애인 실어증aphasia을 앓던 환자의 뇌를 해부함으로써 발견되었다. 브로카의 연구는 말을 하는 데 어려움을 겪고 있던 환자들과 연관이 있었다. 그는 부검을 통해 이 환자들의 뇌에서 특정 영역에 이상이 있다는 것을 확인했고, 이 영역이 말하기를 담당한다고 결론을 내렸다.

브로카 이후, 연구자들은 뇌에서 특별한 능력을 담당하는 수많은 다른 영역을 발견했다. 1874년, 독일의 신경학자인 카를 베르니케Carl Wernicke는 뇌손상을 입은 환자들을 연구하다 언어를 이해하는 데 중요한 역할을 하는 베르니케 영역을 확인했다. 뇌에서 이 영역이 손상된 환자는 발화發話된 말을 이해하지 못하곤 했다. 이런 환자들은 말하는 능력은 유지하고 있지만, 그들이 하는 말은 정상적인 것처럼 들려도 실수투성이인 경우가 많았다.

언어 장애의 형태는 엄청날 정도로 다양하다. 작가인 하워드 엥겔 Howard Engel은 자신도 모르는 새 뇌졸중에 걸렸다. 어느 날 그는 현관에서 방금 집어온 신문을 읽을 수 없다는 것을 발견하고 크게 놀랐다. 신문의 1면이 이해할 수 없는 구불구불한 선들로 뒤덮여 있었던 것이다. 하지만 아직 그는 생각을 할 수 있었고, 알 수 없는 그 선들을 종이 위에 펜이나 연필로 정확히 옮겨 적을 수 있었다. 다시 말해서, **쓰기** 능력은 유지하고 있었지만, 자신이 방금 쓴 단어의 **읽기**는 하지 못했다. 확실히 이는 대단히 희귀한 경우지만, 다른 관련 사례들도 존재한다. 뇌졸중에 걸린 이후에도, 엥겔은 몇 권의 책을 더 썼으며, 그 중에는 2007년에 발표된 자전적 이야기인 『책 못 읽는 남자』(알마, 2009)도 있다.

브로카와 베르니케 이후, 뇌의 각 영역마다 다른 기능을 담당한다는 개념이 받아들여지게 되었고, 1900년대 초반에는 〔그림 16〕과 같은

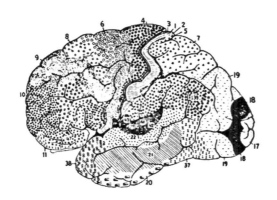

[그림 16] 인간 대뇌 피질의 기능 영역을 나타낸 지도

17~19의 영역은 시각과 연관이 있고, 22와 41과 42는 청각과 연관이 있다.
(브로드만, 『젤렌바우세스의 원리를 기초로 나타낸 대뇌 피질의 상대적 위치|Vergleichende Lokalisation hehre der Grosshirnrinde :in ihren Prinzipien dargestellt auf Grund des Zellenbaues』, 1909)

자세한 뇌 기능 지도가 만들어졌다.

〔그림 16〕에 있는 코르비니안 브로드만Korbinian Brodmann의 지도와 같은 뇌의 기능 지도가 이 주제의 최종 결정판은 아니다. 오늘날의 뇌 연구를 통해서도 뇌의 기능 분화에 대한 지식은 계속 발전해가고 있다. 기능적 자기 공명 영상functional magnetic resonance imaging(fMRI) 같은 기술은 뇌 분화에 관한 개념 확인과 관련 지식의 확장과 개선에 도움을 주었다. fMRI를 활용하면, 환자가 독서나 대화나 음악 감상 같은 여러 가지 정신 활동을 하는 동안 뇌 속의 혈류 변화를 실시간으로 조사할 수 있다. 신경세포가 활성화될 때, 즉 다른 신경세포에 전기 신호를 전달하고 있을 때는 그 세포들과 연관된 화학 반응에 변화가 생긴다. 활성화된 신경세포는 활성화되지 않은 신경세포에 비해 훨씬 더 많은 에너지가 요구된다. 몸은 에너지 요구 증가에 대한 반응으로, 신경세포가 활성화되고 있는 뇌의 영역에 산소가 풍부한 혈류를 보낸다.

혈액이 산화되었을 때는 산화되지 않았을 때와는 다른 자성을 나타낸다. fMRI는 산소의 유무에 따른 혈액의 미묘한 자성 차이를 측정해, 뇌의 어느 부분이 활동하고 있고, 어느 부분이 활동을 하지 않는지를 보여준다. 그러나 그 활동의 특성에 관해서는 별로 알려주는 게 없다. 만약 저 멀리 우주에서 온 외계인이 우리를 감시하고 있다고 해보자. 외계인들은 차량의 흐름을 감시함으로써 도시에서 중요한 일이 벌어지고 있는 곳이 어디인지에 대한 정보를 수집할 수는 있을 것이다. 평일에는 차들이 외곽에서 도심으로 들어오고, 저녁에는 식당과 술집들로 향했다가, 다시 외곽 지역으로 돌아간다. 이런 차량의 흐름은 각 장소에서 중요한 일이 일어나고 있을지도 모른다는 것을 암시하지만, 그 일이 무엇인지에 대한 단서는 전혀 없다. fMRI로 측정되는 혈액의 흐름도 이와 마찬가지다.

fMRI 검사를 하면서 환자에게 사람의 얼굴을 보여주면, 얼굴이 아닌 다른 것의 형상을 보여준 때보다 뇌의 한 영역에서 대단히 활발한 활동이 나타나는데, 이 영역을 "방추 모양 얼굴 영역fusiform face area"이라고 한다. 방추 모양 얼굴 영역도 비교적 작은 영역에 속하지만, 얼굴 인식 같은 작업을 수행하기 위한 뇌의 분화는 훨씬 더 세밀한 수준에서도 일어난다. 분화는 각각의 신경세포 수준까지 확장된다. 1960년대부터 시작된 연구를 통해 증명된 바에 따르면, 신경세포들은 얼굴이나 다른 친숙한 사물 같은 다양한 시각적 자극에 대해 상당히 다른 반응을 보일 수 있다. 이렇게 세밀한 수준에서 뇌의 분화가 일어날 수 있다는 개념은 잘 받아들여지지 않았다. 적어도 처음에는 그랬다. MIT의 신경과학자인 제롬 레트빈Jerome Lettvin은 조금 장난스럽게, '할머니 세포grandmother cell'라는 이름을 만들었다. 너무 많이 분화되어 자신의 할머니의 모습에만 반응할지도 모르는 신경세포라는 뜻이었다. 레트빈은 만약 뇌가 그 정도로 분화되어 있다면 약간의 세포가 파괴되어도 할머니에 대한 기억 모두를 없애지는 못할 것이라고 추론했다. 할머니에 대한 기억의 일부가 영원히 사라져도, 할머니의 사과파이 냄새와 옷매무새와 웃음소리는 여전히 기억에 남아 있다. 할머니의 옷은 마치 유령처럼 집안을 떠다니는 빈껍데기가 될 것이다. 이 할머니 세포라는 말은 과학 용어가 되었고, 역시 MIT의 신경과학자인 찰스 그로스Charles Gross에 의해 공식적으로 검토되기도 했다. 적어도 부분적으로는, 신경세포의 분화에 관한 그로스의 초기 연구가 레트빈의 할머니 세포 이야기로 이어졌다.

경계

사물이 끝나는 곳과 시작하는 곳인 사물의 테두리, 즉 경계는 지각에서 중요한 개념이다. 어지럽게 흐트러져 있는 책상이나 주방기구가 가득한 서랍처럼 시각적으로 복잡한 광경을 보고 있을 때, 우리는 눈이 처리하고 있는 이 정보들을 어떻게 이해할까? 지각에서는 물건 하나하나의 경계를 기억하는 것이 중요하다. 지금 나는 내 책상 위에 있는 커피 잔을 보고 있다. 이 커피 잔에는 펜과 연필을 비롯해, 자와 손전등과 가위까지 온갖 잡동사니가 가득 꽂혀 있다. 하나의 물건은 끝나고 다른 물건은 시작되는 지점은 어딜까? 심지어 우리는 모르는 물건이라도, 전에 한 번도 본 적이 없는 것이라도, 별개의 물건으로 감지할 수 있다. 내 시각적 지각은 곧바로 각각의 물건의 경계를 찾아내고 그것으로 그 물건을 확인한다. 물건의 경계는 색과 표면의 상태와 함께 우리가 지각으로 확인하는 그 물건의 특성이다. 시각적 경계는 우리의 지각에서 대단히 중요한 부분을 차지하고 있기 때문에, 경계가 없는 상황은 상상조차 하기 어렵다.

그러나 경계는 시각에만 한정되지 않는다. 청각에서도 경계가 대단히 중요하다. 이해하고 있는 언어를 듣고 있을 때, 우리는 각 단어의 시작과 끝을 감지한다. 만약한단어가어디서시작하고어디서끝나는지를시각적으로감지할수없을때를글로나타내면이와비슷할것이다. 그래서 우리는 글을 쓸 때 단어와 단어 사이를 띄워 여백을 두는 것이다. 우리 뇌는 이와 같은 여백을 청각적으로 감지하는 법을 배운다. 각각의 단어를 이해하지 못해도, 그 시작과 끝은 알 수 있는 것이다. 언젠가 변호사인 내 아내가 '소송 원조champerty'라는 단어를 사용했다

(법조인들은 알아들을 수 없는 법률 용어를 남발하는 것을 무척 좋아한다).[23] 나는 그 단어가 무슨 뜻인지 전혀 몰랐지만, 그 경계는 알수 있었다. 그래서 아내가 한 다른 말들 중에서 그 단어만 쏙 끄집어내어 무슨 뜻인지를 물어볼 수 있었다.

새로운 언어를 배울 때는 듣고 있는 단어의 경계를 감지할 수 있는 것이 중요한 역할을 한다. 내 친구 중에는 6개 국어를 유창하게 할 수 있는 재주꾼이 있다. 몇 년 전, 그 친구는 언어가 익숙하지 않은 루마니아에서 몇 주 동안 지내게 되었다. 여행 준비를 하는 동안, 그는 인터넷을 뒤져서 루마니아어 회화 자료를 구해 몇 시간에 걸쳐 계속 들었다. 그렇게 하는 이유를 내가 묻자, 그는 루마니아어 단어들의 시작과 끝을 듣는 연습을 하고 있다고 대답했다. 그는 일단 단어들의 경계를 들을 수 있게 되면 새로운 언어를 듣는 능력이 대단히 급속하게 향상된다고 말했다. 내 생각에, 그 친구는 뭔가 큰일을 해낼 친구다. 만약 내가 전혀 모르는 러시아어 같은 외국어를 듣고 있다면 아무 소리도 알아듣지 못할 것이다. 모든 단어들이 한데 뒤엉켜서 어디서 한 단어가 끝나고 다음 단어가 시작하는지 전혀 모르는 것이다. 나는 스페인어도 못한다. 그러나 미국인이라서 스페인어를 자주 듣게 되다보니 단어의 경계를 종종 들을 수 있다.

신경해부학자인 질 볼트 테일러Jill Bolte Taylor는 심각한 뇌졸중을 겪었던 자신의 경험담을 『긍정의 뇌My Stroke of Insight』(월북, 2010)라는 멋진 책에 담았다. 뇌졸중 이후 그녀에게는 많은 시련이 있었는데, 그중에서도 특히 경계를 구분하지 못해서 어려움을 겪었다. 이를테면,

---

[23] 소송 원조란 원고와 그의 법률 대리인 사이의 어떤 합의를 뜻하는 말로, 법률 대리인이 원고로부터 금전적 보상을 받고 소송에 동의하는 것이다.

시각적 경계가 사라져서 침대 옆에 누군가 서 있을 때 그 사람이 움직이기 전까지는 형태를 구별하기 어려웠다. 경계가 없는 픽셀pixel들이 하나의 커다란 덩어리가 되어 움직이고, 그녀는 그 움직임을 감지해 그 특별한 픽셀의 모임이 사람이라는 결론을 내리는 것이다. 언어의 경계를 구별하지 못하는 문제에 대한 그녀의 설명에서 나는 새로운 언어를 배울 때가 연상되었다. 그녀는 영어 단어의 경계를 알아내는 법을 완전히 처음부터 다시 배워야만 했다. 테일러는 다른 종류의 지각의 경계에 대해서도 묘사했는데, 바로 공간 속에서 자신의 몸이 이루는 경계였다. 고유 감각과 촉각은 내 몸이 어디서 끝나고 내 몸을 제외한 세상이 어디서 시작되는지를 계속 추적할 수 있도록 돕는 일도 한다. 테일러의 뇌졸중은 이런 경계를 감지하는 능력을 앗아간 것이다. 그 능력을 잃고 그녀는 우주와 하나가 되는 신비한 기분을 경험했는데, 대부분의 사람들은 쉽게 상상조차 되지 않는 경험이다.

상향식 처리와 하향식 처리

직장의 고용주가 주최하는 화려한 칵테일파티에 초대를 받았다고 상상해보자. 멋지게 보이는 것이 중요하므로 시간을 들여 특별한 의상을 선택해야 한다. 세심하게 배색을 확인하고, 얼룩이나 때가 묻지는 않았는지, 뜯어진 데는 없는지 잘 살펴야 한다. 단장을 잘 하는 것도 중요하다. 이건 남자들이 좀 더 수월하며, 취향대로 멋지게 자신의 모습을 꾸민다. 마침내 파티 장소에 도착한다. 꽤 성대한 파티다. 연회장에는 수백 명의 사람들이 모여 있는 것 같다. 소리 하나만으로도 압도될 지경이다. 연회장의 한쪽에 마련된 무대에서는 재즈 밴드가 분위기를 달구고 있다. 홀에서는 수십여 명이 뒤섞여 대화를 하고 있고, 간간히 웃음소리와 떠들썩하게 인사를 나누는 소리가 들린다. 그때 상사가 와서 어깨를 툭툭 치면서 시내에 있는 본사에서 온 자신의 상사를 소개한다. 좋은 인상을 주어야할 시간이다. 음악소리와 다른 모든 대화소리를 차단하고 상사의 상사가 하는 말의 단어 하나하나에 집중한다. 무척 힘이 든다. 상사의 상사는 이곳 출신이 아니라서 억양을 알아듣기가 힘들다. 게다가 술도 몇 잔 마신 것 같은데, 어쩔 도리가 없다. 그러나 굴하지 않고 그의 모든 농담에 확실하게 웃어주고, 모든 질문에 얼른 예의바르게 대답한다. 드디어 그가 다른 사람을 만나러 자리를 옮긴다. 이제 혼자 바로 향하면서, 이런 행사가 자주 열리지는 않는다는 사실에 몰래 안도한다.

인간의 뇌가 놀라운 계산 능력을 갖고 있기는 하지만, 이런 파티에서 뭔가를 이해할 수 있다는 것은 거의 기적처럼 느껴진다. 감각 수용기는 자극의 영향으로 전기 신호를 만들고, 이 신호는 뇌로 이동한다. 그러나 우리가 이런 자극과 그 결과물인 전기 신호를 의식적으로 다룰 수 있는 방법은 전혀 없다. 우리가 뭔가를 이해하려면, 다시 말해서 왁자한 파티가 열리고 있는 시끄러운 방안에서 거나하게 취해서 낯선 억양으로 말하는 상사의 이야기를 알아들으려면, 수많은 여과와 처리 과정을 거쳐야만 한다. 이 모든 여과와 처리 과정이 양방향으로 일어난다고 생각하면 꽤 쓸모가 있다. 바로 상향식 처리와 하향식 처리다.

아래에서 위로 일어나는 상향식 처리에서는, 감각 수용기에서 생성된 여과되지 않은 신호들이 각기 다른 정보의 흐름, 또는 다발로 분해된다. 이를테면 코르티 기관 속의 유모세포에서 온 신호는 소리의 크기, 높낮이, 간격, 공간적 위치에 관한 정보의 다발들로 나뉜다. 이런 자료들은 인간이 만든 장비를 이용해서도 분리가 가능하기 때문에, 뇌에서 이런 작용이 일어난다는 사실도 전혀 놀라운 일이 아니다.

하향식 처리 과정은 위에서 아래로 진행된다. 만약 상향식 처리 과정이 소리의 크기, 높낮이, 음원으로부터의 위치와 같은 특징들을 나누는 것이라면(청각의 경우), 하향식 처리 과정은 더 통합적이다.

가령 이 책이 우리가 이해할 수 없는 언어로 쓰여 있다고 상상해보자. 책장에 쓰인 단어들을 보고 우리 뇌는 무엇을 감지할까? 이 책이 영어처럼 로마자를 쓰는 독일어나 이탈리아어 같은 언어로 쓰였다고 해보자. 책장에서 반사되는 빛은 우리의 망막 위에 있는 한 점에 집중되고, 망막은 뇌로 전기 신호를 전달한다. 뇌에서는 낮은 수준의 상향식 처리를 통해 색(흰색과 검은색)과 검은 물체(글자)의 크기와 수 따위를 구별할 것이다. 이 검은 물체들은 우리에게 친숙한 로마자이기 때문에 저마다 문자로 인식될 것이다. 그러나 고도로 정교한 하향식 처리에서는 흰 종이 위에 인쇄된 이 익숙한 검은 글자의 모임을 우리가 이해할 수 있는 것, 바로 언어로 바꿔야만 한다. 하향식 처리에서는 이 글자들의 모임인 단어에 의미를 부여한다. 이런 저런 단어들의 의미를 통합해서 그 다음에 무엇이 올지를 예측하는 것이다. 영어의 경우는, 만약 우리의 처리 장치에서 명사를 감지하면 그 다음에는 동사가 올 것으로 예측된다. 이런 방식을 따라 독자들은 인쇄된 지면과 소통을 하게 된다. 이런 종류의 하향식 처리를 개발하려면 보통 수년이 걸린다. 우리 뇌가 이런 작업을 수행할 수 있을 정도로 조직되기까지는 그 정도의 시간이 필요하다.

따라서 읽기는 상향식 처리와 하향식 처리가 지각에서 어떻게 협업을 하는지를 보여주는 훌륭한 본보기다. 우리는 지면에 쓰인 글자를 읽을 수도 있지만, 들을 수도 있다. 우리가 누군가의 말을 듣고 있을 때에도 이와 비슷한 하향식 처리와 상향식 처리가 일어난다. 언어를 들을 때는 그 순간에 들어오는 다른 청각 정보를 모두 차단해야만 한다. 이를테면 칵테일파티에서는 다른 모든 대화와 재즈 밴드의 연주 소리 같은 것을 차단하는 것이다. 게다가 빠트렸거나 발음이 틀린 음절, 또는 소음에 묻힌 단어 같은 누락된 정보를 채워 넣는 것도 필요하다.

새로운 언어의 학습과 관련된 네 가지 요소는 읽기, 쓰기, 듣기, 말하기다. 이 네 가지 요소에는 저마다 특별한 어려움이 있다. 내 생각에는 듣기가 가장 어려운 것 같지만, 내 친구들 중에는 이에 동의하지 않는 사람도 있다. 그러나 외국어를 배우느라 애쓰고 있는 사람에게 물어보면 다들 그렇게 말할 것이다. 듣기는 일반적으로도 어렵지만 시끄러운 곳에서는 더욱 어려워진다. 믿을 수 없을 정도로, 미치도록 어려워진다. 나는 몇 년 전에 초빙 교수로 처음 프랑스에 머물던 동안 이 사실을 뼈저리게 깨달았다. 나는 고등학교 시절에 1년 남짓 배우고 묵혀 두었던 프랑스어 실력을 개선하기 위해 열심히 공부를 했고, 순진하게도 파리에 도착했을 때는 내 어학 실력에 나름 자신이 있었다. 시작은 좋았다. 처음 내가 도착한 곳은 프랑스 북서부 생캉탱Saint-Quentin 시내에 위치한 피카르디 대학의 작은 위성 캠퍼스였다. 나는 내가 속한 학과장을 만났고, 우리는 한 시간 정도 그의 사무실에서 서로에 관해 알아가면서 좋은 시간을 보냈다. 대화를 하는 동안 우리는 영어를 한 마디도 쓰지 않았다. 그 다음 그는 내게 새 동료들을 소개해주었고, 잠시 후 나는 그들 중 한 명과 점심을 먹으러 나갔다. 이번에도 프랑스어로만 한 시간 정도 대화를 나눴다. 둘째 날도 첫째 날과 비슷했다. 그래서 하루 일과가 끝날 무렵이 되자 나는 모든 것이 너무 쉽게 느껴지기 시작했다.

셋째 날이 되었다. 프랑스에서는 세 끼니 중에서 점심 식사를 가장 푸짐하게 하기 때문에 점심시간은 하루 중 가장 중요한 시간이다. 동료들과 거하게 식사를 하고 한 시간 이상 식탁에 더 앉아서 업무, 스포츠, 날씨, 그 밖의 중요한 이야기들에 관한 대화를 나누는 일이 다반사였다. 패스트푸드 봉지를 낚아채듯 받아들고 차 안이나 책상에서 홀로 외롭게 5분 만에 먹어치우는 미국 직장인들의 점심식사를 프랑스인들은 이해하지 못했다. 나는 프랑스식 점심식사가 점점 좋아졌지만, 그날은 그렇지 못했다. 첫째 날과 둘째 날의 일대일 점심 식사는 일종의 탐색전이었다는 것을 그때서야 깨달았다. 실전에서는 함께 모여 점심식사를 하는 사람의 수가 두 명이 아니라 열 명쯤 되었다. 상황은 믿을 수 없을 정도로 엄청나게 달랐다. 두 명이 참여하는 대화에서는 말이 서툰 사람(이 경우에는 나다)의 이해에 맞춰 대화를 천천히 할 수 있다. 여기에 그 말을 모국어로 사용하는 사람이 한 명 더 참여하게 되면, 그 말이 외국어인 나머지 한 사람은 뒤로 밀려나기 시작한다. 참여 인원이 네다섯 명, 아니 열댓 명으로 늘어나면, 대화는 서너 무리로 갈린다. 그러면 말이 서툰 사람은 자신의 처지가 마치 물살이 거세게 흐르는 강의 한복판에 내던져진 커다란 바윗덩어리처럼 느껴지기 시작한다. 주위에 몰아치고 있는 물살, 즉 언어의 흐름에 모두 둥실둥실 떠내려가고 있지만, 자신만은 그렇지 못하다. 일대일 대화에서는 한 마디도 빠짐없이 모두 이해할 수 있었더라도, 이렇게 다수가 참여하는 대화에서는 거의 아무 것도 알아듣지 못할 수도 있다.

나는 점심을 절반 쯤 먹었을 무렵에 이를 깨닫고 큰 충격을 받았다. 마구 솟구치던 자신감은 이내 사라졌고, 이런 상황에서는 **전혀** 의사 소통을 할 수 없을 것이라는 생각이 들기 시작했다.

새로운 언어를 배울 때는 이해를 하고 이해를 시키기 위해 할 수 있는 모든 수단을 총동원해야 한다. 이를테면 나는 전화 통화보다는 얼굴을 맞대고 대화할 때 프랑스어를 훨씬 더 잘한다. 전화는 음질이 **항상** 좋지 않고, 휴대전화는 누구나 알다시피 연결이 잘 안 되는 경우도 있다. 전화 통화를 할 때는 의미를 짐작하는 데 다소 중요한 단서인 손짓이나 얼굴 표정도 확인할 수 없다. 나는 누군가가 이야기를 할 때는 그 사람의 얼굴을 유심히 살피고, 대화를 나눌 때는 서로 가까이 앉아서 마주보라는 교훈을 얻었다. 다시 말해서, 귀와 뇌가 하는 일을 돕기 위해 최대한 눈을 많이 사용해야 한다는 것을 배웠다. 누군가와 식당에서 만날 때, 내게 메뉴만큼이나 중요한 것은 그 장소의 음향이다. 이런 것은 모국어인 영어로 말할 때는 전혀 문제가 되지 않는다. 프랑스어에 대한 내 상향식 처리와 하향식 처리 능력은 영어의 처리 능력만큼 뛰어나지 않다. 나의 뇌는 단어의 경계를 찾아내거나 관련이 없는 소음을 걸러 내거나 대화의 빠진 조각을 채워 넣는 것과 같은 일에 능숙하지 않다.

대화의 빠진 조각을 채워 넣는 것, 이것도 중요하다. 지각의 흐름에서 감각 정보, 특히 청각 정보와 시각 정보의 빠진 조각을 채워 넣는 일은 지각 완성이라는 용어가 따로 있을 정도로 중요한 작용이다.

지각 완성

지각은 우리가 감각 작용을 통해 받아들이는 모든 자극으로부터 추론을 이끌어내는 것과 연관이 있다. 추론은 증거에서 도출한 결론이다. 이 경우 증거는 감각을 통해 뇌로 들어오는 정보다. 이 증거들은 먼저 상향식 처리를 통해 걸러지고 분류된 다음, 하향식 처리를 거쳐 통합된다. 정보의 조각들이 거의 항상 사라지고 있지만, 하향식 처리의 가장 중요한 작용 중 하나는 그렇게 사라진 정보를 채우는 것, 즉 지각을 완성하는 것이다. 이런 작용이 일어난다는 우리의 지각 소프트웨어가 명백하게 잘못된 결론에 도달한다는 것을 보여주는 수많은 사례들을 통해 쉽게 증명된다.

망막에는 시신경이 있기 때문에 맹점이 생긴다. 맹점은 눈이 받아들이는 빛을 처리할 수 없는 공간적 위치를 말한다. 우리에게 눈이 두 개인 까닭은 각각의 맹점이 일치하지 않기 때문이기도 하다. 맹점의 존재는 〔그림 17〕에서 보듯이 쉽게 증명이 된다.

이 책을 평평한 곳에 놓고 〔그림 17〕이 있는 쪽을 펼친다. 이제 책을 향해 몸을 숙이고 왼쪽 눈을 가리거나 감는다. 오른쪽 눈으로 〔그림 17〕의 왼쪽에 있는 검은 동그라미를 똑바로 응시하면서 머리를 책 쪽으로 숙인다. 머리가 책에서 약 20센티미터 정도 떨어졌을 때, 십자 모양이 갑자기 사라질 것이다. 오른쪽 눈이 검은 점에 초점이 맞춰져 있는 바로 그 지점에서, 오른쪽 눈의 맹점이 십자 모양의 위치와 일치하는 것이다. 이 실험은 오른쪽 눈에 맹점이 있다는 것을 증명하면서, 동시에 잘못된 지각을 야기하는 지각 완성의 고전적인 예도 관찰하는 것이다. 만약 이 실험에서 머리를 앞으로 계속 숙이면,

십자 모양이 갑자기 다시 나타나 더 이상 맹점과 일치하지 않을 것이다. 위아래로 몇 센티미터 정도 머리를 움직이면 십자 모양이 나타났다 사라지기를 반복할 것이다. 지각 완성, 즉 감각의 세계에서 감각 작용과 지각의 역할에 관해 이보다 더 명확한 증명을 바라는 사람은 거의 없을 것이다.

●   +

[그림 17] 간단한 맹점 증명 실험

머리를 숙이는 동안 맹점의 위치가 십자 모양과 일치하면, 십자 모양은 사라진다. 우리 뇌는 지각 완성을 통해 이 보이지 않는 부분에 있어야 한다고 추측한 것을 채워 넣는다. 이 책의 경우에는 십자 모양 주변과 같은 색의 여백으로 채우는 것이다. 더 복잡한 기하학적 무늬를 이용하는 다른 맹점 증명 실험에서는 더 놀라운 시각적 지각 완성의 사례를 보여준다. 그러나 시각에서 지각 완성의 의미는 단순히 맹점의 증명에만 있는 것이 아니다. 하향식 처리는 끊임없이 시각적 풍경에 대한 우리의 지각을 완성하고,(시야가 정확하지 않은 곳에서) 시야 주변의 부족한 부분을 자세히 채워 넣고, 약한 빛을 보충하는 따위의 작용을 한다. 이런 시각적 지각의 일부는 감쪽같이 이어지기 때문에, 우리는 그 작용이 일어나고 있다는 것을 전혀 눈치채지 못한다.

비시각적 지각 완성의 예도 있다. 심리학자인 리처드 워렌Richard Warren
은 누군가가 읽은 "그 법안은 상하 양원에 의해 전달되었다"라는 문
장을 녹음했다. 그 다음 약간의 잡음을 덧씌워 몇 단어를 들리지 않
게 했다. 이렇게 바뀐 녹음본을 들은 대다수의 사람들은 단어와 잡
음을 모두 들었다고 말했지만, 그 잡음이 문장의 어디쯤에서 들렸는
지는 대부분 말하지 못했다. 사람들의 뇌가 잡음으로 빠진 부분에 들
어가야 한다고 감지한 것을 채워서 문장을 완성한 것이다. 이 문장은
꽤 일상적이고 평범했기 때문에, 실수 없이 빈 곳을 채워 넣을 수 있
었다. 영어가 모국어인 사람과 그렇지 않은 사람을 비교한 연구 결과
를 보는 것도 흥미로울 것이다. 어쨌든 휴대전화 시대에 살고 있는
우리 대부분은 청각 지각 완성을 지나치게 신뢰해야 하는 위험에 익
숙하다. 다음처럼 말이다. "여보세요, 엄마. 나는 (잡음)에 있어요.
(잡음)까지 집에 갈게요."

워렌의 연구에서 대부분의 사람들은 법안이 전달되었다는 내용과 중
간에 갑자기 튀어나온 잡음을 들었다고 말했다. 잡음과 발화된 말은
상향식 처리를 통해 구별되고, 피험자의 뇌에서 독립된 지각의 흐름
을 형성한다. 사람들이 들은 단어는 하향식 처리를 통해 채워진 상상
의 산물인 것이다. 마치 맹점 실험을 할 때 그 자리에 없는 것을 우리
가 상상하는 것과 같다. 그러나 이런 처리 과정은 널리 퍼져 있으며,
아주 인간다운 것이다.

내 아내는 변호사다. 그것도 아주 유능한 변호사다. 그렇지만 내가
공정한 평가를 내렸다고 보기는 어렵다. 변호사들은 대부분 글을 많
이 써야 하는데, 때로는 교정을 받기도 하고 때로는 그렇지 않다. 내
아내는 자신이 쓴 글을 직접 교정해야 할 때면 덤벙대다가 꼭 실수를

저지른다고 투덜거린다. 얼마 전에는 "원고가 가장 강력하게strongest 주장하는 것은…"이라고 쓰려다가 "원고가 가장 이상하게strangest 주장하는 것은…"이라고 썼다. 아내는 처음에는 컴퓨터 화면으로, 그 다음에는 종이에 출력해서 그 글을 여섯 번쯤 읽었지만 그 실수를 찾아내지 못했다고 말했다. 오타나 문법적 실수가 아니었기 때문에 문서창에 빨간 줄이 그어지지도 않았다. 천만다행으로 판사의 손에 들어가기 전에 한 동료가 그 실수를 찾아냈다.

아내는 "난 왜 이러지? 왜 이런 실수를 알아차리지 못하지?"라고 자책하면서 그 까닭을 알고 싶어 했다. 나는 지각 완성에 관해 설명하려다가 너무 멀리 가는 것은 아닌지 자신이 없었다. 어쩌면 아내의 경우에는 논리적이고 분석적인 접근이 필요한 게 아닐지도 몰랐다. 그래서 누구나 실수를 한다는 것, 내가 아내를 아주 많이 사랑한다는 것, 아내가 최고의 변호사라는 것만 말해주었다.

자신이 쓴 글을 직접 교정하는 것은 어렵다. 어떤 작가라도 그렇게 말할 것이다. 다른 사람이 쓴 글을 교정할 때는, strongest를 strangest로 쓴 것과 같은 실수를 찾아내기가 훨씬 쉽다. 내가 추측하기에 적어도 부분적으로는, 글쓴이의 **의도**를 알지 못하는 상황에서는 글쓴이가 **실제로** 쓴 것을 볼 가능성이 더 크기 때문일 것이다. 누군가의 글을 읽고 있고 있을 때, 지각으로 완성하려는 욕구는 기이할 뿐 아니라 대단히 강하기도 하다.

감각 상실

우리 뇌는 지각의 흐름에서 빠진 부분을 일상적으로 채우고 있다. 이는 수십 년에 걸쳐 발달한 복잡한 과정이다. 중년 남성이 된 내가 시각 정보를 감지하는 방식은 어린 시절에 감지했던 방법과는 대단히 다르다. 내가 말하고 있는 것은, 내 뇌가 오랜 시간에 걸쳐 개발해온 시각적 자료 처리 방식, 즉 신경 가소성에 관한 것이다. 다시 말해서 눈이라는 시각 하드웨어가 아닌 나의 시각적 소프트웨어를 말하는 것이다. 지각은 결코 온전히 현재에 있지 않다. 이 사실은 수세기 동안 철학자들을 매료시켜 왔지만, 경험적 연구가 어려웠기 때문에 단순히 사유만으로 만족해야 했다.

시각 장애인으로 태어나거나 아주 어린 나이에 시각 장애인이 되었다가 몇 년이 지난 후에 시력을 되찾게 되는 사례는 비교적 희귀하다. 신경심리학자인 리처드 그레고리Richard L. Gregory는 S. B.의 사례를 발표했는데, 그는 생후 10개월에 시력을 잃었다가 52세에 되찾았다. S. B.는 1966년에 한 기증자로부터 각막 한 쌍을 기증을 받았다. 시력을 되찾기 전, S. B.는 대단히 활동적인 시각 장애인이었다. 정원 가꾸기와 산책을 즐겼고, 심지어 비장애인의 안내를 받으며 자전거를 타기도 했다. 의사들은 그의 경우는 거의 희망이 없다고 생각했지만, 그는 의식적인 기억이 전혀 없는 시각적 세계에 다시 합류하게 되기를 오랫동안 소망해왔다. 마침내 각막 이식 수술이 시행되었고, 결과는 성공적이었다. 그러나 S. B.의 이야기는 비극으로 끝을 맺는다.

수술을 하고 며칠이 지나자 그는 상당히 잘 볼 수 있었다. 시각에 의

존해 병원 복도를 지날 수도 있었고, 벽시계를 보고 시각을 말하는 법도 빠르게 배웠고, 병실 창문을 통해 거리 풍경을 보는 것도 좋아했다. 그러나 모든 게 다 정상적이지는 않았다. 그는 거리에 대한 지각이 왜곡되어 있었다. 그의 병실은 지상에서 최소 9미터 높이에 있었지만, 그는 창문 밖으로 몸을 내밀면 손발이 땅에 닿을 것이라고 생각했다.

퇴원을 하고 며칠이 채 지나지 않아, S. B.에게 주기적으로 우울증이 찾아오기 시작했다. 그의 우울증은 시간이 갈수록 더 잦아졌고 더 심각해졌다. 결국 그는 활동적인 생활을 모두 포기했고, 각막 이식 수술을 한 지 3년만에 사망했다.

S. B.의 사례는 극단적인 경우지만, 시력을 얻었거나 잃었던 시력을 오랜 시간이 후에 되찾은 시각 장애인들에게 우울증이 찾아오는 일은 흔하다. S. B.는 그의 시야에 드러난 세상이 뭔가 부족하다는 것을 조금씩 알아가기 시작했다. 그는 밝은 색은 좋아했지만, 빛바랜 색이나 떨어져 나간 페인트 조각이나 다른 흠들을 참지 못했다. 하루가 끝날 무렵 스러져가는 빛도 마찬가지였다. 결국 그도 다른 유사한 사례자들과 마찬가지로, 시각 장애인이었던 때와 비슷한 생활로 되돌아갔다. 밤이 되면 집에 불조차 켜지 않는 일이 많았다.

몇 가지 일화를 통해 시력을 회복한 S. B.의 삶이 어땠는지를 엿볼 수 있다. 수술을 하고 얼마 지나지 않아, 사람들은 그에게 선반 기계를 보여주었다. 그는 선반 기계의 용도를 이해했고, 굉장히 큰 흥미를 나타냈다. 처음 기계를 보았을 때, 그는 기계가 어떻게 작동할지에 관해 아무 추측도 하지 못했다. 한 부품이 핸들처럼 생겼다고 조심스럽게 말할 수 있었을 뿐이었다. 그 다음 그는 눈을 감고 잽싸고도 능숙한 손길로 기계 전체를 1분 이상 더듬어보았다. 그리고 다시 눈을 뜨고 다음과 같이 말했다. "이제 만져본 것이니까 볼 수 있어요."

맹인이었을 때 S. B.는 흰 지팡이를 짚고 자신 있게 동네를 활보했으며, 차량 통행에도 전혀 위협을 느끼지 않았다. 건널목에서는 경계석 위에 서서 도로를 향해 지팡이를 수평으로 들었다. 차량 통행이 멈췄다는 것을 귀로 확인한 뒤에는, 대담하게 도로로 내려와 반대편으로 건너갔다. 그러나 수술을 한 뒤에는 사정이 달랐다. 그는 자신의 시각을 극도로 의심했고, 길을 건너는 것을 대단히 두려워했다. 양 옆에 안내인을 대동하고도 스스로 도로에 발을 내딛는 일이 드물었다. 대부분의 사람들이 해왔던 시각 '소프트웨어의 개발'이 수십 년 동안 멈춰 있었던 S. B.는 갑자기 기능을 하는 시각 수용기를 갖게 되면서, 자신의 눈을 통해 들어오는 엄청난 정보의 흐름에 압도되고 말았다. 시각은 이렇게 심각한 우울증을 유발할 정도로 강력한 현상인 것이다.

몰리뉴의 문제

S. B.의 안타까운 사례는 몰리뉴의 문제Molyneux's problem를 떠오르게 한다. 이 문제는 1688년에 처음 제기된 이래, 철학자들의 흥미를 자아내어 왔다. 아일랜드의 과학자이자 정치가인 윌리엄 몰리뉴William Molyneux(1656~1698)는 존경하던 영국의 철학자 존 로크John Locke(1632~1704)에게 보낸 편지에서 이 문제를 언급했는데, 내용은 이렇다. 선천적으로 맹인인 사람은 촉각을 통해 많은 사물을 구별하

는 법을 배운다. 이를테면 그에게 손 안에 들어갈 정도로 작은 나무 정육면체와 구를 쥐어주면, 그는 그것들이 각각 무엇인지를 말할 수 있을 것이다. 이제 그 맹인이 갑자기 볼 수 있게 되었다고 생각해보자. 그런 다음 그에게 그 물건 중 하나를 보여주면, 과연 그는 오로지 시각만으로 그것이 정육면체인지 구인지를 알 수 있을까?

범상치 않은 사상가였던 로크는 몰리뉴의 문제가 훌륭하다고 감탄했다. 로크는 이 문제를 발표했고, 이어서 볼테르, 고트프리트 라이프니츠, 드니 디드로, 조지 버클리, 헤르만 폰 헬름홀츠, 윌리엄 제임스를 비롯한 당대의 내로라하는 지성들이 이 문제에 관심을 가졌다. 로크와 몰리뉴 자신을 포함한, 한편에서는 구별을 할 수 없을 것이라고 생각했다. 원래 맹인이었던 사람이 시각만으로 정육면체와 구를 구별하는 것은 불가능하다고 믿었기 때문이다. 라이프니츠를 포함한 다른 편에서는 구별할 수 있을 것이라고 생각했다.

의견 일치는 이뤄지지 않았는데, 그 까닭에는 로크가 발표한 문제가 여러 방식으로 해석될 수 있다는 점도 한 몫을 했다. 젊은 시절에 무수히 많은 시험문제를 풀었던 나는 문제를 잘못 해석할 위험에 지긋지긋할 정도로 친숙하다. 몰리뉴와 로크는 피험자가 깊이 생각한 후에 대답을 해야 하는지, 아니면 곧바로 대답을 해야 하는지도 언급하지 않는다. 게다가 피험자에게 정육면체나 구 중 하나를 보여줄 것이라고 말하는지, 아니면 단순히 '어떤 물체'를 보여주고 그 이름을 말하라고 하는지에 관해서도 의견이 엇갈렸다.

1728년에 실험적 증거가 처음 나오면서, 사정은 더 모호해졌다. 영국의 외과의사인 윌리엄 체슬던William Cheselden(1688~1752)은 13세의 맹인 소년의 눈에 광범위하게 퍼져 있던 백내장을 제거함으로써 소년의 시력을 되찾아주었다. 체슬던은 수술 후 몰리뉴의 문제를 이 소년에게 제시했고, 소년은 구와 정육면체를 구별하지 못했다.

철학자들은 몰리뉴와 로크가 문제를 제기했을 때보다 체슬던의 사례에 더 많은 관심을 표현했다. 무엇보다도 철학자들은 소년이 수술 후 건강을 회복할 시간이 충분치 않았을 수도 있었다는 점과 시간이 **지나치게 많았을** 수도 있었다는 점, 그리고 이 소년 같은 백내장 환자들이 완전히 실명을 하는 사례는 드물기 때문에 몰리뉴의 문제를 시험하기에는 적절하지 않았을 수도 있었다는 점을 지적했다. 일부에서는 이런 사례가 또 다시 나올 때 지켜야할 엄격한 일련의 규칙들을 제안하기도 했는데, 이 규칙에는 완전히 검은 방에서 회복 기간을 보내게 한 다음 문제를 제시한다는 것도 포함되어 있다. 머릿속을 맴도는 난제를 해결하려는 열정으로 가득한 지성들에게 환자의 복지는 염두에 없는 것 같다.

그 이후 몰리뉴의 문제에 노출된 환자들(S. B.의 1960년대 사례도 여기에 포함된다)을 통해서도 별로 명확한 해답이 나오지 않았고, 이 문제의 해답에 관해서는 아무런 합의도 이루어지지 않고 있다. 분명한 것은 우리가 시각이라고 부르는 것이 학습이라는 점, 다시 말해서 경험을 통해 습득하는 것이 많다는 점이다. 이 글을 쓰고 있는 시점에서 며칠 후에 나는 52세 생일을 맞는다. 시력을 되찾았을 때 S. B.의 나이도 52세였다. 만약 S. B.처럼 거의 52년 동안 앞을 보지 못하고 살았다면, 내 인생은 어땠을까? 그리고 나는 어떤 사람이 되었을까? 상상조차 되지 않는다.

신경 가소성

S. B.처럼 극단적인 사례도 있지만, 분명 인간의 뇌에는 감각의 입력 변화에 적응하는 놀라운 능력이 있다. 실제로 뇌는 몇 주, 몇 달, 또는 몇 년의 기간에 걸쳐 스스로를 재구성을 한다. 이를테면 신경세포들 사이에 새로운 연결이 만들어지는데, 이 과정을 신경 가소성이라고 한다.

복잡하게 뒤얽힌 중추 신경계는 유전에 의해 결정되는 것보다 훨씬 더 복잡하다. 뇌는 1950년대의 원시적인 컴퓨터처럼 회로가 고정되어 있는 게 아니다. 유전적 변화는 한 세대에서 다음 세대로 넘어가는 속도보다 빨리 일어날 수 없으며, 실제로는 몇 세대에 걸쳐 일어난다. 살아 있는 뇌는 새로운 것을 배울 때 스스로 회로를 다시 연결할 수 있다. 이 능력은 우리가 살아가는 동안, 새로운 기술을 습득하거나 새로운 언어를 말하거나 감각의 변화, 심지어 감각 상실까지도 보상할 수 있게 해준다.

뇌가 스스로 회로를 바꿔서 감각기관이 하지 못하는 뭔가를 하게 만들 수는 없다. 우리는 꿀벌처럼 자외선을 보거나 개처럼 아주 높은 음을 듣는 법을 배울 수는 없다. 이런 능력을 얻기 위해서는 유전적 변화, 즉 진화가 필요하다. 그러나 인류는 꿀벌의 눈이 작용하는 방식과 자외선 영역을 볼 수 있는 꿀벌의 능력에 관해 탐구해왔다. 그 결과 우리는 자외선 상을 볼 수 있는 장비를 만들었고, 꿀벌의 눈으로 보는 것을 우리도 볼 수 있게 되었다. 참으로 경이로운 인간의 뇌는 이런 방식으로 우리가 감각기관의 한계를 훨씬 뛰어넘을 수 있게 해주었다.

마찬가지로, 뇌는 더 이상 작동하지 않는 코르티 기관 속 유모세포를 듣게 할 수도 없다. 이렇게 감각을 상실한 사람은 인간이 만든 경이로운 기계 장치인 인공 달팽이관을 통해 청각 신경을 직접 자극해야만 한다.

전기로 직접 청각을 자극하는 것에 대한 관심은 적어도 알렉산드로 볼타Alessandro Volta(1745~1827)까지 거슬러 올라간다. 전지를 발명한 볼타의 접근법은 품위는 좀 없었지만 대단히 정직했다. 그는 자신의 양쪽 귀에 전극을 꽂고 몸에 직류 전기를 흘리는 실험을 통해, 수프가 끓는 소리 같은 잡음이 들렸다는 결과를 내놓았다. 최초로 기록된 청각 신경세포에 대한 직접적인 전기 자극 사례는 1950년대에 나왔다. 프랑스의 의사인 앙드레 주르노André Djourno와 샤를 에리에Charles Eyriès는 환자의 내이에 전선을 이식했다. 이 전선을 통해 전기 자극을 주자 환자는 귀뚜라미 울음소리나 룰렛 돌아가는 소리 같은 것을 들었다고 말했다. 다른 이들도 같은 실험을 반복해 결과를 확인했고, 그것을 시작으로 현재 우리가 인공 달팽이관이라고 부르는 것을 개발하기 위한 경쟁에 돌입했다.

인공 달팽이관은 수많은 정교한 기술에 의존해 중증 청각 장애인의 청력을 회복시켜준다. 그러나 성공적인 인공 달팽이관 이식에서 가장 결정적인 요소는 인공적인 것이 아니다. 바로 시간의 경과에 따라 뇌가 스스로 회로를 다시 연결하는 능력인 신경 가소성이다.

인공 달팽이관이 처음 작동했을 때, 마이클 코로스트는 그 전기 신호를 거의 알아들을 수 없었다. 그는 윙윙, 쉭쉭, 삑삑거리는 기이한 전자음의 불협화음으로 이루어진 소음만 감지될 뿐, 사람들의 말을 전혀 이해할 수 없었다. 예전에는 익숙했던 소리들을 이제는 이해할 수 없게 되자 그는 화가 치밀 지경이었다. 몇 주가 지나고 몇 달이 흐르자, 그는 새로운 기계가 그에게 주는 청각 정보를 조금씩 이해하기 시작했다. 『재건Rebuilt』이라는 책에서 크로스트는 다음과 같이 지적했다. "그 소프트웨어(인공 달팽이관)는 바뀌지 않았다. 아마 세상도 바뀌지 않았을 것이다. 바뀌어야 했던 것은 내 뇌였다."

인공 달팽이관과 중추 신경계를 연결하는 부분을 전극 배열이라고 한다([그림 18]). 전극 배열은 직경 약 1밀리미터에 길이가 2.5센티미터 정도인 대단히 작고 유연한 침針을 따라 약 24개의 백금 전극이 일정한 간격으로 늘어서 있는 것이다. 각각의 전극은 서로 다른 진동수 영역의 소리에 해당하는 전기 신호를 뇌로 전달하는 일을 담당한다. 이 전기 신호는 앞서 설명했던 것처럼, 환자의 머리에 부착된 마이크를 통해 수집된 음파에서 비롯된다.

1970년대까지만 해도, 신경세포에 직접 전기 자극을 가하는 방법으로 뇌에 의미 있는 정보를 전달할 수는 없을 것이라고 믿었던 전문가도 더러 있었다. 그러나 인공 달팽이관이 정확히 그 일을 하고 있다. 이 기술은 정상적인 청각을 갖고 있는 사람의 달팽이관에서 일어나는 작용과 비슷한 방식으로 신경세포에 전기 자극을 가한다. '비슷하다'는 것이 충분히 똑같다는 뜻은 아닐 것이다. 크로스트의 반응에 나타난 것처럼 적어도 처음에는 그렇다. 하지만 그 문제는 신경 가소성으로 해결할 수 있다.

뇌는 일생 동안 변한다. 이 변화는 연결의 강화, 새로운 연결 추가와 오래된 연결 제거, 새로운 신경세포의 생성 같은 몇 가지 메커니즘에 의해 일어난다. 이 메커니즘들이 함께 작용해 신경 가소성을 구성한다. 이 작용이 어떻게 일어나는지에 관해서는 세부적으로 연구할

부분이 아직 많이 남아 있다. 뇌의 변화가 특정 발달단계에서, 특히 어릴 때 쉽고 빠르게 일어난다는 사실은 잘 알려져 있다. 유아의 뇌는 초당 180만 개의 새로운 신경 연결을 만들 수 있다. 연구를 거듭한 결과 밝혀진 바에 따르면, 아주 어렸을 때에는 다른 시기에 비해 새로운 언어를 훨씬 쉽게 습득할 수 있다. 말소리를 구별하는 능력은 생후 약 6개월에서 1년까지가 '결정적 시기'다. 그 이후에는 훨씬 더 어려워진다. 언어 습득의 다른 측면은 훨씬 나중까지도 사라지지 않는 것으로 추측된다. 그러나 대부분의 사람들은 10대 중반 이후로는 새로운 언어를 유창하게 배우는 것이 훨씬 더 어려워진다.

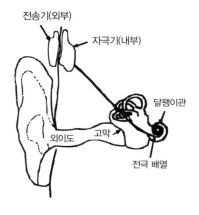

[그림 18] 달팽이관 속에 나선형으로 삽입된 인공 달팽이관의 전극 배열을 보여주는 귀의 단면

모든 종류의 발달 과제에는 결정적 시기가 있다. 결정적 시기 동안에는 신경세포가 주어진 기술이나 능력과 관련이 있는 연결을 만드는 능력이 최고조에 달하며, 그 시기에 형성된 회로 연결 형태는 어

느 정도 영구적이다. 결정적 시기에 관해서는 많은 연구가 진행되어 왔고, 대부분은 시각과 연관이 있다. 예를 하나 들면, 만약 성체 고양이의 한쪽 눈을 몇 달간 가렸다가 다시 열어주면 고양이의 시력에 아무런 장기적 영향도 미치지 않는다. 그러나 새끼 고양이의 눈을 처음 2~3개월 동안 가리면, 그 눈은 시력을 잃게 된다. 대개 1차적인 시각 피질의 연결은 양쪽 눈에서 모두 일어나지만, 이 경우에는 가려지지 않았던 한쪽 눈에서만 일어나게 된다. 가려졌던 눈은 정상이어도 뇌가 무시를 하게 되고, 그 효과는 영구적으로 남는다. 이 시기를 괜히 결정적 시기라고 부르는 게 아니다.

따라서 신경 가소성은 양날의 칼인 셈이다. 우리가 변화하는 환경에 적응할 수 있게 해주는 엄청나게 강력한 도구이면서, 한편으로는 결정적 시기에 적절한 자극을 받지 못하면 영구적인 장애를 가져오게 만들기도 한다.

결정적 시기로 인해 조금 빛이 바랠지는 몰라도, 신경 가소성은 우리의 일생 동안 지속된다. 결정적 시기 동안 일어나는 고도의 신경 가소성을 다시 활성화시키는 방법을 찾을 수만 있다면, 그 발견은 다양한 신경 질환의 치료에 신기원을 이룰 것이다. 어쩌면 감각을 상실한 사람들에게도 도움이 될지도 모른다.

공감각

아이작 뉴턴이 그 유명한 프리즘 실험을 했던 1666년, 무색의 한 줄기 빛이 무지개 색으로 펼쳐지는 것을 보고 그는 그 빛줄기 속에 빨강, 주황, 노랑, 초록, 파랑, 남색, 보라의 일곱 가지 빛깔이 있다는 결론을 내렸다.[24] 앞서 확인했던 것처럼, 우리는 빛의 스펙트럼에서 일곱 가지보다 훨씬 많은 색을 감지할 수 있다. 그럼에도 뉴턴은 일곱 색을 선택했고, 악보의 일곱 음에 대한 비유를 이끌어낼 수 있었다. 이는 단지 뉴턴이 집착한 편리한 우연에 불과할까? 아니면 뉴턴은 음악과 색상 사이에서 더 뚜렷한 연관성을 감지했던 것일까? 다시 말해서, 뉴턴은 공감각자synesthete였을까?

공감각synesthesia은 청각에서 시각을 감지하는 것처럼, 한 가지 감각에서 다른 감각을 감지할 수 있는 작용이다. 어떤 공감각자는 라장조로 연주되는 음악을 들으면 파란색을 감지하는 반면, 사장조의 음악을 들으면 노란색을 연상한다. 공감각을 의미하는 synesthesia라는 단어는 마취를 뜻하는 anesthesia와 어원이 같다. '감각 작용이 없다'는 의미인 anesthesia는 원래 '감각 작용의 연합'이라는 뜻이었다.

음악과 색깔 사이의 연관성은 공감각에만 한정되지 않는다. 우리는 음악이 "밝다"거나 "어둡다"고도 말하며, '블루스blues'는 음악적 표현의 한 형식이다. 그러나 진정한 공감각자에게 음악과 색의 연관성은 단순히 비유가 아니다. 음악 공감각자에게 특정 조調의 작품은 빨강과 **비슷한** 게 아니라 빨강 그 자체다. 공감각자가 아닌 사람에게 공감각을 설명한다는 것은, 선천적 시각 장애인에게 시각을 설명하는 것과 엇비슷하다. 어디서 출발을 해야 할까?

하나의 출발점이 될 수 있는 것은 색을 상상의 산물, 다시 말해서 지각이라고 보는 것이다. 정지 신호의 빨간색에는 우리의 뇌 속에만 존재하는 뭔가가 있다. 우리 뇌는 정지 신호를 봤을 때 '빨간색'을 감지

---

[24] 제1부에서 지적했듯이, 오늘날의 일반적인 가시광선의 스펙트럼에는 남색이 포함되지 않는다.

하고, 우리는 이런 신경 연결을 '정상'이라고 생각한다. 음악적 공감
각자가 어떤 조를 빨간색으로 감지할 때도 뭔가 이와 같은 방식의 연
결이 형성되는 것이 분명하다.

공감각의 종류는 매우 다양해서, 무려 60여 가지로 추정된다. 이 주
제를 조사하면서 나는 내가 시간을 감지하는 방식이 공감각의 형태
일 수 있다는 것을 알고 깜짝 놀랐다. 내가 기억하고 있는 아주 오래
전부터, 내 마음 속에는 1년 달력이 캄캄한 공간에 펼쳐진 거대한 타
원의 형태로 존재하고 있었다. 이 형태의 세부적인 부분은 결코 변한
적이 없었고, 내게는 그 형태가 손을 뻗으면 만질 수 있을 것처럼 진
짜 같다. 이 거대한 타원 주위에는 1년의 열두 달이 일정한 간격으로
늘어서 있다. 관측자(나)에게 가장 가까운 달은 6월인데, 아마 내가
태어난 달이기 때문인 것 같다. 왼쪽으로 조금씩 올라가면 7월과 8
월이 있고, 그 다음에는 9월과 10월을 향해 조금씩 다시 내려가다가
11월과 12월에서는 더 급격하게 낮아진다. 새해는 타원의 가장 낮
은 지점에서 시작되고, 2월에는 다시 차츰 올라가기 시작한다. 이 타
원을 시계라고 생각하면, 나의 1년은 반시계 방향으로 움직이고 있
는 셈이다. 나는 이 달력을 다른 방식으로 감지해본 기억이 전혀 없
으며, 누구나 시간을 이런 식으로 감지하지는 않는다는 것을 처음 알
았을 때 의아하게 생각했던 기억이 난다. 역사적 사건들의 연대표와
주간 달력도 이와 비슷한 방식으로 내 마음 속의 3차원 공간에 나타
나는데, 그 기하학적 형태는 다르다. 공감각 중에서 좀 더 약하고 흔
한 형태로 추정되는 이 공감각은 공간–배열spatial-sequence, 또는 수–형
태number-form 공감각이라고 불린다.

공감각자의 수는 많게는 20명 당 한 명에서 적게는 2000명 당 한 명

까지 대단히 다양하게 추산되고 있다. 색맹과 같은 장애에 비해 공감 각자의 비율을 추정하는 것이 어려운 데는 몇 가지 요소가 복합적으로 작용한다. 첫째, 공감각이 정확히 무엇인지에 관한 일반적인 합의가 전혀 되어 있지 않다. 둘째, 최근까지의 나를 포함해, 많은 공감각자들이 그들의 공감각적 지각이 비정상적이라는 사실을 인식하지 못하고 있다.

공감각 연구는 1800년대에 크게 유행을 했다. 이 유행은 20세기에 들어서서 한풀 꺾였다가 20세기 후반에 다시 르네상스를 맞았다. 이는 fMRI 같은 뇌 연구 장비의 급속한 발달과도 맥을 같이하는데, 이런 장비들 덕분에 과학자들은 다양한 정신 활동이 일어나는 동안 뇌의 어떤 부분이 자극을 받는지를 관찰할 수 있게 되었다.

위대한 프랜시스 골턴Francis Galton 경은 『인간의 능력과 그 발달에 관한 탐구Inquiries into Human Faculty and Its Development』(1883)에서 다양한 공감각 현상을 고찰했다. 그는 각각의 문자나 숫자를 서로 다른 색깔로 보는 사람들에 대한 관찰을 기록했다. 그들은 직접 눈으로 보든 상상을 하든, 주어진 문자나 숫자가 항상 같은 색으로 보였다. 노벨상을 수상한 물리학자인 리처드 파인만은 1988년에 출간된 회고록인 『미스터 파인만What Do You Care What Other People Think?』(사이언스북스, 1997)에서 자신의 공감각 경험에 관해 묘사했다. 퍼트리셔 더피Patricia Duffy는 어린 시절에 알파벳 쓰는 법을 배우던 기억을 다음과 같이 묘사했다. "나는 R을 쓰려면 먼저 P를 쓴 다음 고리 부분에서 선을 하나 그으면 된다는 것을 알게 되었다. 그러자 노란색 글자가 주황색으로 바뀌어 나는 깜짝 놀랐다. 단지 선 하나 그었을 뿐인데 말이다."

골턴과 다른 이들의 결론에 따르면, 이런 공감각적 지각은 어떤 종류의 학습된 행동과 연관이 있는 게 아니라 실제였고, 의식을 통한 영향이 사실상 불가능했다. 다시 말해서, 만약 어떤 문자소-색체 grapheme-color 공감각자에게 A가 빨간색이라면, 파란색이나 다른 색은 될 수 없는 것이다. 이는 우리가 의지만으로 설탕의 맛을 짜게 만들 수 없는 것과 같다.

그런데 맛과 관련된 공감각 현상도 있다. 신경과 전문의인 리처드 사이토윅Richard Cytowic은 한 요리사로부터 충분히 '포인트point'가 많은 닭고기 요리를 준비하지 못해 죄송하다는 사과를 받고, 이 요리사의 미각이 남다르다는 것을 깨달았다. 그의 미각은 뭔가 촉각과 공감각적으로 연결이 되어 있었다. 사이토윅은 이 경험을 통해 공감각 전문가가 되었고, 그 내용은 『형태를 맛보는 남자The Man Who Tasted Shapes』에 자세히 기록되어 있다.

뇌졸중과 지각

뇌졸중은 뇌의 혈액 공급에 문제가 생겨 나타나는 뇌 기능 상실이다. 미국에서 뇌졸중은 3대 사망 원인 중 하나이며, 성인 장애의 주요 원인이다. 뇌졸중을 겪은 사람들은 길고 힘겨운 재활을 견뎌야 하고, 때로는 뇌졸중 이후 다른 사람이 된 것처럼 느끼기도 한다. 마비나 시각 장애 같은 전통적인 영구 장애의 발생 여부에 관계없이 뇌졸중 이후에는 변화가 찾아온다. 뇌졸중으로 뇌가 손상을 입기 전과는 결코 같을 수 없기 때문이다. 테일러가 『긍정의 뇌』에서 지적한 바에 따르면, 일부 의사들은 그녀에게 뇌졸중 후 6개월 안에 회복되지 않는 기능은 다시는 회복되지 않을 것이라고 말했다. 테일러는 뇌졸중

이후 꼬박 8년 동안 다양한 측면에서 뇌 기능이 개선되었다는 점에 주목하고, 이 말이 터무니없다는 결론을 내렸다. 당시 그녀는 거의 모든 면에서 뇌졸중 이전 상태로 회복되었다.

뇌졸중에 의해 뇌의 어느 영역이 손상을 입었는지에 따라, 그 영역의 기능이 무엇이든 파괴되거나 저하될 수 있다. 여기에는 다양한 측면의 지각도 포함된다. 테일러는 다양한 종류의 경계를 구별하지 못하는 지각 장애를 겪었고, 이에 관해서는 앞에서 다뤘다. 그녀의 지각에 나타난 어떤 장애는 뇌의 작용에 관한 기존의 생각을 뒤바꿔놓을 만큼 대단히 기이했다. 이를테면 테일러는 뇌졸중을 일으키고 얼마 지나지 않아, 12조각짜리 단순한 아동용 퍼즐을 맞추면서 힘겨운 재활 치료를 받고 있었다. 그녀는 그 퍼즐을 맞추는 것도 힘에 겨웠다. 그래서 그녀의 어머니는 '색깔을 단서로 쓸 수 있는' 한 점을 가리키며 도와주었다. 테일러에게 이는 계시와도 같았다. 어머니의 말을 듣자마자 테일러는 갑자기 색깔을 다시 볼 수 있게 되었다. "지금도 짜릿하다(말하자면 그렇다). 나는 색을 도구로 쓸 수 있다는 말을 듣기 전까지는 색을 볼 수 없었다. 나의 왼쪽 반구가 색을 마음에 새기려면 색에 관해 이야기를 해줘야만 한다는 것을 누가 짐작이나 했을까?" 테일러는 이와 비슷한 방식의 지각 암시를 통해 어떤 능력이 깨어나기도 했고, 또는 반대로 그녀가 의식적으로 그 능력을 일깨운 뒤에 그것을 활용할 수 있게 되기도 했다고 말했다.

영상 재구성

뇌졸중 이후 자신의 지각 세계를 재구성하는 법을 어떻게 배웠는지에 관한 질 테일러의 설명에서, 나는 영상 재구성image reconstruction이라는 과학 분야가 떠올랐다.

의학에는 MRI(자기 공명 영상), CT(컴퓨터 단층 촬영), PET(양전자 방출 단층 촬영)와 같은 진짜 알아들을 수 없는 약어들로 이루어진 강력한 영상기술이 존재한다. 이 기술들은 모두 다양한 유형의 전자기파나 방사선 측정치를 이용해 시각적 영상을 만들어내는 것과 연관이 있다. 각 기술의 세부적인 내용은 매우 광범위하지만, 모두 영상의 재구성이 필요하다는 공통점이 있다. 이 장비들이 측정하는 것은 '시각적'이지 않다. 이를테면, MRI는 강력한 자기장과 전자기파를 다양한 종류의 조직에 쬐어 라디오 주파수 영역에서 발산되는 파장의 수치 변화량을 컬러 영상으로 나타낸 것이다. 이 컬러 영상은 MRI에서 쏟아져 나오는 정보들을 가공되지 않은 처음의 수치를 우리가 훨씬 편하게 알아볼 수 있게 해주는 방식에 불과하다.

의학 장비를 이용한 측정은 늘 불완전하고 부정확하다. 영상화된 인체의 일부는 충분히 묘사되지 않으며(불완전), 장비에서 나오는 신호에는 항상 일정량의 '잡음'이 포함되어 있다(부정확).

이 이야기가 인간의 지각이 어떻게 작용하는지에 대한 묘사와 아주 흡사하게 느껴지는 것은 그래야하기 때문일 것이다. 불완전과 부정확이라는 이 두 요소는 우리의 선천적 감각 작용에도 항상 존재한다. 이 사실은 눈의 맹점처럼 쉽게 증명이 되는 현상을 통해서도 잘 설명되지만, 이런 특별한 경우에 가려 잘 드러나지 않는 것도 있다. 바로 불완전하고 부정확한 감각 정보를 다뤄야 하는 우리 뇌에는 그것이 지극히 정상이라는 점이다. 한 쌍의 눈에 연결된 인간의 뇌도, MRI 기계에 연결된 컴퓨터도 모두 영상의 재구성이 필요하다.

다중 작업

기원전 1세기에 로마의 노예였던 푸블릴리우스 시루스Publilius Syrus는 "두 가지 일을 동시에 하는 것은 둘 다 하지 않는 것"이라고 말했다. 푸블릴리우스는 나와 비슷한 종류의 인간이었던 것 같다. 나도 다중 작업에는 영 소질이 없다. 낯선 도시에서 운전을 하다가 길을 잃었다는 것을 알게 되면(안타깝게도 드물지 않은 일이다), 나도 모르게 곧바로 라디오 소리를 줄인다. 아마 내 위치를 파악하는 데 집중을 해야만 길을 찾을 수 있기 때문인 것 같다. 길을 잃으면, 나는 라디오로 대표되는 외부로부터의 감각 입력을 최소화한다. 내 두 눈이 알려주는 시각 정보(도로 표지판, 지형지물, 태양의 위치 따위)에 최대한 집중하고, 이런 자극에 대한 내 지각 능력에 집중하려고 한다. 라디오의 소리를 줄이는 것은 의식적인 결정이라기보다는 일종의 반사다. 내가 어디로 가고 있다는 것을 아는 동안에는 편안하게 운전을 하면서 음악을 들을 수 있지만, 길을 잃었다는 것을 깨닫는 순간부터는 라디오 소리를 줄이게 된다.

전기 기술자들은 현대적인 기계들(자동차, 컴퓨터, 비행기)을 통과하는 다양한 유무선 신호들이 다른 신호와 간섭을 일으키지 않게 하기 위해 많은 노력을 기울인다. 내가 생각하기에 우리의 지각에도 이와 비슷한 뭔가가 있는 것 같다. 몇 년 전에 처음으로 직접 카오디오를 장착한 적이 있었다. 소리가 정말 근사했는데, 시동을 걸자 사정이 달라졌다. 엔진 점화 장치를 제대로 차단하지 않아서 엔진 소리, 더 정확히 말하자면 점화 장치 소리가 스피커를 통해 그대로 흘러나왔다. 이 소음 때문에 카오디오에서 나오는 음악은 거의 묻히다시피

했다. 나는 이 문제를 바로잡기 위해 도움을 받아야 했고, 내가 왜 전기공학이 아닌 기계공학을 가르치고 있는지도 이로써 설명이 되리라 생각한다. 다행히도 자동차와 항공기 같은 오늘날의 전기 기계 장치에서는 무수히 많은 전기 신호가 발생하지만, 아마추어가 끼어들지 않는 이상은 서로 간섭을 일으키지 않는다.

오늘날 전형적인 다중 작업 시나리오인 컴퓨터로 뭔가를 하면서 전화 통화를 하는 모습을 내가 시도하면, 결국 나는 두 가지 일을 모두 제대로 하지 못하게 된다. 마찬가지로 나는 운전 중에 휴대 전화를 받는 것도 잘 하지 못한다. 운전 중에 전화 통화를 하는 것은 많은 곳에서 불법이지만, 나로서는 어디서나 불법이어도 별 상관이 없다. 대단히 정교한 모의 운전 장치를 이용한 연구를 포함해 수많은 연구를 통해 증명된 바에 따르면, 운전 중 휴대전화를 사용하는 것은 음주운전만큼이나 위험하다. 포드Ford 사에서 시행된 연구에 의하면, 휴대전화 통화가 운전자에게 미치는 영향은 세 가지 알코올성 음료를 마신 것과 비슷하며 운전 중 문자메시지를 보내는 것은 더 위험하다.

휴대전화와 운전에 관한 논쟁은 자동차의 라디오가 대중화되기 시작했던 1930년대의 논쟁을 연상시킨다. 당시에는 라디오가 운전자를 산만하게 해서 사고를 유발할 수 있기 때문에 자동차에 라디오를 허용해서는 안 된다고 생각하는 사람들이 있었다. 우리는 이 특별한 논쟁의 승자가 누구인지 잘 알고 있다. 휴대전화 통화와 문자메시지 전송은 단순히 라디오를 듣는 것과는 다르다. 운전자의 귀뿐 아니라 손과 눈도 연관이 있기 때문이다. 이번에는 다른 결과가 나올까? 운전 중 '문자 중독intexticated'이 교통 법규 위반이 될 것인지 아니면 단순히 개인의 자유에 관한 문제가 될 것인지는 시간이 지나면 알게 될 것이다. 나는 이 자유가 얼간이가 될 자유라고 생각한다.

다중 작업이라는 용어는 컴퓨터 산업의 초창기부터 일반화되기 시작했다. 한 온라인 어원사전에 따르면, 이 용어는 1966년에 만들어졌다. 컴퓨터에서 **다중 작업**이란, 하나 이상의 소프트웨어 프로그램을 동시에 실행시킬 수 있는 운영체계의 능력으로 정의될 수 있다. 1980년대 후반 이전의 개인용 컴퓨터는 한 번에 한 가지 프로그램만 실행시킬 수 있었다. 만약 스프레드시트spreadsheet를 쓰고 싶다면, 실행하고 있던 워드프로세서를 끝내고 스프레드시트를 열어야 했다. 다중 작업 운영체계로 인해 여러 개의 프로그램을 동시에 열어 개인용 컴퓨터를 더욱 편리하게 활용할 수 있게 되었고, 오늘날에는 우리 모두 이런 특징을 당연한 것으로 여기고 있다.

그러나 컴퓨터 과학자들의 이야기에 따르면, 하나의 중앙 처리 장치는 한 번에 한 가지 일밖에 하지 못한다. 따라서 다중 작업을 하는 컴퓨터의 능력은 어느 정도 허상이다. 컴퓨터가 진짜로 하는 일은 한 프로그램을 중단하고 다른 작업을 하고, 그 작업을 일시 정지시키고 또 다른 작업을 하는 식이기 때문이다. 컴퓨터의 작업 속도가 대단히 빠르기 때문에 동시에 하고 있는 것처럼 보이지만, 실제로는 순차적으로 하고 있는 것이다.

동시에 여러 가지 작업을 하는 인간의 능력에 관한 연구는 수십 년 전부터 시작되었다. 다양한 연구 결과가 나왔지만, 공통된 결론이 하나 있다. 대부분의 사람들은 그들이 생각하는 것만큼 다중 작업에 능숙하지 못하다는 것이다.

제9장

지각과 문화

자극과 감각 작용은 흑과 백으로, 어쨌든 색으로 나타낼 수 있다. 지각은 회색의 그림자 속에 숨어 있다. 자극과 감각 작용은 과학적 연구 대상이다. 관찰이 가능하고 사실에 기반을 두고 있으며 변함이 없다. 지각도 과학적 연구 대상이지만, 이는 마음의 과학이다. 아이작 뉴턴의 과학이 아닌 지그문트 프로이트의 과학이다. 앞서 우리는 서구인의 눈과 코에는 기이한 과일인 두리안을 살펴보았다. 두리안은 베트남에서나 미국의 인디애나에서나 똑같은 분자들을 발산한다. 그렇다면 동남아시아에서는 과일의 왕인 두리안이 왜 다른 많은 곳에서는 매스꺼움과 구토를 유발하는 것일까? 이는 모두 지각과 문화의 문제다.

음식 문화

미국에 살고 있는 우리는 먹는 것을 좋아하며, 우리가 좋아하는 음식을 알고 있다. 그러나 내가 볼 때 미국에는 진정한 '식문화'가 없다. 이런 점을 깨닫기 위해서는, 먹는 것이 문화적으로 중요한 다른 문화권에서 지내봐야 한다. 몇 년 전에 내가 파리에 살고 있던 친구들을 찾아갔을 때, 친구들과 나는 브르타뉴 지방을 1주일 동안 여행하기로 했다. 우리는 생말로라는 아름다운 마을에 있는 호텔에 여장을 풀었고, 파리 토박이인 친구들은 호텔의 접수 직원에게 그 지역의 맛집을 물어보았다. 그리고 뒤이어 벌어진 일들은 나를 깜짝 놀라게 했다. 족히 10분 동안, 우리는 10대로 보이는 접수 직원과 그 지역 음식 문화에 관해 토론을 벌였다. 우리는 그 직원에게는 부모 뻘의 나이였지만, 온몸에 피어싱과 문신을 하고 삐죽삐죽한 머리에 형형색색의 스프레이를 뿌린 이 어린 10대 소녀는 호텔에서 걸어갈 수 있는 거리에 있는 여섯 개 식당의 장단점을 막힘없이 이야기할 수 있는 것처럼 보였다. 이러저러한 식당이 신선한 생선을 가장 잘 선택할 것 같고(생말로는 영불해협에 접해 있다), 주방장이 어떤 조리 방식을 좋아하는지 조목조목 설명했다. 다른 식당의 주방장은 다른 조리 방식을 좋아했고, 그 직원은 이것도 설명해주었다. 식당 체험의 모든 면이 토론 주제가 되었다. 어떤 식당의 포도주가 가장 근사하고, 치즈는 어디가 가장 흥미롭고, 패스트리는 어디가 가장 맛있는지도 이야기를 나눴다. 분위기도 빠질 수 없었고 가격도 소홀히 하지 않았다.

토론이 끝났을 때(다행스럽게도 우리 뒤에 기다리고 있던 사람은 아

무도 없었다), 내 친구들은 저녁 식사를 할 만한 식당을 세 곳으로
추렸다. 아름다운 여름날이었고, 우리는 산책 삼아 그 식당들을 차례
로 둘러보았다. 식당들은 모두 문을 닫았는데, 프랑스에서는 점심과
저녁 시간 사이에 식당이 잠시 문을 닫는 일이 흔하다. 우리는 창문
너머로 들여다보거나 다른 방법으로 그 식당들을 살펴볼 수 있었다.
그리고 마침내 한 곳을 선택했다.

식사를 마치고 돌아올 때 우리는 매우 만족스러웠다. 음식은 아주 맛
있었고, 서비스도 나무랄 데 없었으며, 분위기는 안락하고 상쾌했다.
나는 알 수 없는 프랑스어 이름을 가진 생선으로 만든 '오늘의 메뉴'
를 주문했다. 나는 그냥 궁금해서 파리 토박이 친구들에게 이 생선의
영어 이름이 뭔지 물어보았다. 아무도 몰랐다. 내 질문은 웨이터에게
넘어갔고, 그도 모르기는 마찬가지였다. 다른 웨이터도, 식탁을 치우
는 아가씨도 내 궁금증을 해결해주지 못했다. 곧 주방장이 직접 우리
테이블 앞에 섰다. 주방장도 그 생선의 영어 이름을 알려주지는 못했
다. 생선은 맛있었고, 그때부터는 생선의 영어 이름이 무엇인지는 별
로 중요하지 않았다. 나는 그런 이야기를 꺼낸 게 무척 창피했다. 그
렇지만 생선의 영어 이름을 알기 위한 여정은 계속되었다. 주방장은
급히 휴대폰을 꺼내 들고 이 친구 저 친구에게 전화를 걸기 시작했
다. 식당의 단골손님들에게도 물어보았다. 마침내 주방장이 답을 알
아냈다. 무려 파리에 있는 친구 주방장에게 물어 알아낸 생선의 이름
은 대구cod였다(프랑스어로는 morue다). 이름이 무엇이든 그 생선은
맛이 좋았을 것이다.

이 이야기의 요점은 무엇일까? 만약 '요점은 프랑스인이 음식광이라
는 것'이라는 생각이 들었다면, 내가 이야기에 별로 소질이 없는 것

이다. 내게 이 이야기는 식문화 속에서 상황이 돌아가는 방식을 의미한다. 어떤 문화에서는 음식이 대단히 중요하다. 어떤 맛과 냄새가나고, 어떻게 보이고, 어떻게 만들고, 어떻게 식탁에 내놓고, 어디에서 유래하고 따위와 같은 그 음식의 관한 **모든 것**이 중요하다. 미국인손님이 그의 앞에 놓인 접시에 담긴 생선의 이름을 자기 나라 말로알고 싶어 하면, 그 식당의 직원은 그를 위해 그 생선의 영어 이름을알아내기 위해 최선을 다하는 것이다. 왜냐하면 지금 먹고 있는 것이무엇인지를 아는 게 중요한 일이기 때문이다.

그리고 호텔의 젊은 접수 직원은 어떤가? 그녀는 지역 식당에 관해대단히 상세하게 알려주었다. 나는 간단한 실험을 해보기로 했다. 그후로 몇 번 미국 호텔에 머물 일이 있을 때마다, 나는 접수 직원에게 호텔 근처의 식당 추천을 부탁했다. 그 때마다 내가 건네받은 것은 호텔 주위의 '식당 골목'을 안내하는 약도를 복사한 종이 한 장뿐이었다. 확실히 그 길을 따라서는 '칠리스' '올리브 가든' '프라이데이스' 'P. F. 창 식당'과 미국의 어느 도시에서나 똑같은 맛과 서비스를 제공하는 온갖 종류의 프랜차이즈 식당이 늘어서 있었다. 어디서나 볼 수 있는 식당들이라서 내 기대처럼 미식가를 즐겁게 해주는 달변을 갖춘 접수 직원이 있을 이유가 전혀 없었다. 어쩌면 나는 그 지역의 문화를 조사하겠다고 차에 휘발유를 채울 만한 곳의 추천을 부탁한 것이나 마찬가지였는지도 모른다. 이렇게 말이다. "손님, 이쪽길에 있는 셀 주유소에서는 매년 이맘때면 아주 근사한 옥탄가 91의휘발유를 제공합니다. 그 휘발유를 꼭 넣어보시길 바랍니다." 대다수의 미국인들에게는 배를 채우는 일이 연료통에 휘발유를 채우는일처럼 일상적인 일이다. 편리함이 가장 중요하고, 그 다음은 가격이다. 맛에는 신경 쓰지 않는 일이 허다하다.

중요하고 통찰력 있는 음식 관련 책을 여러 권 내놓은 마이클 폴란은 『마이클 폴란의 행복한 밥상In Defense of Food』(다른세상, 2009)에서 미국인의 음식 문화를 고찰했다. 그는 우리의 청교도적 뿌리가 "음식에 대한 감각적 즐거움, 즉 미식의 향유를 방해하는" 경향이 있다고 지적한다. 또 다른 요인으로는 "미국에는 먹을 것이 지나치게 풍요롭다"는 점을 든다. 이런 행운 덕택에 미국인들은 음식을 다소 대수롭지 않게 여기게 되었고, 그로 인해 식탁에 오래 머물면서 식사를 즐기기 보다는 먹고 곧바로 일어나는 생활 방식을 선호하게 되었다는 것이다. 폴란의 말에 따르면, 다양한 문화의 식습관은 "그 문화의 정체성을 보존하고 표현하기 위한 가장 강력한 방법" 중 하나다.

어둠 속에서

파리에는 당 르 누아Dans le Noir라는 식당이 있다. 파리뿐 아니라 런던과 뉴욕을 비롯해 다른 도시에도 지점을 갖고 있는 이 식당의 웨이터들은 모두 시각 장애인인데, 손님들도 '어둠 속에서' 식사를 하는 동안 앞이 보이지 않기 때문에 그 편이 훨씬 낫다. 당 르 누아에서는 모든 식사가 완전히 암흑 속에서 이루어진다. 이는 하나의 상술이기도 하지만, 몇 가지 다른 목적도 있다. 그 중 가장 중요한 목적은, 볼 수 있는 사람들에게 몇 시간만이라도 맹인이 된 것과 같은 경험을 하게 해줌으로써, 비시각장애인의 세계와 시각 장애인의 세계 사이의 연결을 시도하는 것이다. 그 외에도 홈페이지(www.danslenoir.com) 설명에 따르면, 당 르 누아는 고객들이 "맛과 냄새에 대한 고정 관념을 완전히 다시 생각할 수 있도록" 돕는 것을 사명으로 삼고 있다. 완전한 암흑 속에서 식사를 하는 동안, 눈은 아무런 영향도 주지 못한다. 맛을 볼 때 혀보다 눈이 더 강력한 작용을 할 수 있다는 것을 믿지 않는 사람이 있다면 어린아이를 키워본 적이 없는 사람일 것이다. 부모라면 누구나 "구역질나게 생겼어. 절대 안 먹을 거야"라는 칭얼거림에 너무나 익숙하다. 그러면 정성껏 준비한 음식은 또 다시 쓰레기통으로 들어간다. 당 르 누아에서는 이런 일이 결코 일어날 수 없다. 그곳에서는 음식의 맛을 보거나 소리를 듣거나 손으로 만져볼 수는 있지만(누가 알겠는가?), 눈으로 보지는 못한다. 그곳에서는 적색 식용 색소 2호를 쓸 필요가 없다. 즉 양식 연어에 인위적으로 오렌지색을 입힐 필요가 없다. 음식은 눈이 아닌, 코와 혀를 통해서만 평가를 받게 된다.

용량 전쟁

멜 브룩스의 영화 「불타는 안장Blazing Saddles」에서 내가 좋아하는 장면은 영화가 거의 끝날 무렵에 등장한다. 바로 극장 안 매점에서 쓰레기통만 한 용기에 담긴 팝콘에 주유기처럼 생긴 노즐로 녹은 버터를 뿌릴 때쯤이다. 영화관에서는 우리에게 팝콘을 파는 것을 아주 좋아한다. 아니, 단순히 좋아하는 것 이상이다. 영화관이 재정적으로 살아남으려면 팝콘을 **팔아야만** 한다. 영화관 측으로서는 참으로 다행인 게, 팝콘은 꽤 이문이 많이 남는다. 복합 상영관에서 매니저로 일했던 사람의 말에 따르면, 극장에서 파는 팝콘의 이윤은 90퍼센트가 넘는다. 따라서 점점 더 통의 크기가 커지고 가격이 높아질 수밖에

없는 것이다. 적어도 미국 영화관에서는 수십 년 동안 팝콘이 당혹
스러울 정도로 큰 통에 팔리고 있다(「불타는 안장」은 1974년에 개봉
했다). 그러나 팝콘은 시작에 불과했다. 오늘날에는 모든 것이 대형
화되고 있다. **특대형**이라는 의심스러운 설명은 한물갔는지 모르지만,
모건 스펄록의 2004년 영화 「슈퍼 사이즈 미」는 용량이 계속 커져만
가고 있는 요식업계의 경향에 경종을 울렸다. 웬디스Wendy's는 용량
의 명칭을 '비기Biggie'와 '그레이트 비기Great Biggie'에서 좀 더 평범하게
'미디엄medium'과 '라지large'로 바꿨지만, 그에 상응하는 용량의 감소
는 없었다. 장미는 다른 이름이어도 여전히 향기롭고, 대용량 감자튀
김은 뭐라 부르든 많기는 마찬가지다.

1996년, 내 동료 하나가 편의점에서 방금 산 청량음료를 들고 어떤
파티에 참석했다. 빨대가 꽂힌 그 플라스틱 컵은 꽤나 커서 족히 1리
터는 되었던 것 같았지만, 나는 별 관심이 없었다. 미국인인 내가 보
기에는 별로 이상할 게 없었다. 파티에는 미국에 온 지 얼마 되지 않
은 어린 독일인 교환학생도 참석하고 있었다. 그 학생은 양동이만 한
통에 담긴 탄산음료를 보더니 눈이 휘둥그레졌다. 부쩍 영어 실력이
늘었던 그 학생은 "금방 돌아올게요" 하고 말한 다음, 카메라를 가지
러 밖으로 뛰어나갔다. 그 학생은 "사진을 찍지 않으면 독일에 있는
친구들이 절대 믿지 않을 거예요"라고 말했고, 내 동료는 음료수 컵
을 손에 들고 카메라 앞에서 기분 좋게 포즈를 취했다.

영화관에서는 왜 대용량 팝콘을 파는지, 편의점에서는 왜 대용량 음
료수를 파는지, 식당들은 왜 이런 대용량의 식사를 따라하는지를 알
기는 쉽다. 이는 지각과 연관된 경제학이다. 영화관 팝콘을 예로 들
어보자. 복합 상영관에서는 엄청난 크기의 팝콘을 얼마에 팔고 있는

가? 튀기지 않은 옥수수가 몇 센트, 그들이 버터라고 부르는 냄새 고약한 물질이 1센트 정도, 그리고 1센트도 안 되는 소금. 용기 자체의 가격은 그 안에 들어가는 것들의 값을 모두 합친 것과 비슷한 5센트 정도다.[25] 옥수수를 튀겨 팝콘을 만드는 데 1센트 정도의 전기가 든다. 주문을 받고 팝콘을 파는 앳된 얼굴의 고등학생들, 팝콘이 들어 있는 화려한 스테인리스 스틸 기계, 영화가 끝날 때마다 영화관에 흩어져 있는 팝콘을 청소하는 사람도 잊지 말자. 이들도 중요한 비용이다.

때로 경제학자들은 이 비용을 고정 비용과 가변 비용이라는 두 가지 범주로 나누기도 한다. 가변 비용은 상품의 판매량에 따라 변한다. 팝콘 하나가 팔릴 때마다 용기 값으로 5센트가 든다. 따라서 용기 값은 가변 비용이 된다. 그러나 주문을 받는 학생의 임금은 고정 비용이다. 그 학생은 팝콘이 얼마나 팔리는지에 관계없이 똑같은 시급을 받는다. 팝콘 기계도 얼마나 사용할지에 관계없이 동일한 가격에 구매를 한다.

외식산업에서는 고정 비용이 가변 비용보다 더 중요한 경우가 종종 있다. 복합 상영관에서 파는 팝콘은 그 좋은 예다. 가변 비용(옥수수와 버터와 소금과 전기와 용기를 더한 값)은 겨우 10센트에 불과하다. 그래서 여기에 감각 작용과 지각이 개입된다. 몇 센트를 더 보태서(튀기지 않은 옥수수와 버터와 소금을 조금 더 얹고 더 큰 용기로) 소비자를 혹하게 하는 눈요기꺼리를 만드는 것이다. 어떤 팝콘통은 너무 커서 한 손으로 들지도 못할 정도다. 팝콘 용기가 더 커지면 두

---

[25] 무척 비정상적인 것처럼 보이지만, 이것이 맥주나 탄산음료나 물처럼 캔이나 병에 담긴 대부분의 음료를 포함한 많은 포장식품들의 실정이다.

가지 면에서 이득이다. 첫째, 거대한 팝콘 용기가 사람들의 시선을 끌기 때문에 더 많은 상품을 팔 수 있다. 둘째, 용량이 커지면 가격을 올릴 수 있다. 3.8리터짜리 팝콘의 가격이 4달러라면, 그 두 배인 7.6리터짜리 팝콘은 6달러에 팔 수 있다. 이 2달러라는 차액은 거의 순이익이 된다. 이것이 바로 용량의 경제학이다.

이런 일이 벌어졌다는 것은 그 일이 일어나는 데 꽤 오랜 시간이 걸렸다는 것에 비하면 그리 놀랄 일이 아니다. 요식업체가 점점 더 체인점(복합 상영관 체인, 편의점 체인, 패스트푸드 체인, 레스토랑 체인)의 형태를 띠게 되자 용량의 크기도 점점 커졌다. 이 경제 원리는 비교적 단순해서 이제는 산업 전반에 걸쳐 수용되고 있다.

거대 용량은 수익을 증가시키기 위한 약삭빠른 상술에서 기업의 필수 요소가 되어가고 있다. 식당들은 음식의 질, 식당의 분위기, 서비스, 그 밖의 다른 요소들을 결정하듯 용량의 크기도 그들이 결정하는 것이라고 확신하기 시작하고 있다. 공교롭게도 가장 값비싼 고급 식당은 음식의 양이 적어도 용인이 되며, 아예 양이 적을 것으로 예상되기도 한다. 그 외의 식당은 고객의 버림을 받지 않으려면 삽으로 듬뿍 퍼서 나눠주는 편이 좋다.

마침내 대중들이 눈치를 채기 시작했다. 미국에서는 실제로 비만이 만연한 까닭에, '용량 전쟁'이 뜨겁게 달아올랐고 대용량 1인분에 대한 반발이 일기 시작했다. 2006년 6월에는 미국 FDA에서 식당에 대한 용량 크기 권고를 발표했다. 얼핏 보면 어이없는 일인 것 같다. 가령 차에 기름을 채우기 위해 주유소를 찾았는데, 미국 에너지국의 권고 때문에 기름을 1인당 3.8리터밖에 살 수 없다고 상상해보라.

많은 외식업체에서는 식당이 고객에게 파는 음식의 양에 대해 정부가 뭐라 말하거나 공식적인 권고를 해서는 안 된다고 주장한다. 외식 업체들의 주장에 따르면, 논리적이고 지적인 대중이 이를 전적으로 조절할 수 있으며 지나친 대용량에 대처할 최소 두 가지의 묘책이 있다. 바로 앞접시와 포장용기다. 모두 맞는 말이긴 하다. 식사를 혼자서 하는 게 아니라면 식당에서 음식을 나눠먹는 것은 대단히 합리적이다. 많은 식당에서 하나의 음식을 2인분으로 나눌 때 요금을 부과하지만, 그래도 음식을 나누는 것이 경제적으로나 열량 면에서나 합리적이다. 음식의 용량은 점점 더 커져서, 나와 아내가 1인분 분량의 식사를 나눠 먹어도 가끔 음식이 남아 포장용기에 싸와야 할 정도다. 다른 묘책도 있다(이 방법은 친구들과 4인 식사를 할 때 가장 효과적이다). 2인분의 식사를 주문하면서, 음식은 포장용기에 담고 각자에게 앞접시를 놓아달라고 웨이터에게 부탁을 하는 것이다. 그러면 포장용기가 서빙용 큰 접시가 되어 각자가 원하는 대로 덜어먹을 수 있다. 모두가 어떤 음식을 얼마나 먹을지 알아서 선택을 하는 것이다. 단점이라면, 본차이나 접시와 리넨 식탁보와 크리스털 포도주잔이 어우러진 세련된 식당 분위기가 큼지막한 스티로폼 용기로 인해 조금 격하될 수 있다는 점이다.

포장용기가 아름답지는 않지만, 경제적으로나 열량 면에서나 합리적이다. 그러나 우리 집에서는 포장용기가 며칠씩 냉장고에 쌓여 있다가 손도 대지 않은 채 쓰레기통으로 직행하는 경우가 자주 있다. 그럼에도 음식 나눠먹기와 남은 음식 싸오기는 용량 전쟁에서 승리하는 확실하고도 논리적인 전략이다. 연구를 통해 증명된 바에 따르면, 사람들은 눈에 보이는 음식이 많을수록 더 많이 먹게 된다.

이는 감각과 문화와 본능적 요소에 의해 일어나는 복합적인 문제다.

우리 문화권에서는 아이들에게 음식을 남기지 말라고 가르친다. 안타깝게도 이런 가르침은 어른이 돼서야 효과를 발휘하는 것 같다. 그래서 더 커진 용량은 굵어진 허리선으로 바뀌게 된다. 보이는 대로 먹는 본능은 무엇보다도 가장 강력한 영향을 발휘한다.

고故 찰스 슐츠Charles Schulz가 만들어낸 사랑스러운 비글, 스누피가 어느 날 자신의 개집 위에서 잠을 자고 있었다. 저녁 시간이 되자 찰리 브라운이 개밥을 갖고 왔는데, 밥그릇이 한 개가 아니라 두 개였다. 찰리 브라운은 스누피에게 내일까지 어디를 다녀올 것이라고 알려주면서, 두 번째 밥그릇은 내일 먹으라고 말했다. 찰리 브라운은 자신의 강아지 친구에게 욕심 부리느라 한 번에 두 그릇을 다 먹지 말라고 충고했다. 그의 말대로 스누피는 지붕에서 내려와 한 그릇만 먹고 다시 돌아가 잠을 청했다. 하지만 두 번째 그릇이 머릿속에서 떠나지 않았다. 마침내 스누피는 더 이상 참지 못하고 개집에서 뛰쳐나와 다음날 몫의 식사를 게걸스럽게 먹어치웠다. 스누피는 "만약 내일이 오지 않는다면 나 자신을 미워하게 되었을 거야"라고 말하면서 만족스럽게 잠이 들었다.

여기서 스누피의 문제는 우리의 문제이기도 하다. 많은 양의 음식이 앞에 있으면 우리는 과식의 유혹을 이기지 못한다고 믿는 사람들이 있다. 그 까닭이 어느 정도는 수십만 년에 걸쳐 진화된 우리의 유전 암호 때문이라는 것인데, 당시 우리 조상들에게는 내일이 결코 오지 않을 것이라고 믿을 만한 충분한 이유가 있었다. 이는 오늘 당장 죽을 수도 있다는 뜻이기도 하고, 다음날 먹을 음식이 없을지도 모른다는 뜻이기도 하다. 우리 유전자는 "언제 또 먹게 될지 절대로 알 수 없으니, 먹을 수 있을 때 실컷 먹어라" 하고 말하고 있는 것처럼 보인다. 부모님은 우리에게 음식을 남기지 말라고 가르쳤고, 우리 유전자도 같은 것을 요구한다.

그러면 눈 버린다

이 말은 TV를 너무 많이 보던 내게 우리 부모님이 늘 하던 잔소리다. 나는 TV를 엄청나게 봤지만, TV는 나나 내 친구들을 시각장애인으로 만들지는 않았다. 마찬가지로 나도 요즘 아이들이 비디오 화면 때문에 눈이 버릴까 염려스럽다. 그러나 내 부모님은 정확히 뭔지는 몰라도 좋은 환경에서 살았다. 베이비붐 세대인 우리는 처음으로 텔레비전을 보며 자란 세대다. 우리 부모님을 포함한 그 이전 세대는 선택의 여지가 없었다. 그들의 눈은 뭔가 다른 것을 해야 했다. 우리 세대에게는 선택권이 있었다. 비디오 화면은 많았지만 아직 우리의 시각적 세계를 지배하지 못했다. 오늘날에는 그 지배가 거의 완성 단계에 이르렀다.

방송인 겸 작가인 개리슨 케일러Garrison Keillor가 인터넷 서핑을 농산물 시장 둘러보기와 비교해 이야기를 하는 것을 들은 적이 있다. 그의 요점은, 둘은 하늘과 땅차이라는 것이었다. 그 광경과 소리와 냄새와 맛과 질감에서 오는 시장의 좋은 느낌과 불쾌한 느낌은 인터넷이라는 단조로운 2차원 세계와는 차원이 달랐다. 그래서 케일러는 인터넷에 대한 뚜렷한 선호를 안타깝게 여겼다.

우리 삶 속의 비디오 화면들을 생각해보자. 커피가 내려지듯, 부엌에 있는 TV에서는 아침 뉴스와 일기예보가 흘러나온다. 10대 청소년들은 식탁에서 스마트폰으로 영화를 보고, 부모나 형제자매와 눈길을 마주치는 일은 그만큼 적어진다. SUV 차량의 뒷좌석에 앉아 있는 유아들은 앞좌석의 머리 받침대에 달린 화면에서 나오는 만화영화를 넋을 잃고 쳐다본다. 일을 할 때는 컴퓨터 모니터와 하나가 되다 보니, 옆 사무실로 몇 걸음만 걸어가서 얼굴을 맞대고 해도 될 말을 메시지로 보내기 위해 가만히 앉아서 자판을 두드린다. 헬스클럽에는 비디오 모니터가 달려 있는 러닝머신과 헬스용 자전거들이 한 줄로 늘어서 있다. 비교적 저가의 플라즈마 디스플레이와 LCD 평면 모니터가 출현하면서, 식당과 바에서는 재정적으로나 실내 디자인 면에서나 다양한 위치에 TV를 설치할 수 있게 되었다. 그 결과 유행을 좇는 새로운 식당에서는 비디오 화면이 시야에 곧바로 들어오지 않는 자리를 찾는 게 거의 불가능하다. 2006년 말, 월마트에서는 아이를 가진 부모가 저렴한 가격에 빌릴 수 있는 프로그램을 시험적으로 내놓았다. 엄마 아빠가 쇼핑을 하는 동안 아이들은 쇼핑카트에 내장된 비디오 화면으로 이 프로그램을 보는 것이다. 보행자, 승객, 운전자, 학생을 불문하고 모두 자신의 무선 통신 장비의 작은 터치스크린을 끝없이 응시하고 있다.

관찰력이 뛰어난 한 학생이 근래에 내게 해준 이야기에 따르면, 그와 그의 또래 친구들은 나와 비슷한 연배의 어른들과 함께 있으면 무선 장비의 터치스크린을 계속 쳐다보지 않는다. 그는 "어른들이 그런 것을 좋아하지 않는다는 것을 안다"라고 말했다. 그러나 친구들끼리 있을 때는 이 휴대용 기기가 대화에서 중요한 역할을 한다. 이같은 사회적 상황에서는, 실제로 존재하는 사람과 온라인상의 참여자 사이에 거의 차이가 없는 것처럼 보인다. 최근의 무선 통신 혁명은 1960년대 이래 가장 큰 세대 간 격변을 일으켰다고들 말한다. 아마 다른 반론은 없을 것이다.

소음 공해

나는 집에 있는 내 컴퓨터 앞에 앉아 이 글을 쓰다가, 잠시 멈추고 주변의 소리에 귀를 기울인다. 일정한 백색 소음인 컴퓨터 안의 냉각팬 돌아가는 소리가 들린다. 이 소리가 주의를 산만하게 할 정도로 큰 소리일까? 머리 위에서는 에어컨 환풍구에서 나오는 공기의 흐름이 느껴지면서 소리도 함께 들린다. 집에서는 이런 특정 소음을 견딜 만하다. 직장에서는 엉성하게 설계된 냉난방기 배관을 통해 나오는 소음이 너무 커서, 내 사무실 안에서도 대화를 하려면 목소리를 높여야 할 때가 있다. 다시 집으로 돌아오면, 창문 밖에 있는 에어컨 실외기의 냉각팬이 컴퓨터 속에 들어 있는 조그만 냉각팬보다 더 낮은 소리를 내면서 돌아간다. 이 소리들은 언제나 나를 따라다니고, 내가 집에서 일을 하는 동안 끊임없이 들리는 백색소음의 사운드트랙을 제공한다.

갑자기 정전이 되고 정적이 담요처럼 온 집안을 덮는다. 냉각팬 군단의 회전이 느려지다가 이내 멈춘다. 공기는 더 이상 송풍구에서 흘러나오지도, 배관을 돌아다니지도 않는다. 냉장고의 압축기도 윙윙 소리와 딸깍 소리가 결합된 특유의 기이한 음악을 멈춘다. 규칙적으로 웅웅 소리와 찰랑거리는 소리를 내던 식기세척기도 조용해진다. 세탁기와 드라이기도 잠잠해진다.

마우스는 더 이상 나의 명령을 실행하지 않고 화면에는 아무것도 나타나지 않는다. 하지만 창문으로는 햇빛이 쏟아져 들어오기 때문에 나는 책을 들고 의자에 몸을 기댄다. 점점 내 귀에는 온갖 소리들이 들리기 시작한다. 집안에서는 거의 들리지 않던 작은 소리들이 지금 내 주의를 사로잡고 있는 것이다. 카펫에 맨발을 디딜 때마다 나는 마찰음. 강아지가 부엌 바닥의 타일을 발톱으로 긁는 소리. 창밖에서 들리는 되새의 지저귐과 바람에 나뭇잎이 살랑이는 소리. 내 심장의 고동 소리. 이 모든 소리들이 갑자기 들리기 시작한다.

기계는 소음을 만든다. 현대의 기술에는 이율배반이 가득하며, 그 중 하나가 소음이다. 휘발유 동력의 나뭇잎 날리는 기계를 이용하면 갈퀴를 사용할 때보다 마당의 낙엽을 더 빨리 치울 수 있지만, 그 대가로 청력이 손상될 수도 있고 옆집에 나 같은 사람이 산다면 이웃과 불화가 생길 수도 있다.

그러나 일상생활 속 소음에 대한 불만은 전혀 새로운 것이 아니다. 성미가 까다롭기로 유명한 독일의 철학자, 아르투어 쇼펜하우어Arthur Schopenhauer(1788~1866)는 1851년에 「소음에 관하여」라는 제목의 글을 발표했다. 이 글에서 그는 대도시의 불협화음에 노출된 생활을 하는 동안에는 집중을 유지하기가 어렵다는 불만을 토로했다. "내가 알고 싶었던 위대하고 멋진 생각들이 채찍 소리와 함께 얼마나 많이 사라졌을까?" 쇼펜하우어가 살던 시대의 유럽 어디에서나 들렸던 채찍 소리가 오늘날 미국에서는 나뭇잎 날리는 기계의 윙윙거리는 소리와 할리데이비슨의 천둥 같은 굉음으로 바뀐 것이다.

제2부에서 우리는 청력 손상을 일으키는 장기적인 큰 소음에 관해 알아보았다. 이런 자극은 코르티 기관 속 유모세포의 민감도를 저하시킬 수 있다. 그러나 이런 종류의 청력 손상을 일으킬 정도로 크지 않은 소음도 해로울 수 있다.

1970년대에 심리학 교수인 알린 브론재프트Arline Bronzaft는 뉴욕 시 P.S. 98 공립학교에서 교실의 위치만을 기초로 학생들의 발달을 분석한 결과, 놀라운 차이점을 발견했다. P.S. 98 공립학교는 학교 건물의 한쪽이 지하철 선로와 접하고 있었는데, 이 선로에서는 수업 시간 내내 매 시 4분과 30분에 30초 동안 기차가 지나간다. 브론재프트는 4년에 걸친 연구를 통해, 선로가 지나는 쪽에 있는 교사校舍에서 수업을 받는 학생들은 기차 소리가 거의 들리지 않는 반대편 교사에서 공부를 하는 학생들에 비해 산만하고 학습 능력이 뒤처진다는 것을 밝혀냈다.

기차의 소음을 줄이고 학교 건물에 방음 처리를 해서 소음을 줄이자, 선로가 지나는 쪽 학생들의 학습 능력이 곧바로 향상되기 시작했다. 브론재프트의 결론에 따르면, 효과적인 학습을 위해서는 교사의 목소리가 교실의 배경 소음보다 최소 20데시벨 이상 높아야 한다. 수많은 교실을 연구한 브론재프트는 교사의 목소리가 배경 소음보다 5데시벨 정도밖에 크지 않고, 선로에 인접한 교실에서는 그것도 되지 않는다는 것을 알았다. 이와 같은 교실의 배경 소음 수준은 청력 상실을 일으킬 정도로 크지는 않지만, 균등한 교육의 기회를 박탈한다.

제10장

지각과 교육

관찰

노벨상 수상자인 피에르-질 드 젠Pierre-Gilles de Gennes(1932~2007)의 지적에 따르면, 발명 과정은 관찰에서 시작된다. 뛰어난 발명가들은 가장 예리한 관찰자인 경우가 많다. 그들은 현대 생활의 현상과 부족한 부분과 부조화를 관찰한다. 발명은 여기서부터 시작된다. 위대한 발명가는 아마 자연스럽게 관찰을 하게 되겠지만, 관찰을 가르치지 않을 이유는 없다. 분명히 해야 할 것은, **관찰** 능력은 더 이상 예전처럼 가르침을 받을 수도 없고 중요성이 강조되지도 않는다는 점이다. 게다가 정의에 의하면 관찰은 지각과 연관이 있다.

내 학생들은 실험실에서 관찰 능력을 키우기 위해 지각을 개선하는 것보다는 관찰을 하도록 설계된 정교한 기계의 활용법을 배우는 데 더 큰 관심을 보인다. 이 새로운 기술을 익히기 위해 기꺼운 마음으로 열심히 노력하는 학생들은 자신이 가진 장비가 손해를 보는 것도 마다하지 않는다. 그 장비는 바로 우리의 감각이다. 오늘날의 장비들은 대단히 놀랍지만, 우리가 예전에 했던 것과 같은 감각 훈련에는 방해가 된다. 우리가 다양한 음식을 통해 우리 몸에 영양을 공급받는 것처럼, 우리 뇌에도 풍부하고 다양한 감각 입력을 통한 영양 공급이 필요하다.

레이저 시력 교정 수술과 인공 달팽이관 이식을 제외하면, 우리의 감각 하드웨어를 개선할 수 있는 방법은 그다지 많지 않다. 그러나 우리는 경험과 교육을 통해 더 나은 지각 능력을 획득할 수 있다. 얼마 전까지만 해도 눈의 훈련이 교육 과정에서 중요한 부분을 차지했다. 시대, 성장 지역, 사회적 지위에 따라 이런 훈련은 그림이나 조각을 배우는 데 중요한 것일 수도 있었고, 명궁이나 명사수가 되기 위한 기나긴 수련의 시간과 연관이 있었을 수도 있다. 식용 식물과 독초의 차이를 구별하는 것은 생사가 걸린 문제였다. 뱃사람이 하늘을 보고 폭풍우가 다가오고 있다는 것을 아는 것 역시 마찬가지였다.

아무도 이것을 '시각 훈련'이라고 생각하지 않았다. 단순히 '기술을 배우는 것'이라고 생각하거나 그저 '살아남는 법을 배우는 것' 쯤으로 여겼을지도 모른다. 목수에서 석공, 재봉사에 이르는 모든 장인들은 그들의 눈을 얼마나 잘 훈련시키는지에 따라 성공과 실패가 판가름 나기도 했다.

여러 해에 걸쳐, 나는 스케치를 아주 잘하는 엔지니어들이 거의 항상 시각적인 통찰력도 대단히 뛰어나다는 것을 발견했다. 그런 엔지니어들은 복잡한 메커니즘을 3차원적으로 상상하고, 그 속의 미묘한 세부 사항을 인지하며, 대단히 뛰어난 비례 감각을 갖고 있다. 따라서 이들은 어떤 변형된 요소가 주어진 공간에 들어맞을지에 대한 어림도 잘할 수 있다. 이들 외에 나처럼 평범한 엔지니어는 이런 지각 작용을 하는 데 컴퓨터를 기반으로 하는 오늘날의 공학 소프트웨어들의 도움을 받지만, 일반적으로는 이런 지각 능력을 갖춘 엔지니어들의 솜씨가 훨씬 훌륭하다.

한 엔지니어의 사무실에 동료 한 사람이 들어가면서 다음과 같이 말한다. "들어봐, 12유닛에서 꺼낸 새 모터를 장착할 때는 그 구조를 조금 바꿔야 해. 새 모터는 옛날 것보다 조금 크거든." 그 엔지니어가 "음, 맞는 얘기 같지만, 어떻게 바꾸지?" 하고 말한다. 동료는 "이렇게 해보자"라고 하면서 종이 한 장을 들고 와 스케치를 하기 시작한다. 잠시 후, 또 다른 동료가 나서서 다음과 같이 말한다. "좋은 생각이긴 한데, 이건 어때? 이쪽이 경비도 덜 들고 더 빠를 거야." 그는 그 스케치에 선 몇 개를 더 그려 넣거나 몇 개를 지우고, 여기에 다른 엔지니어가 몇 가지를 더 손을 본다. 이런 식으로 스케치를 몇 번 주거니 받거니 하다보면, 금세 활용할 수 있는 개념 설계가 된다. 이는 이 계획의 시작일 뿐이다. 다음 단계에서는 이들 중 한 사람이 컴퓨터 앞에 앉아야 한다. 나도 한 사람의 엔지니어로서 이런 시나리오에 헤아릴 수 없을 정도로 많이 참여했다. 공동 스케치를 이용한 이런 종류의 의사소통을 공대에서 정식으로 가르치는 경우는 별로 없지만, 그래도 해야만 한다. 최고의 공동 스케치는 최고의 시각적 견해다. 예술적 재능이 분명 한 몫을 하겠지만, 훈련을 통해서도 배우는 것이 가능하다. 우리는 더 잘 보기 위해, 다시 말해서 우리의 시각적 세계에 대한 더 나은 관찰자가 되기 위해 스스로를 훈련할 수 있다. 더 어린 학생일수록 그 효과는 더욱 뛰어나다. 그 노력을 초등학교 3학년 때 멈춰서는 안 된다.

지각과 예술

우리의 감각과 지각은 신체적, 지적, 감정적으로 우리를 살아 있게 한다. 감각은 우리를 가르친다. 신생아의 눈은 경이롭다. 특히 그들이 보는 것은 모두 새롭다. 신생아의 눈은 대단히 많은 정보를 효과적으로 받아들이는 장치이며, 그 정보는 우리가 완전히 이해하지 못한 방식을 통해 뇌로 전달된다. 귀로는 언어가 마구 쏟아져 들어온다. 어린이의 뇌는 언어 학습에 최적화되어 있으며, 교육학자들은 최근에 들어서야 그 방식을 이해하고 활용하기 시작했다.

얼마 전까지만 해도 지각은 주로 생존의 문제였다. 생활 조건이 개선되면서 예술이 발달하고 사람들은 정식 교육을 받게 되었다. 그러나 오늘날에는 예술 교육이 쓸 데 없거나 부적절하거나 엘리트주의적으로 보이기도 한다. 내가 속한 지역 사회에서 음악과 미술 교육의 명문 학교는 일반적으로 가장 학비가 비싼 사립학교들이다. 예산이 빠듯한 많은 공립학교에서는 예술 교육 프로그램들에 대한 기금과 관심을 얻기 위해 고군분투한다. 많은 부모들은 "왜 우리 아이에게 바이올린 연주와 그림물감 색칠을 가르쳐야 하지? 그것으로 먹고 살 것도 아닌데" 하고 말한다. 그러나 장기적으로 볼 때 이런 유형의 교육은 어린 학생들이 훗날 의사, 변호사, 교사, 엔지니어, 외판원, 경찰관, 배관공, 사업가와 같은 직업을 갖는 데에도 정말 도움이 될 수 있다.

내 의붓자녀들이 다니고 있는 값비싼 사립 고등학교에서조차도 예술

수업을 전혀 듣지 않고도 쉽게 졸업을 할 수 있다. 그런데 우리 아이
들은 각각 한 학기동안 '컴퓨터 자판 연습'이라는 수업을 받았다. 오
늘날의 아이들에게 한 학기동안 컴퓨터 자판 연습을 가르치는 것은
한 학기 동안 '숨쉬기'를 가르치는 것처럼 무의미하고 불필요한 교육
이다. 예술 교육이 중요한 까닭은 예술가를 길러내기 위해서도 아니
고 예술에 대한 감각을 기르기 위해서도 아니다. 예술 교육은 인간의
지각을 갈고 닦는 데 중요한 역할을 한다. 그래서 가르쳐야만 하는
것이다.

학습 유형과 지각

행동 과학에서는 '학습 유형' 다시 말해서 학습 과제에 접근하는 방
식이 사람마다 다르다는 게 일반적인 견해다. 학습 유형에 관한 정식
연구가 시작된 시기는 1970년대로 거슬러 올라간다. 학습 유형에 관
한 학설 중에서 가장 두드러지는 것은 VAK 또는 VARK라는 학설이
다. VAK는 근원이 되는 감각의 약자를 따서 시각Visual, 청각Auditory,
운동감각Kinesthetic을 나타낸다(VARK에서 R은 읽기Reading을 나타낸
다). 이 학설에 따르면, 시각형 학습자는 시각적 영상을 통해 가장
잘 배우며 그림으로 생각하는 경향이 있다.[26] 청각형 학습자는 강의
와 토론에서 가장 뛰어난 학습 효과를 나타내며, 운동감각형 학습자
는 과제와 실험 수행을 통한 체험 학습이 효과적이다. 읽기형 학습자

---

[26] 『미스터 파인만』에서 파인만은 생각의 특성에 관한 두 소년의 대화를 자세히 소개한다.
한 소년이 "생각은 마음속으로 네가 이야기하고 있는 것일 뿐"이라고 말한다. 그러자 다
른 소년이 엔진의 크랭크축처럼 이상하게 생긴 물체의 형태를 생각할 때는 어떤 단어가
떠오르냐고 묻는다.

는 읽기와 쓰기를 통한 학습을 선호한다.

오랫동안 교육에 종사한 사람이라면 누구나 이 학설에 대해 할 말이 있을 것이다. 학생들에게는 정말 학습에서 선호하는 감각이 있는 것 같다. 그러나 이 학설을 교수법에 적용할 때는 한 가지 문제가 있는데, 아무리 작은 교실이라도 학생들의 유형이 다양한 범위에 걸쳐 있다는 점이다. 만약 교사에게 선호하는 교수법이 있다면, 다른 유형을 선호하는 학생들을 효과적으로 지도할 수 없을 것이다. 이 문제를 해결하기 위해 나는 시각적, 청각적, 운동감각적 요소를 모두 집어넣어 학생들과 상호작용을 하려고 노력한다. 강의를 할 때는 청각형 학습자에게 말을 하는 것이다. 시각형 학습자를 위해서는 되도록이면 칠판에 그림을 많이 그리고 컴퓨터 프로젝터를 통해 영상을 보여준다. 마지막으로 운동감각형 학습자를 위해서는 실연을 하거나 직접 물건을 돌려가면서 보게 한다. 나는 이런 수업 방식이 모든 학생들에게 자신의 학습법을 단련할 기회를 주기를 기대한다. 또 이런 다양한 접근법은 문제를 더 심도 있게 파헤치며 가만히 서서 말로만 떠드는 강의보다는 훨씬 활기찬 편이다. 내 목표 중 하나는 수업 시간에 잠을 자면서도 잘 배우고 있다고 생각하는 학생들의 수를 줄이는 것이다. 『미국 최고의 교수들은 어떻게 가르치는가What the Best College Teachers Do』(뜨인돌, 2005)에서 켄 베인Ken Bain은 비슷한 결론을 이끌어낸다. 베인은 학습 방법에 관한 모든 연구의 긍정적 성과는 "다양화의 필요성에 관해 주의를 환기시켰다는 점"이라고 지적한 한 교사의 말을 인용한다. 그 교사는 다음과 같이 말한다. "나는 대부분의 사람들에게 배타적인 학습 유형이 있고, 그 외 다른 방법으로는 학습을 할 수 없다는 것을 보여주는 증거가 많다고는 생각하지 않는다. 그러나 다양화는 우리 모두에게 유익하다고 확신한다." 베인은 벤더빌트 대학의 자넷 노든Jeanette Norden의 말도 인용했는데, 그녀는 이 내용을 훨씬 더 간명하게 표현한다. "뇌는 다양성을 좋아한다."

좋은 귀

당신은 음악과 테니스 사이에 아무런 공통점이 없다고 생각할지 모르지만, 둘 사이에는 적어도 하나의 연관성이 있다. 테니스 라켓에서는 줄의 장력이 중요한 변수가 된다. 라켓은 줄의 장력이 약할수록 공을 치기가 더 어렵다. 그래서 나는 시합이 있는 날이면 내 라켓 중에서 어느 것의 줄이 가장 헐거운지를 확인한다. 테니스 라켓도 기타처럼 줄의 장력이 시간과 날씨에 따라 변하기 때문에, 그 날 어떤 라켓의 줄이 가장 헐거울지는 알 수 없다. 이를 간단히 확인하기 위해 테니스 선수들이 쓰는 방법이 있다. 라켓의 줄을 다른 라켓의 틀 가장자리로 쳐서 "핑" 소리를 내고, 이렇게 나는 소리의 음정이 낮을수록 줄이 헐거운 것이다. 대부분의 테니스 선수에게는 줄의 장력을 이런 방식으로 판단하는 것이 쉬운 일이겠지만, 나는 이 방법을 몇 년 전에 포기했다. 내가 B 라켓으로 A 라켓의 줄을 친 다음에 A 라켓으로 B 라켓의 줄을 쳐보면, 소리가 다르게 들릴 때도 있지만 대개는 어떤 음이 더 낮은지 잘 판단이 되지 않았다. 내게는 이 방법이 맞지 않는다.

서로 다른 두 음 중에서 어떤 음이 더 낮은지도 모르는 바보가 어디 있을까? 내가 그 바보인 것 같다. 나는 음악적으로 '좋은 귀'를 가진 사람과는 정반대의 부류다. 음악적으로 좋은 귀를 가지려면 천성과 교육이 대단히 복합적으로 조합되어야 한다. 다시 말해서, 감각 작용과 지각이 복잡하게 뒤얽혀 있는 것이다. 나는 내 귀의 음악적 소질에 대해 정말 자신이 없는데, 교육이 완전히 결여되었기 때문이다. 어린 시절, 나는 음악을 가르치려는 부모님의 모든 노력을 완강히 거부했다. 우리 집에는 피아노가 있었고, 내 남동생은 어머니에게 피아노를 배워 꽤 훌륭한 연주 실력을 갖추게 되었지만, 나는 피아노 근처에도 가지 않으려 했다. 부모님은 나가 성가대에 참여하게 하려고 설득을 하기도 했다(아버지는 여자 친구를 만날 수 있는 좋은 방법이라고 말했다). 그러나 나는 아무 것도 하지 않았다. 그러다가 4학년 때 담임이었던 타운센드Townsend 선생님과의 사건이 터졌다. 타운센드 선생님은 해마다 학생들과 뮤지컬 공연을 했다. 불행히도 모든 학생이 원하든 원하지 않든 이 뮤지컬에서 노래하는 배역을 맡기 위한 오디션에 참여해야 했다. 나는 반 친구들이 지켜보는 가운데 타운센드 선생님의 피아노 반주에 맞춰 마지못해 몇 소절을 불렀다. 내 짧은 오디션에 관해 조금 너그럽게 말하자면, 썩 잘하지는 못했다. 당연히 나는 노래하는 역할을 맡을 수 없었다. 내 뮤지컬 데뷔 무대를 다시 떠올리는 사람은 아무도 없겠지만, 나는 반 친구들 앞에서 노래를 해야만 했던 상황이 얼마나 두렵고 부끄러웠는지 결코 잊을 수 없다. 나는 두 번 다시 그런 기분을 느끼지 않겠다고 단단히 결심했다. 그리고 그 결심을 지켜왔다.

그러나 음악은 어린 학생들의 교육에서 중요한 부분을 차지한다. 아니, 차지해야 한다. 나는 모든 음악 교육을 회피함으로써, 내 마음속에는 아무런 의혹도 없다고 스스로를 속였다. 이것으로써 테니스 라켓의 줄을 쳤을 때 내가 상대적인 줄의 장력을 판단하지 못하는 까닭이 설명될 수 있을까?

실음악증

그럼에도 음악은 내 삶의 중요한 일부다. 나는 꽤 다양한 종류의 음악을 즐기고, 정기적으로 음악 공연을 보러 가며, 내가 좋아하는 음악가들의 레코드를 꽤 많이 소장하고 있는 편이다. 나는 음악적 재능이 없고, 음악을 배우지도 않았고, 좋은 귀를 갖고 있지도 않지만, 내 상황이 실음악증amusia의 수준은 아니라고 믿는다. **실음악증**은 음정이나 박자 같은 음악의 여러 특징들을 인식하지 못하는 것과 연관된 다양한 증세를 설명하는 용어다. 실음악증은 선천적인 경우도 있고, 뇌 손상이나 질병으로 인해 발생하는 경우도 있다. 올리버 색스는 『뮤지코필리아』(알마, 2005)에서 D. L.이라는 여성의 사례를 설명한다. 그녀에게는 모든 음악이 부엌 바닥에 냄비와 주전자를 집어던지는 소리로 들렸다. 공적인 행사에서는 미국 국가The Star-Spangled Banner도 알아듣지 못해서, 주위의 다른 사람들이 일어나면 그냥 따라서 일어났다. 교사였던 그녀는 학생의 생일마다 교실에서 틀었던 생일 축하 노래마저도 알아들을 수 없었다. D. L.은 지적인 여성이었고, 청각은 정상이었다. 즉 그녀의 귀에는 아무 문제가 없었다. 사람들의 목소리는 정상적으로 알아들었고, 자동차 경적 소리나 개 짖는 소리나 물 흐르는 소리 같은 일상적인 소리를 구별하는 데도 전혀 문제가 없었다.

나는 D. L.과 비슷한 사람을 만나본 적이 없다. 설령 있다 하더라도 사람들에게 나서서 이야기하고 다닐 만한 형편은 아니었을 것이다.

유명인들 중에서도 실음악증으로 어려움을 겪은 사람들이 있다. 미국의 군인이자 제 18대 대통령이었던 율리시스 S. 그랜트Ulysses S. Grant는 자신이 알고 있는 노래는 딱 두 곡뿐인데, "하나는 「양키 두들Yankee Doodle」이고 하나는 아니다"라고 말했다. 블라디미르 나보코프는 자서전인 『말하라, 기억이여Speak, Memory』(플래닛, 2007)에서 "음악은 내게 다소 듣기 괴로운 소리들이 아무렇게나 이어지는 것에 불과하다"고 썼다.

실음악증이 의학 문헌에 처음 등장한 것은 1878년이었지만, 수십 년 전까지는 거의 연구가 이뤄지지 않았다. D. L.과 같은 사람은 음정pitch과 음질timbre을 토대로 음악을 구별하는 데 극도로 어려움을 겪었다. 음질은 음악뿐 아니라 모든 소리의 풍성함이나 질과 연관이 있다. 음질은 상음上音이나 배음倍音과 같은 음향 현상의 영향을 받고, 같은 음을 다른 악기로 연주하면 음질이 달라진다. 음질에 대한 지각도 매우 복잡하며, 색을 지각하는 것과 뭔가 공통점이 있다. 우연인지 아닌지, 때로 음질은 색과 관련이 있는 '음색tone color'과 같은 단어로 표현되기도 한다.

D. L.처럼 음질을 구별하기 어려운 사람이 다른 사람의 목소리는 어떻게 구별할 수 있을까? 누군가 전화기 너머에서 "여보세요"라고 말할 때, 우리가 그 사람을 확인하는 특징은 주로 음질과 연관이 있다. 그러나 D. L.은 목소리를 듣고 사람들을 구별할 수 **있었다**. 이를 통해, 뇌에서 목소리에 반응하는 영역은 음악의 음질을 지각하는 영역과는 분리되어 있을 것으로 추정할 수 있다. 앞서 우리는 안면실인증과 뇌의 영역 특이적 분화에 대한 다른 측면들을 살펴보았다. 이에 비춰볼 때, 그리 놀라운 일은 아니다.

맛 감별

공학 교수인 나는 공장과 설비들을 자주 살펴본다. 핵발전소, 항공기 제조 공장, 자동차 조립 라인 같은 거대하고 복잡한 곳에서부터 샴페인 병에 코르크를 고정하는 조그만 철사(뮈즐레muselet라고 한다)를 만드는 프랑스의 작은 공장에 이르기까지, 온갖 종류의 공장을 돌아다녔다. 현대의 식료품 공장은 첨단 공학 설비와 옛 방식이 환상적인 조화를 이루고 있다. 정밀한 기계 설비, 컴퓨터 제어, 현대적인 소재, 무균 조건은 현대 식료품 공장의 기준이 되었다. 그러나 맛 감별사의 일은 수세기 동안 거의 바뀌지 않았다.

나는 제빵 공장, 아이스크림 공장, 위스키 양조장에서 맛 감별사들을 만나보았다. 위스키 감별사의 일은 위스키를 한 번에 한 방울씩 혓바닥에 떨어뜨려 맛을 보는 것이다(고맙게도 맑은 정신으로 일을 한다). 식료품 공장의 맛 감별사처럼, 위스키 감별사들도 몇 개월에 걸쳐 훈련을 받고 공인된 자격을 따면, 위스키 한 통 전체를 퇴짜 놓을 수 있는 권위를 얻게 된다. 개 사료 공장에서도 인간 맛 감별사를 고용한다는 말도 들었다. 개 사료의 맛과 냄새에 대한 개들의 평가를 인간이 정확히 이해하기는 어렵기 때문이다. 개 사료 공장을 포함한 식료품 공장의 관리자들은 뛰어난 맛 감별사 후보를 발굴해 키워내는 일이 무척 어렵다고 말한다. 우리 대부분은 아무리 혹독한 수습 기간을 거친다 해도, 미각에 충분한 변화가 일어나기는 대단히 힘들기 때문이다.

기분 내키는 대로

우리가 창조한 세상에서 홀대를 받고 있는 우리의 감각에 애도를 표하기는 쉽다. 무의미한 비디오 화면, 코를 오염시키는 더러운 물질, 유독한 냄새, 지나친 가공으로 풍미는 없고 양만 많은 식품이 우리에게 밀려들고 있다. 그럼에도 우리는 우리가 생각하는 것보다 훨씬 더 많이 감각을 통제하고 있다.

앞서 나왔던 뇌 과학자인 질 테일러는 극심한 뇌졸중을 겪었고 회복하는 데만 꼬박 8년이 걸렸다. 그녀는 『긍정의 뇌』를 통해 우리의 감각에 관해 많은 조언을 한다. 테일러는 자신의 지각 소프트웨어에서 상당 부분이 작동하지 않게 되었다는 것을 알았다. 지각 능력은 뇌졸중처럼 강한 자극에 의해 극심한 손상을 입어도 때로는 다시 회복되기도 한다. 이 책에서 그녀는 뇌졸중을 극복하는 경험을 통해 자신의 기분과 정서를 더 많이 깨달았고 그로 인해 감정을 조절하는 법도 더 많이 깨달았다는 것을 설명하는 데 많은 부분을 할애한다.

테일러는 나이나 건강 상태에 관계없이 감각을 잘 활용하는 것이 도움이 될 수 있다고 제안한다. 게다가 감각은 기분 전환에 대단히 뛰어난 효과가 있다. 기분 전환 하면 당연히 음악이다. 색도 좋다. 냄새는 어떤가? 향이나 초를 켜거나 양파를 볶는 것이다. 내가 양파를 조금 볶기만 해도 아내와 아이들은 부엌에 들어오면서 "좋은 냄새가 난다"라고 말한다. 언제나 효과가 있다.

테일러는 누구나 후각을 향상시킬 수 있다고 확신하며, 경험상 나도 이에 동의하는 편이다. 매년 내 수업 시간에는 학생들이 다양한 종류의 플라스틱을 직접 조사하는 실험이 있다. 그 실험에는 작은 플라스

틱 조각을 태운 다음 불을 끄고, 조심스럽게 냄새를 맡아보는 활동이
있다. 플라스틱은 구성 화학물질에 따라 저마다 독특한 냄새를 풍긴
다. 폴리에틸렌polyethylene이 가장 구별하기 쉬운데, 양초 냄새와 비슷
한 냄새가 난다. 학생들이 폴리에틸렌 조각을 태운 냄새를 맡고 잠
시 생각하더니 갑자기 "생일 축하합니다"라고 말한 적도 있다. 냄
새란 그런 것이다. 그러나 어떤 플라스틱은 냄새를 구별하기가 조금
어렵다. 그래서 많은 학생들이 태운 플라스틱 조각의 냄새를 구별하
지 못한다. 심지어 폴리에틸렌조차도 "불에 탄 플라스틱 냄새가 난
다"는 것 이상의 표현을 하지 못하는 경우가 허다하다. 이는 부엌에
들어서면서 "여기서 뭔가 음식 냄새가 난다"라고 말하는 것과 마찬
가지다.

나는 그것이 어쩔 수 없는 일이라고 생각했다. 어떤 학생은 냄새를
잘 구별하고, 어떤 학생은 그렇지 못할 수 있다고 생각했다. 그러나
테일러가 옳았다. 조금 연습을 하자, 학생들은 냄새를 더 잘 맡을 수
있게 되었다. 그래서 지금은 학생들이 후각을 단련할 수 있도록 계피
나 식초나 사과주스처럼 특정 플라스틱 냄새와 일치하는 다양한 향
의 이름표가 붙어 있는 용기의 냄새를 맡게 한다. 별로 오랜 시간을
투자하지 않았지만 효과가 있는 것처럼 보였다. "플라스틱 타는 냄
새 같다"고 말하던 많은 학생들이 약간의 훈련을 거친 후에는 더 유
용한 결론을 내놓게 되었다.

따라서 우리는 사물의 냄새를 더 잘 맡게 될 수 있고, 이 기술은 플라
스틱을 구별하는 것 외에 다른 쓸모도 있다. 마찬가지 방법으로 미각
과 청각과 시각도 단련할 수 있다. 그러면 아마 요리나 악기 연주나
사냥이나 그림에서 더 나은 솜씨를 발휘하게 될 것이다. 물론 그렇지

않을 수도 있다. 감각을 단련하기 위한 노력을 해야 하는 이유는 수 없이 많다. 몇 년 전, 모차르트 효과Mozart Effect라는 것이 대중 매체의 엄청난 주목을 받으면서 뱃속의 태아나 중요한 시험을 준비하는 학 생들에게 모차르트 음악을 들려주는 게 크게 유행을 한 적이 있었다. 모차르트의 음악이 아름답기 때문에 듣는 것이 아니라, 모차르트의 음악을 들으면 머리가 더 좋아지기 때문에 들어야 한다는 것이다. 모 차르트 음악이 우리를 더 똑똑하게 해줄지도 모르기 때문에 듣는다 는 것은 좌뇌가 우리 삶을 지배하게 하는 것이다. 우리의 우뇌에게도 기회를 주자. 긴장을 풀고 눈을 감고 음악에 귀를 기울이자.

참고문헌

서론

Aristotle. *De anima*. New Haven, CT: Yale University Press, 1959.

Bruemmer, Fred. *The Narwhal*. Shrewsbury, UK: Swan Hill Press, 1993.

Clarke, Arthur C. *Profiles of the Future*. New York: Henry Holt, 1984.

Edwards, Betty. *Drawing on the Right Side of the Brain*. Los Angeles: J. P. Tarcher, 1979.

Ferdinand, Pamela. "A Flexible, 9-Ft. Whale Tooth with Super-Sensing Power?" http://news.nationalgeographic.com/news/2005/12/1213_051213_narwhal_tooth.html, December 13, 2005, accessed February 22, 2011.

Frisch, Karl von. Bees: *Their Vision, Chemical Senses, and Language*. London: Jonathan Cape, 1968.

Hunt, Frederick Vinton. *Origins in Acoustics: The Science of Sound from Antiquity to the Age of Newton*. New Haven, CT: Yale University Press, 1978. Quote at p. 11.

Kreiser, John. "A Teen Who Sees with Sound." www.cbsnews.com/stories/2006/09/06/eveningnews/main1977730, accessed February 22, 2011.

Yantis, Steven, ed. *Steven's Handbook of Experimental Psychology*. Vol. 1, Sense and Perception. 3rd ed. New York: John Wiley, 2002.

제1부 자극

— 제1장 전자기 자극

Al-Haytham, Ibn. *Optics of Ibn Al-Haytham: Books 1-3*. London: Warburg Institute, 1989.

ASTM G173-03. Standard Tables for Reference Solar Spectral Irradiances, 2008. American Society for Testing and Materials, West Conshohocken, PA.

Fisher, David E., and Marshall J. Fisher. "The Color War." *American Heritage of*

Invention and Technology 12, no. 3(1997): 8~18.

Hecht, Jeff. "How We Became Wired with Glass." *American Heritage of Invention and Technology* 15, no. 3(2000): 44~53.

Herbert, Robert L., and Neil Harris. *Seurat and the Making of "La Grande Jatte."* Berkeley: University of California Press, 2004.

Layton, Julia. "How Remote Control Works." http://electronics.howstuffworks.com/remote-control2.htm, accessed March 15, 2011.

"Midnight Zone." www.extremescience.com/zoom/index.php/ocean-zones/94-midnight-zone, accessed February 22, 2011.

Nassau, Kurt. *The Physics and Chemistry of Color.* 2nd ed. New York: John Wiley, 2001. Quote at p. 8.

Perkowitz, Sidney. *Empire of Light: A History of Discovery in Science and Art.* Washington, DC: Joseph Henry Press, 1996.

Sennebogen, Emilie. "How Can a Machine Match a Paint Color Perfectly?" http://tlc. howstuffworks.com/home/machine-match-paint.htm, accessed March 15, 2011.

Underhill, Paco. *Call of the Mall.* New York: Simon and Schuster, 2004.

———. *Why We Buy: The Science of Shopping.* New York: Simon and Schuster, 1999.

Warren, Richard, and Roslyn Warren. *Helmholtz on Perception: Its Physiology and Development.* New York: John Wiley, 1968.

— 제2장 화학적 자극

Burr, Chandler. *The Emperor of Scent: A True Story of Perfume and Obsession.* New York: Random House, 2002.

Holmes, Oliver Wendell. *The Autocrat of the Breakfast- Table.* Pleasantville, NY: Akadine Press, 2001. Quote at p. 266.

"How Is Pepper Heat Mea sured?" www.eatmorechiles.com/Scoville_Heat.html, accessed March 14, 2011.

Lanchester, John. "Scents and Sensibility." *New Yorker*, March 10, 2008, pp. 120~122.

Russell, Bertrand. *A History of Western Philosophy.* New York: Simon and Schuster, 1972.

Scoville, Wilbur L. "Notes on Capsicums." *Journal of the American Pharmacists A ssociation* 1(1912): pp. 453~454.

Stoneham, Marshall. "Making Sense of Scent." *Materials Today* 10, no. 5(May 2007): 64.

Turin, Luca. "A Spectroscopic Mechanism for Primary Olfactory Reception." *Chemical Senses* 21(1996): pp. 773-791.

Turin, Luca, and Tania Sanchez. *Perfumes: The Guide*. New York: Viking, 2008. Quote at p. 197.

— 제3장 기계적 자극

Bibel, George. *Beyond the Black Box*. Baltimore: Johns Hopkins University Press, 2007.

Katz, David. *The World of Touch*. London: Psychology Press, 1989.

Needham, Joseph, and Wang Ling. *Science and Civilisation in China*. Vol. 4, Part 2. Cambridge: Cambridge University Press, 1965.

Rossing, Thomas D. *The Science of Sound*. 2nd ed. Reading, MA: Addison-Wesley, 1990.

Sacks, Oliver. *The Man Who Mistook His Wife for a Hat*. New York: Summit Books, 1970.

Stevens, Stanley S. *Psychophysics: Introduction to Its Perceptual, Neural, and Social Prospects*. New Brunswick, NJ: Transaction Books, 1986.

Stevens, Stanley S., and F. Warshofsky. *Sound and Hearing*. New York: Time, 1965.

Yantis, Steven, ed. *Steven's Handbook of Experimental Psychology*. Vol. 1, Sensation and Perception. 3rd ed. New York: John Wiley, 2002.

— 제4장 감각의 과학

Fechner, Gustav. *Elements of Psychophysics*. New York: Holt, Rinehart, and Winston, 1966.

Stevens, Stanley S. *Psychophysics: Introduction to Its Perceptual, Neural, and Social Prospects*. New Brunswick, NJ: Transaction Books, 1986. Quotes at p. 12.

제2부 감각 작용

Chorost, Michael. *Rebuilt: My Journey Back to the Hearing World*. Boston: Houghton-

Miffl in, 2005.

— 제5장 시각

Atchison, David A., and George Smith. *Optics of the Human Eye.* Oxford: Butterworth-Heinemann, 2000.

Baylor, D. A., T. D. Lamb, and K. W. Yau. "Responses of Ret i nal Rods to Single Photons." *Journal of Physiology* 288(1979): pp. 613-634.

Darwin, Charles. "Difficulties of the Theory." In *The Origin of Species.* Madison, WI: Cricket House Books, 2010.

The Eye Digest. www.agingeye.net/visionbasics/theagingeye.php, accessed March 15, 2011.

Fernald, R. D. "Evolution of Eyes." *Current Opinion in Neurobiology* 10(2000): pp. 444-450.

Figueiro, Mariana G. "Lighting the Way." www.lrc.rpi.edu/programs/lightHealth/AARP/pdf/AARPbook1.pdf, accessed March 15, 2011.

Hofer, H., B. Singer, and D. R. Williams. "Different Sensations from Cones with the Same Photopigment." *Journal of Vision* 5(2005): 444.

Jackson, G. R., and C. Owsley. "Scotopic Sensitivity during Adulthood." *Vision Research* 40, no. 18(2000): pp. 2467-2473.

Javal, Emile. *Physiologie de la lecture et de l'écriture.* Paris: Félix Alcan, 1905.

Koch, Kristin, Judith McLean, Ronen Segev, Michael Freed, Michael Berry, Viyay Balasubramanian, and Peter Stirling. "How Much the Eye Tells the Brain." *Current Biology* 16, no. 14(July 25, 2006): pp. 1428-1434.

Kolb, Helga, Eduardo Fernandez, and Ralph Nelson. "The Organization of the Retina and Visual System." http://webvision.med.utah.edu/, accessed May 23, 2011.

Krader, Cheryl G. "Artificial Corneas." *Eurotimes* 16, no. 2(2011): 12.

Land, M. F., and R. D. Fernald. "The Evolution of Eyes." *Annual Review of Neuroscience* 15(1992): pp. 1-29.

Nassau, Kurt. *The Physics and Chemistry of Color.* 2nd ed. New York: John Wiley, 2001.

Nathans, Jeremy. "The Evolution and Physiology of Human Review Color Vision: Insights from Molecular Genetic Studies of Visual Pigments." *Neuron* 24(October 1999): pp. 299-312.

National Eye Institute. www.nei.nih.gov/health/maculardegen/armd_facts.asp#1a, accessed March 14, 2011.

Newport, John Paul. "Golf Journal: The Eyes Have It." *Wall Street Journal*, October 27, 2007.

Nolte, John. *The Human Brain: An Introduction to Its Functional Anatomy*. 6th ed. Philadelphia: Mosby Elsevier, 2009. Quote at p. 432.

Perkowitz, Sidney. *Empire of Light: A History of Discovery in Science and Art*. Washington DC: Joseph Henry Press, 1996.

Rosetti, Hazel. *Colour*. Princeton, NJ: Princeton University Press, 1983.

Schneeweis, D. M., and J. L. Schnapf. "Photovoltage of Rods and Cones in the Macaque Retina." *Science* 268(1995): pp. 1053-1056.

Sichert, A. B., P. Friedel, and J. L. van Hemmen. "Snake's Perspective on Heat: Reconstruction of Input Using an Imperfect Detection System." *Physical Review Letters* 97(2006): 068105-1 to 068105-4.

Stevens, Stanley S. *Psychophysics: Introduction to Its Perceptual, Neural, and Social Prospects*. New Brunswick, NJ: Transaction Books, 1986.

Underhill, Paco. *Call of the Mall*. New York: Simon and Schuster, 2004.

— 제6장 화학적 감각

Ackerman, Diane. *A Natural History of the Senses*. New York: Vintage Books, 1990.

Avicenna. *The Canon of Medicine*. Chicago: Kazi, 1999.

Bartoshuk, Linda M. "Sweetness: History, Preference, and Genetic Variability." *Food Technology* 45, no. 11(1991): pp. 112-113.

Bilger, Burkhard. "The Search for Sweet." *New Yorker*, May 22, 2006, pp. 40-46.

Buck, Linda, and Richard Axel. "A Novel Multigene Family May Encode Odorant Receptors: A Molecular Basis for Odor Recognition." *Cell* 65, no. 1(April 5, 1991): pp. 175-187.

Burr, Chandler. *The Emperor of Scent: A True Story of Perfume and Obsession*. New York: Random House, 2002.

Corey, David, and Charles Zuker. "Sensory Systems." *Current Opinion in Neurobiology* 6(1996): pp. 437-439.

Green, B. G. "Referred Thermal Sensations: Warmth versus Cold." *Perception and*

Psychophysics 22(1977): 331.

McClintock, Martha K. "Menstrual Synchrony and Suppression." *Nature* 229, no. 5282(1971): pp. 244-245.

Nolte, John. *The Human Brain: An Introduction to Its Functional Anatomy.* 6th ed. Philadelphia: Mosby Elsevier, 2009.

Sacks, Oliver. *The Man Who Mistook His Wife for a Hat.* New York: Summit Books, 1970. Quotes at pp. 149, 150-151.

Schwartz, John. "Picked from a Lineup, on a Whiff of Evidence." *New York Times*, November 4, 2009.

Senomyx. www.senomyx.com/flavor_programs/receptorTech.htm, accessed August 3, 2010.

Settles, Gary S. "Sniffers: Fluid-Dynamic Sampling for Olfactory Trace Detection in Nature and Homeland Security: The 2004 Freeman Scholar Lecture." *Journal of Fluids Engineering* 127, no. 2(2005): pp. 189-218.

Sulloway, Frank J. *Freud, Biologist of the Mind.* New York: Basic Books, 1979.

Thomas, Lewis. "On Smell." *New England Journal of Medicine*, March 27, 1980, pp. 731-733.

Vroon, Piet. Smell: *The Secret Seducer.* New York: Farrar, Strauss and Giroux, 1997.

Woolf, Harry, ed. *Quantification: A History of the Meaning of Measurement in the Natural and Social Sciences.* Indianapolis: Bobbs-Merrill, 1961. Hippocrates quote at p. 89.

Zhao, Grace Q., Yifeng Zhang, Mark Hoon, Jayaram Chandrashekar, Isolde Erlenbach, Nicholas Ryba, and Charles Zuker. "The Receptors for Mammalian Sweet and Umami Taste." *Cell* 115(2003): pp. 255-266.

Zucchino, David. "Bomb-Sniffing Dogs Are Soldiers' Best Friends." *Los Angeles Times*, July 24, 2010, http://articles.latimes.com/2010/jul/24/world/la-fg-afghanistan-dogs-20100725, accessed July 28, 2010.

— 제7장 기계적 감각

Allin, E. F. "Evolution of the Mammalian Middle Ear." *Journal of Morphology* 147, no. 4(1975): pp. 403-437.

Asimov, Isaac. *The Human Body: Its Structure and Operation.* Boston: Houghton

Mifflin, 1963. Quote at p. 226.

Békésy, Georg von. *Experiments in Hearing*. New York: McGraw-Hill, 1960.

Bronzaft, Arline L., and Dennis P. McCarthy. "The Effect of Elevated Train Noise on Reading Ability." *Environment and Behavior* 7(December 1975): pp. 517-528.

Chorost, Michael. *Rebuilt: My Journey Back to the Hearing World*. Boston: Houghton-Mifflin, 2005. Quote at p. 203

Cole, Jonathon D. *Pride and a Daily Marathon*. Cambridge, MA: MIT Press, 1995.

Craig, James C., and Gary B. Rollman. "Somesthesis." *Annual Review of Psychology* 50(1999): pp. 305-331.

Eliot, Lise. *What's Going On in There? How the Brain and Mind Develop in the First Five Years of Life*. New York: Bantam Books, 1999.

Fay, R. R. *Hearing in Vertebrates: A Psychophysics Databook*. Winnetka, IL: Hill-Fay Associates, 1988.

Fletcher, Dan. "How High Can I Crank My iPod's Volume?" www.time.com/time/business/article/08599192679600.html, September 30, 2009, accessed March 15, 2011.

Hain, Timothy C. "Head Impulse Test and Head Heave Test." www.dizziness-and-balance.com/practice/head-impulse.html, accessed March 15, 2011.

Heath, Thomas L., ed. *The Works of Archimedes with the Method of Archimedes*. New York: Dover, 1953. Quote at p. xix.

Heathcote, J. A. "Why Do Old Men Have Big Ears?" *British Medical Journal* 311(1995): 1668.

"High Speed Robot Hand." www.ebaumsworld.com/video/watch/80731612/, accessed March 12, 201.

"History of Gyroscopes." www.gyroscopes.org/history.asp, accessed March 14, 2011.

Hunt, Frederick Vinton. *Origins in Acoustics: The Science of Sound from Antiquity to the Age of Newton*. New Haven, CT: Yale University Press, 1978.

Keller, Helen. *Helen Keller in Scotland: A Personal Record Written by Herself*. London: Methuen, 1933. Quote at p. 68.

Nolte, John. *The Human Brain: An Introduction to Its Functional Anatomy*. 6th ed. Philadelphia: Mosby Elsevier, 2009.

Pelz, L., and B. Stein. "Zur klinischen Beurteilung der Ohrgröße bei Kindern und

Jugendlichen." *Pädiatrie und Grenzgebiete* 29(1990): pp. 229-235.

Robles-De-La-Torre, Gabriel. "The Importance of the Sense of Touch in Virtual and Real Environments." *IEEE Multimedia*, July–September 2006, pp. 24-30.

Schopenhauer, Arthur. "On Noise." In *Complete Essays of Schopenhauer: Seven Books in One Volume*, book 5. Translated by T. Bailey Saunders. New York: Wiley, 1942.

Stevens, Stanley S. *Hearing: Its Psychology and Physiology.* New York: John Wiley, 1938.

Stevens, Stanley S., and Fred Warshofsky. *Sound and Hearing.* New York: Time, 1965.

Vallbo, A. B., and R. S. Johansson. "Properties of Cutaneous Mechanoreceptors in the Human Hand Related to Touch Sensation." *Human Neurobiology* 3(1984): pp. 3-14.

Wang, Shirley S. "Can a Tiny Fish Save Your Ears?" *Wall Street Journal*, August 4, 2009.

제3부 지각

— 제8장 현재 기억하기

Ackerman, Diane. *A Natural History of the Senses.* New York: Vintage Books, 1995.

Allen, Grant. "Note- Deafness." *Mind* 10(1878): pp. 157-167.

Blount, Roy. *Alphabet Juice.* New York: Sarah Crichton Books, 2008.

Brodmann, K. *Vergleichende Lokalisation hehre der Grosshirnrinde in ihren Prinzipien dargestellt auf Grund des Zellenbaues*, Leipzig: J. A. Barth, 1909.

Bronzino, Joseph D., ed. *Biomedical Engineering Fundamentals.* Boca Raton, FL: Taylor and Francis, 2006.

Chorost, Michael. *Rebuilt: My Journey Back to the Hearing World.* Boston: Houghton-Mifflin, 2005. Quote at p. 87.

Cytowic, Richard E. *The Man Who Tasted Shapes.* Cambridge, MA: MIT Press, 2003.

———. *Synesthesia: A Union of the Senses.* 2nd ed. Cambridge, MA: MIT Press, 2002.

Degenaar, Marjolein. *Molyneux's Problem: Three Centuries of Discussion on the Perception of Forms.* Boston: Kluwer, 1996.

Djourno, André, and Charles H. Eyriès. "Prothèse auditive par excitation électrique à distance du nerf sensoriel à l'aide d'un bobinage inclus à demeure." *La Presse Medicale* 65(1957): 1417.

Duffy, Patricia L. *Blue Cats and Chartreuse Kittens: How Synesthetes Color Their Worlds.*

New York: Henry Holt, 2002. Quote at p. 1.

Edelman, Gerald. *The Remembered Present: A Biological Theory of Consciousness.* New York: Basic Books, 1989.

Engel, Howard. *The Man Who Forgot How to Read: A Memoir.* New York: Thomas Dunne Books, 2007.

Feynman, Richard. *What Do You Care What Other People Think?* London: W. W. Norton, 2001.

Gallagher, Shaun. *How the Body Shapes the Mind.* Oxford: Clarendon Press, 2005.

Galton, Francis. *Inquiries into Human Faculty and Its Development.* London: J. M. Dent, 1883.

Gladstones, W. H., M. A. Regan, and R. B. Lee. "Division of Attention: The Single-Channel Hypothesis Revisited." *Quarterly Journal of Experimental Psychology: Human Experimental Psychology* 41(A)(1989): pp. 1-17.

Gregory, Richard L. *Eye and Brain: The Psychology of Seeing.* New York: McGraw-Hill, 1966. Quote at p. 198.

Gross, Charles G. "Genealogy of the 'Grandmother Cell,'" *Neuroscientist* 8, no. 5(2002): pp. 512-518.

"L-1 Identity Solutions." www .l1id .com, accessed March 15, 2011.

Levitin, Daniel J. *This Is Your Brain on Music.* New York: Dutton, 2006.

Mithen, Steven. "The Diva Within." *New Scientist*, February 23, 2008, pp. 38-39.

Nolte, John. *The Human Brain: An Introduction to Its Functional Anatomy.* 6th ed. Philadelphia: Mosby Elsevier, 2009.

Ridley, Matt. *Genome: The Autobiography of a Species in 23 Chapters.* New York: HarperCollins, 2000.

Sacks, Oliver. "Face- Blind." *New Yorker*, August 30, 2010, pp. 36-43.

———. "A Man of Letters." *New Yorker*, June 28, 2010, pp. 22-28.

———. *The Man Who Mistook His Wife for a Hat.* New York: Summit Books, 1985. Quotes at pp. 12-13.

———. *Musicophilia.* New York: Vintage, 2007.

Syrus, Publilius. *The Moral Sayings of Publius Syrus, a Roman Slave.* Translated by D. Lyman. Cleveland: L. E. Barnard, 1856. Quote at p. 13.

Taylor, Jill Bolte. *My Stroke of Insight: A Brain Scientist's Personal Journey.* New

York: Plume Books, 2006. Quotes at pp. 102~103.

Thompson, Peter. "Margaret Thatcher—A New Illusion." *Perception* 9(1980): pp. 483~484.

Warren, Richard M. "Perceptual Restoration of Missing Speech Sounds." *Science*, January 23, 1970, pp. 392~393.

Wiesel, T. N., and D. H. Hubel. "Single- Cell Responses in Striate Cortex of Kittens Deprived of Vision in One Eye." *Journal of Neurophysiology* 26(1963): pp. 1003~1017.

Zhao, W., R. Chellappa, A. Rosenfeld, and P. J. Phillips. "Face Recognition: A Literature Survey." *ACM Computing Surveys*(2003): pp. 399~458.

— 제9장 지각과 문화

Pollan, Michael. *In Defense of Food: An Eater's Manifesto*. London: Penguin Books, 2008. Quotes at pp. 54~55.

Schopenhauer, Arthur. "On Noise." In *Complete Essays of Schopenhauer: Seven Books in One Volume*, book 5. Translated by T. Bailey Saunders. New York: Wiley, 1942. Quote at p. 95.

— 제10장 지각과 교육

Bain, Ken. *What the Best College Teachers Do*. Cambridge, MA: Harvard University Press, 2004. Quotes at pp. 116~117.

Campbell, Don. *The Mozart Effect*. New York: Harper Paperbacks, 2001.

Feynman, Richard. *What Do You Care What Other People Think?* London: W. W. Norton, 2001. Quote at p. 54.

Fleming, Neil, and Colleen Mills. "Not Another Inventory, Rather a Catalyst for Reflection." *National Teaching and Learning Forum* 4(1998): pp. 137~149.

Sacks, Oliver. *Musicophilia*. New York: Vintage, 2007. Quotes at pp. 109(Grant), 110(Nabokov).

Taylor, Jill Bolte. *My Stroke of Insight: A Brain Scientist's Personal Journey*. New York: Plume Books, 2006.

찾아보기

감각의 여행

초판인쇄   2015년 4월 16일
초판발행   2015년 4월 23일

지은이   존 헨쇼
옮긴이   김정은
펴낸이   강성민
편집   이은혜 박민수 이두루 곽우정
편집보조   이정미 차소영
마케팅   정민호 이연실 정현민 지문희 김주원
홍보   김희숙 김상만 한수진 이천희

펴낸곳   (주)글항아리 | 출판등록 2009년 1월 19일 제406-2009-000002호

주소   413-120 경기도 파주시 회동길 210
전자우편   bookpot@hanmail.net
전화번호   031-955-8897(편집부) 031-955-8891(마케팅)
팩스   031-955-2557

ISBN 978-89-6735-176-2 03470

글항아리는 (주)문학동네의 계열사입니다.

이 도서의 국립중앙도서관 출판예정도서목록(CIP)은 서지정보유통지원시스템 홈페이지
(http://seoji.nl.go.kr)와 국가자료공동목록시스템(http://www.nl.go.kr/kolisnet)에서 이용하
실 수 있습니다. (CIP제어번호 : 2015000710)